2026학년도 수능 대비

수 능
기출의
미 래

미니모의고사

수학영역 | 공통(수학Ⅰ·수학Ⅱ) 4점

KB213258

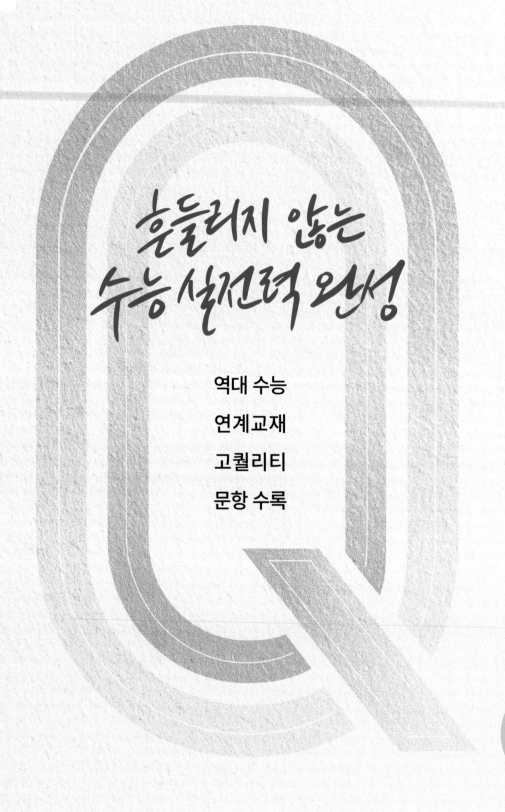

EBS

흔들리지 않는
수능 실전력 완성

역대 수능

연계교재

고퀄리티

문항 수록

Q

**14회분
수록**

미니모의고사로 만나는 수능연계 우수 문항집

수능특강Q
미니모의고사

국 어	Start / Jump / Hyper
수 학	수학Ⅰ / 수학Ⅱ / 확률과 통계 / 미적분
영 어	Start / Jump / Hyper
사회탐구	사회·문화
과학탐구	생명과학Ⅰ / 지구과학Ⅰ

2026학년도 수능 대비

수 능
기출의
미 래

미니모의고사

수학영역 ㅣ 공통(수학Ⅰ · 수학Ⅱ) 4점

이 책의 **구성과 특징**

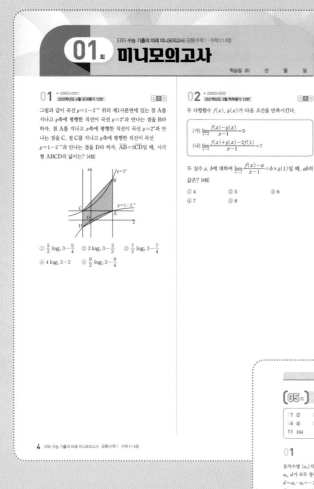

미니모의고사

최근 7개년 간의 기출문제를 선제하여 미니 모의고사 형태로 구성하였습니다. 목표시간 내에 문제를 푸는 연습을 통해 실전에 대비할 수 있습니다.

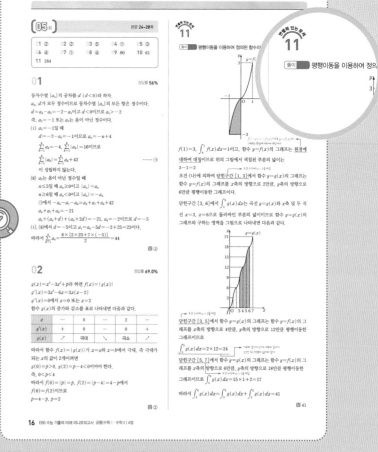

정답과 풀이

학습자 스스로 문제의 핵심을 파악할 수 있도록 명확한 풀이를 제공합니다. 잘 풀리지 않는 문제는 풀이를 통해 확실히 이해할 수 있습니다.

변별력 있는 문제는 풀이 전략을 통해 한 번 더 점검한 후, 첨삭 지도를 통해 이해가 어려운 부분을 보충 설명하였습니다.

- 미니모의고사 학습 계획을 세우고 매일 실천해 보세요! • 풀이 시간과 틀린 문항을 정리해 복습에 활용하세요!

학생

인공지능 DANCHOQ
푸리봇 문|제|검|색

EBS*i* 사이트와 **EBS*i* 고교강의 APP** 하단의 **AI 학습도우미 푸리봇**을 통해 문항코드를 검색하면 푸리봇이 해당 문제의 해설과 해설 강의를 찾아 줍니다. **사진 촬영으로도 검색**할 수 있습니다.

문제별 문항코드 확인   문항코드 검색

[25653-0001] ············→ 25653-0001 🔍
1. 아래 그래프를 이해한 내용으로 가장 적절한 것은?

사진 촬영 검색

선생님

EBS 교사지원센터
교재 관련 자|료|제|공

교재의 문항 한글(HWP) 파일과
교재이미지, 강의자료를 무료로 제공합니다.

⬇ 한글다운로드   🖼 교재이미지   ☰ 강의자료

- 교사지원센터(teacher.ebsi.co.kr)에서 '교사인증' 이후 이용하실 수 있습니다.
- 교사지원센터에서 제공하는 자료는 교재별로 다를 수 있습니다.

01 ▶ 25653-0001
2025학년도 6월 모의평가 12번
상 중 하

그림과 같이 곡선 $y=1-2^{-x}$ 위의 제1사분면에 있는 점 A를 지나고 y축에 평행한 직선이 곡선 $y=2^x$과 만나는 점을 B라 하자. 점 A를 지나고 x축에 평행한 직선이 곡선 $y=2^x$과 만나는 점을 C, 점 C를 지나고 y축에 평행한 직선이 곡선 $y=1-2^{-x}$과 만나는 점을 D라 하자. $\overline{AB}=2\overline{CD}$일 때, 사각형 ABCD의 넓이는? [4점]

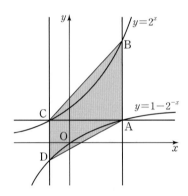

① $\dfrac{5}{2}\log_2 3-\dfrac{5}{4}$ ② $3\log_2 3-\dfrac{3}{2}$ ③ $\dfrac{7}{2}\log_2 3-\dfrac{7}{4}$

④ $4\log_2 3-2$ ⑤ $\dfrac{9}{2}\log_2 3-\dfrac{9}{4}$

02 ▶ 25653-0002
2021학년도 3월 학력평가 12번
상 중 하

두 다항함수 $f(x)$, $g(x)$가 다음 조건을 만족시킨다.

> (가) $\displaystyle\lim_{x\to 1}\dfrac{f(x)-g(x)}{x-1}=5$
>
> (나) $\displaystyle\lim_{x\to 1}\dfrac{f(x)+g(x)-2f(1)}{x-1}=7$

두 실수 a, b에 대하여 $\displaystyle\lim_{x\to 1}\dfrac{f(x)-a}{x-1}=b\times g(1)$일 때, ab의 값은? [4점]

① 4   ② 5   ③ 6
④ 7   ⑤ 8

03 ▶ 25653-0003
2022학년도 3월 학력평가 13번
상 중 하

첫째항이 양수인 등차수열 $\{a_n\}$의 첫째항부터 제n항까지의 합을 S_n이라 하자.

$$|S_3| = |S_6| = |S_{11}| - 3$$

을 만족시키는 모든 수열 $\{a_n\}$의 첫째항의 합은? [4점]

① $\dfrac{31}{5}$ ② $\dfrac{33}{5}$ ③ 7

④ $\dfrac{37}{5}$ ⑤ $\dfrac{39}{5}$

04 ▶ 25653-0004
2021학년도 수능 나형 17번
상 중 하

두 다항함수 $f(x)$, $g(x)$가

$$\lim_{x \to 0} \frac{f(x) + g(x)}{x} = 3, \quad \lim_{x \to 0} \frac{f(x) + 3}{xg(x)} = 2$$

를 만족시킨다. 함수 $h(x) = f(x)g(x)$에 대하여 $h'(0)$의 값은? [4점]

① 27 ② 30 ③ 33

④ 36 ⑤ 39

05 ▶ 25653-0005
2021학년도 6월 모의평가 나형 14번 상중하

수열 $\{a_n\}$은 $a_1=1$이고, 모든 자연수 n에 대하여

$$\begin{cases} a_{3n-1}=2a_n+1 \\ a_{3n}=-a_n+2 \\ a_{3n+1}=a_n+1 \end{cases}$$

을 만족시킨다. $a_{11}+a_{12}+a_{13}$의 값은? [4점]

① 6   ② 7   ③ 8

④ 9   ⑤ 10

06 ▶ 25653-0006
2023학년도 6월 모의평가 9번 상중하

두 함수

$$f(x)=x^3-x+6,\ g(x)=x^2+a$$

가 있다. $x \geq 0$인 모든 실수 x에 대하여 부등식 $f(x) \geq g(x)$가 성립할 때, 실수 a의 최댓값은? [4점]

① 1   ② 2   ③ 3

④ 4   ⑤ 5

07

▶ 25653-0007
2023학년도 10월 학력평가 15번

상 중 하

모든 항이 자연수인 수열 $\{a_n\}$이 다음 조건을 만족시킨다.

(가) 모든 자연수 n에 대하여

$$a_{n+1} = \begin{cases} \dfrac{1}{2}a_n + 2n & (a_n\text{이 4의 배수인 경우}) \\ a_n + 2n & (a_n\text{이 4의 배수가 아닌 경우}) \end{cases}$$

이다.

(나) $a_3 > a_5$

$50 < a_4 + a_5 < 60$이 되도록 하는 a_1의 최댓값과 최솟값을 각각 M, m이라 할 때, $M + m$의 값은? [4점]

① 224   ② 228   ③ 232

④ 236   ⑤ 240

08

▶ 25653-0008
2024학년도 수능 13번

상 중 하

그림과 같이

$$\overline{\text{AB}} = 3, \ \overline{\text{BC}} = \sqrt{13}, \ \overline{\text{AD}} \times \overline{\text{CD}} = 9, \ \angle\text{BAC} = \frac{\pi}{3}$$

인 사각형 ABCD가 있다. 삼각형 ABC의 넓이를 S_1, 삼각형 ACD의 넓이를 S_2라 하고, 삼각형 ACD의 외접원의 반지름의 길이를 R이라 하자.

$S_2 = \dfrac{5}{6}S_1$일 때, $\dfrac{R}{\sin(\angle\text{ADC})}$의 값은? [4점]

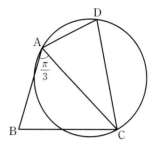

① $\dfrac{54}{25}$ ② $\dfrac{117}{50}$ ③ $\dfrac{63}{25}$

④ $\dfrac{27}{10}$ ⑤ $\dfrac{72}{25}$

두 다항함수 $f(x)$, $g(x)$에 대하여 $f(x)$의 한 부정적분을 $F(x)$라 하고 $g(x)$의 한 부정적분을 $G(x)$라 할 때, 이 함수들은 모든 실수 x에 대하여 다음 조건을 만족시킨다.

(가) $\displaystyle\int_{1}^{x} f(t)\,dt = xf(x) - 2x^2 - 1$

(나) $f(x)G(x) + F(x)g(x) = 8x^3 + 3x^2 + 1$

$\displaystyle\int_{1}^{3} g(x)\,dx$의 값을 구하시오. [4점]

실수 a와 함수 $f(x) = x^3 - 12x^2 + 45x + 3$에 대하여 함수

$$g(x) = \int_{a}^{x} \{f(x) - f(t)\} \times \{f(t)\}^4\,dt$$

가 오직 하나의 극값을 갖도록 하는 모든 a의 값의 합을 구하시오. [4점]

최고차항의 계수가 1인 사차함수 $f(x)$가 있다. 실수 t에 대하여 함수 $g(x)$를 $g(x) = |f(x) - t|$라 할 때,

$\displaystyle\lim_{x \to k} \frac{g(x) - g(k)}{|x - k|}$의 값이 존재하는 서로 다른 실수 k의 개수를 $h(t)$라 하자. 함수 $h(t)$는 다음 조건을 만족시킨다.

(가) $\displaystyle\lim_{t \to 4+} h(t) = 5$

(나) 함수 $h(t)$는 $t = -60$과 $t = 4$에서만 불연속이다.

$f(2) = 4$이고 $f'(2) > 0$일 때, $f(4) + h(4)$의 값을 구하시오.

[4점]

01 ▶ 25653-0012
2022학년도 6월 모의평가 10번 상중하

$n \geq 2$인 자연수 n에 대하여 두 곡선

$$y = \log_n x, \ y = -\log_n (x+3) + 1$$

이 만나는 점의 x좌표가 1보다 크고 2보다 작도록 하는 모든 n의 값의 합은? [4점]

① 30   ② 35   ③ 40

④ 45   ⑤ 50

02 ▶ 25653-0013
2020학년도 3월 학력평가 가형 20번 상중하

그림과 같이 좌표평면 위의 네 점 $O(0, 0)$, $A(0, 2)$, $B(-2, 2)$, $C(-2, 0)$과 점 $P(t, 0)$ $(t > 0)$에 대하여 직선 l이 정사각형 OABC의 넓이와 직각삼각형 AOP의 넓이를 각각 이등분한다. 양의 실수 t에 대하여 직선 l의 y절편을 $f(t)$라 할 때, $\lim_{t \to 0+} f(t)$의 값은? [4점]

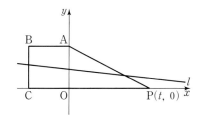

① $\dfrac{2-\sqrt{2}}{2}$ ② $2-\sqrt{2}$ ③ $\dfrac{2+\sqrt{2}}{2}$

④ 1   ⑤ $\dfrac{2+\sqrt{2}}{3}$

03 ▶ 25653-0014

2023학년도 3월 학력평가 14번 상 중 하

세 양수 a, b, k에 대하여 함수 $f(x)$를

$$f(x)=\begin{cases} ax & (x<k) \\ -x^2+4bx-3b^2 & (x\geq k) \end{cases}$$

라 하자. 함수 $f(x)$가 실수 전체의 집합에서 미분가능할 때, **보기**에서 옳은 것만을 있는 대로 고른 것은? [4점]

┌ 보기 ┐

ㄱ. $a=1$이면 $f'(k)=1$이다.

ㄴ. $k=3$이면 $a=-6+4\sqrt{3}$이다.

ㄷ. $f(k)=f'(k)$이면 함수 $y=f(x)$의 그래프와 x축으로 둘러싸인 부분의 넓이는 $\dfrac{1}{3}$이다.

① ㄱ　　　　② ㄱ, ㄴ　　　　③ ㄱ, ㄷ

④ ㄴ, ㄷ　　　　⑤ ㄱ, ㄴ, ㄷ

---

04 ▶ 25653-0015

2021학년도 3월 학력평가 11번 상 중 하

그림과 같이 두 점 O, O'을 각각 중심으로 하고 반지름의 길이가 3인 두 원 O, O'이 한 평면 위에 있다. 두 원 O, O'이 만나는 점을 각각 A, B라 할 때, $\angle \mathrm{AOB}=\dfrac{5}{6}\pi$이다.

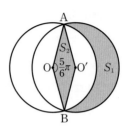

원 O의 외부와 원 O'의 내부의 공통부분의 넓이를 S_1, 마름모 AOBO'의 넓이를 S_2라 할 때, S_1-S_2의 값은? [4점]

① $\dfrac{5}{4}\pi$　　　　② $\dfrac{4}{3}\pi$　　　　③ $\dfrac{17}{12}\pi$

④ $\dfrac{3}{2}\pi$　　　　⑤ $\dfrac{19}{12}\pi$

05 ▸ 25653-0016
2023학년도 9월 모의평가 14번 상 중 하

최고차항의 계수가 1이고 $f(0)=0$, $f(1)=0$인 삼차함수 $f(x)$에 대하여 함수 $g(t)$를

$$g(t)=\int_{t}^{t+1} f(x)\,dx - \int_{0}^{1} |f(x)|\,dx$$

라 할 때, **보기**에서 옳은 것만을 있는 대로 고른 것은? [4점]

> **보기**
>
> ㄱ. $g(0)=0$이면 $g(-1)<0$이다.
> ㄴ. $g(-1)>0$이면 $f(k)=0$을 만족시키는 $k<-1$인 실수 k가 존재한다.
> ㄷ. $g(-1)>1$이면 $g(0)<-1$이다.

① ㄱ   ② ㄱ, ㄴ   ③ ㄱ, ㄷ
④ ㄴ, ㄷ   ⑤ ㄱ, ㄴ, ㄷ

06 ▸ 25653-0017
2022학년도 9월 모의평가 12번 상 중 하

반지름의 길이가 $2\sqrt{7}$인 원에 내접하고 $\angle A = \dfrac{\pi}{3}$인 삼각형 ABC가 있다. 점 A를 포함하지 않는 호 BC 위의 점 D에 대하여 $\sin(\angle BCD)=\dfrac{2\sqrt{7}}{7}$일 때, $\overline{BD}+\overline{CD}$의 값은? [4점]

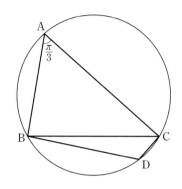

① $\dfrac{19}{2}$ ② 10   ③ $\dfrac{21}{2}$
④ 11   ⑤ $\dfrac{23}{2}$

양수 k에 대하여 함수 $f(x)$를
$$f(x)=|x^3-12x+k|$$
라 하자. 함수 $y=f(x)$의 그래프와 직선 $y=a\ (a\geq0)$이 만나는 서로 다른 점의 개수가 홀수가 되도록 하는 실수 a의 값이 오직 하나일 때, k의 값은? [4점]

① 8   ② 10   ③ 12

④ 14   ⑤ 16

공차가 양수인 등차수열 $\{a_n\}$에 대하여 $a_5=5$이고 $\sum\limits_{k=3}^{7}|2a_k-10|=20$이다. a_6의 값은? [4점]

① 6   ② $\dfrac{20}{3}$ ③ $\dfrac{22}{3}$

④ 8   ⑤ $\dfrac{26}{3}$

09 ▸ 25653-0020
2021학년도 수능 나형 26번   상 중 하

함수

$$f(x)=\begin{cases} -3x+a & (x\le 1) \\ \dfrac{x+b}{\sqrt{x+3}-2} & (x>1) \end{cases}$$

이 실수 전체의 집합에서 연속일 때, $a+b$의 값을 구하시오.

(단, a와 b는 상수이다.) [4점]

10 ▸ 25653-0021
2025학년도 6월 모의평가 22번   상 중 하

수열 $\{a_n\}$은

$$a_2=-a_1$$

이고, $n\ge 2$인 모든 자연수 n에 대하여

$$a_{n+1}=\begin{cases} a_n-\sqrt{n}\times a_{\sqrt{n}} & (\sqrt{n}\text{이 자연수이고 } a_n>0\text{인 경우}) \\ a_n+1 & (\text{그 외의 경우}) \end{cases}$$

를 만족시킨다. $a_{15}=1$이 되도록 하는 모든 a_1의 값의 곱을 구하시오. [4점]

11 ▸ 25653-0022
2024학년도 6월 모의평가 22번   상 중 하

정수 $a\ (a\ne 0)$에 대하여 함수 $f(x)$를

$$f(x)=x^3-2ax^2$$

이라 하자. 다음 조건을 만족시키는 모든 정수 k의 값의 곱이 -12가 되도록 하는 a에 대하여 $f'(10)$의 값을 구하시오.

[4점]

> 함수 $f(x)$에 대하여
> $$\left\{\frac{f(x_1)-f(x_2)}{x_1-x_2}\right\}\times\left\{\frac{f(x_2)-f(x_3)}{x_2-x_3}\right\}<0$$
> 을 만족시키는 세 실수 x_1, x_2, x_3이 열린구간 $\left(k,\ k+\dfrac{3}{2}\right)$에 존재한다.

03회 미니모의고사

01 ▶ 25653-0023
2025학년도 9월 모의평가 13번   상중하

함수

$$f(x) = \begin{cases} -x^2 - 2x + 6 & (x < 0) \\ -x^2 + 2x + 6 & (x \geq 0) \end{cases}$$

의 그래프가 x축과 만나는 서로 다른 두 점을 P, Q라 하고, 상수 k $(k > 4)$에 대하여 직선 $x = k$가 x축과 만나는 점을 R이라 하자. 곡선 $y = f(x)$와 선분 PQ로 둘러싸인 부분의 넓이를 A, 곡선 $y = f(x)$와 직선 $x = k$ 및 선분 QR로 둘러싸인 부분의 넓이를 B라 하자. $A = 2B$일 때, k의 값은?

(단, 점 P의 x좌표는 음수이다.) [4점]

① $\dfrac{9}{2}$

② 5

③ $\dfrac{11}{2}$

④ 6

⑤ $\dfrac{13}{2}$

02 ▶ 25653-0024
2020학년도 3월 학력평가 나형 16번   상중하

그림과 같이 자연수 m에 대하여 두 함수 $y = 3^x$, $y = \log_2 x$의 그래프와 직선 $y = m$이 만나는 점을 각각 A_m, B_m이라 하자. 선분 $\mathrm{A}_m\mathrm{B}_m$의 길이 중 자연수인 것을 작은 수부터 크기 순으로 나열하여 a_1, a_2, a_3, …이라 할 때, a_3의 값은? [4점]

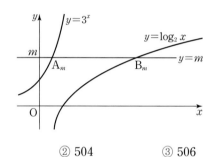

① 502

② 504

③ 506

④ 508

⑤ 510

03
▶ 25653-0025
2023학년도 10월 학력평가 11번
상 중 하

그림과 같이 두 상수 a, b에 대하여 함수

$$f(x)=a\sin\frac{\pi x}{b}+1\ \left(0\leq x\leq\frac{5}{2}b\right)$$

의 그래프와 직선 $y=5$가 만나는 점을 x좌표가 작은 것부터
차례로 A, B, C라 하자.

$\overline{\mathrm{BC}}=\overline{\mathrm{AB}}+6$이고 삼각형 AOB의 넓이가 $\frac{15}{2}$일 때, a^2+b^2
의 값은? (단, $a>4$, $b>0$이고, O는 원점이다.) [4점]

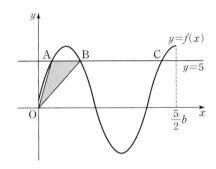

① 68   ② 70   ③ 72

④ 74   ⑤ 76

04
▶ 25653-0026
2024학년도 9월 모의평가 9번
상 중 하

$0\leq x\leq 2\pi$일 때, 부등식

$$\cos x\leq\sin\frac{\pi}{7}$$

를 만족시키는 모든 x의 값의 범위는 $\alpha\leq x\leq\beta$이다. $\beta-\alpha$의
값은? [4점]

① $\frac{8}{7}\pi$ ② $\frac{17}{14}\pi$ ③ $\frac{9}{7}\pi$

④ $\frac{19}{14}\pi$ ⑤ $\frac{10}{7}\pi$

상수 k $(k>1)$에 대하여 다음 조건을 만족시키는 수열 $\{a_n\}$이 있다.

> 모든 자연수 n에 대하여 $a_n < a_{n+1}$이고 곡선 $y=2^x$ 위의 두 점 $P_n(a_n, 2^{a_n})$, $P_{n+1}(a_{n+1}, 2^{a_{n+1}})$을 지나는 직선의 기울기는 $k \times 2^{a_n}$이다.

점 P_n을 지나고 x축에 평행한 직선과 점 P_{n+1}을 지나고 y축에 평행한 직선이 만나는 점을 Q_n이라 하고 삼각형 $P_n Q_n P_{n+1}$의 넓이를 A_n이라 하자. 다음은 $a_1=1$, $\dfrac{A_3}{A_1}=16$일 때, A_n을 구하는 과정이다.

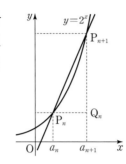

> 두 점 P_n, P_{n+1}을 지나는 직선의 기울기가 $k \times 2^{a_n}$이므로
> $$2^{a_{n+1}-a_n}=k(a_{n+1}-a_n)+1$$
> 이다. 즉, 모든 자연수 n에 대하여 $a_{n+1}-a_n$은 방정식 $2^x=kx+1$의 해이다.
> $k>1$이므로 방정식 $2^x=kx+1$은 오직 하나의 양의 실근 d를 갖는다. 따라서 모든 자연수 n에 대하여 $a_{n+1}-a_n=d$이고, 수열 $\{a_n\}$은 공차가 d인 등차수열이다.
> 점 Q_n의 좌표가 $(a_{n+1}, 2^{a_n})$이므로
> $$A_n=\frac{1}{2}(a_{n+1}-a_n)(2^{a_{n+1}}-2^{a_n})$$
> 이다. $\dfrac{A_3}{A_1}=16$이므로 d의 값은 　(가)　 이고, 수열 $\{a_n\}$의 일반항은
> $$a_n=\boxed{\ (나)\ }$$
> 이다. 따라서 모든 자연수 n에 대하여 $A_n=\boxed{\ (다)\ }$ 이다.

위의 (가)에 알맞은 수를 p, (나)와 (다)에 알맞은 식을 각각 $f(n)$, $g(n)$이라 할 때, $p+\dfrac{g(4)}{f(2)}$의 값은? [4점]

① 118 　　② 121 　　③ 124

④ 127 　　⑤ 130

이차함수 $g(x)=x^2-6x+10$에 대하여 삼차함수 $f(x)$가 다음 조건을 만족시킨다.

> (가) 방정식 $f(x)=0$은 서로 다른 세 실근을 갖는다.
> (나) 함수 $(g \circ f)(x)$의 최솟값을 m이라 할 때, 방정식 $g(f(x))=m$의 서로 다른 실근의 개수는 2이다.
> (다) 방정식 $g(f(x))=17$은 서로 다른 세 실근을 갖는다.

함수 $f(x)$의 극댓값과 극솟값의 합은? [4점]

① 2 　　② 4 　　③ 6

④ 8 　　⑤ 10

07 ▶ 25653-0029
2023학년도 9월 모의평가 15번

상 중 하

수열 $\{a_n\}$이 다음 조건을 만족시킨다.

(가) 모든 자연수 k에 대하여 $a_{4k}=r^k$이다.
    (단, r는 $0<|r|<1$인 상수이다.)
(나) $a_1<0$이고, 모든 자연수 n에 대하여
$$a_{n+1}=\begin{cases} a_n+3 & (|a_n|<5) \\ -\dfrac{1}{2}a_n & (|a_n|\geq5) \end{cases}$$
이다.

$|a_m|\geq5$를 만족시키는 100 이하의 자연수 m의 개수를 p라 할 때, $p+a_1$의 값은? [4점]

① 8   ② 10   ③ 12

④ 14   ⑤ 16

08 ▶ 25653-0030
2024학년도 3월 학력평가 14번

상 중 하

두 정수 a, b에 대하여 함수 $f(x)$는

$$f(x)=\begin{cases} x^2-2ax+\dfrac{a^2}{4}+b^2 & (x\leq0) \\ x^3-3x^2+5 & (x>0) \end{cases}$$

이다. 실수 t에 대하여 함수 $y=f(x)$의 그래프와 직선 $y=t$가 만나는 점의 개수를 $g(t)$라 하자. 함수 $g(t)$가 $t=k$에서 불연속인 실수 k의 개수가 2가 되도록 하는 두 정수 a, b의 모든 순서쌍 (a, b)의 개수는? [4점]

① 3   ② 4   ③ 5

④ 6   ⑤ 7

09 ▶ 25653-0031
2022학년도 6월 모의평가 21번
상 중 하

다음 조건을 만족시키는 최고차항의 계수가 1인 이차함수 $f(x)$가 존재하도록 하는 모든 자연수 n의 값의 합을 구하시오. [4점]

> (가) x에 대한 방정식 $(x^n-64)f(x)=0$은 서로 다른 두 실근을 갖고, 각각의 실근은 중근이다.
> (나) 함수 $f(x)$의 최솟값은 음의 정수이다.

10 ▶ 25653-0032
2021학년도 10월 학력평가 22번
상 중 하

양수 a에 대하여 최고차항의 계수가 1인 삼차함수 $f(x)$와 실수 전체의 집합에서 정의된 함수 $g(x)$가 다음 조건을 만족시킨다.

> (가) 모든 실수 x에 대하여
> $$|x(x-2)|g(x)=x(x-2)(|f(x)|-a)$$
> 이다.
> (나) 함수 $g(x)$는 $x=0$과 $x=2$에서 미분가능하다.

$g(3a)$의 값을 구하시오. [4점]

11 ▶ 25653-0033
2024학년도 9월 모의평가 21번
상 중 하

모든 항이 자연수인 등차수열 $\{a_n\}$의 첫째항부터 제n항까지의 합을 S_n이라 하자. a_7이 13의 배수이고 $\sum_{k=1}^{7} S_k=644$일 때, a_2의 값을 구하시오. [4점]

04회 미니모의고사

01
▶ 25653-0034
2023학년도 9월 모의평가 12번   [상][중][하]

실수 t $(t>0)$에 대하여 직선 $y=x+t$와 곡선 $y=x^2$이 만나는 두 점을 A, B라 하자. 점 A를 지나고 x축에 평행한 직선이 곡선 $y=x^2$과 만나는 점 중 A가 아닌 점을 C, 점 B에서 선분 AC에 내린 수선의 발을 H라 하자.

$\lim\limits_{t \to 0+} \dfrac{\overline{\mathrm{AH}} - \overline{\mathrm{CH}}}{t}$의 값은? (단, 점 A의 x좌표는 양수이다.)

[4점]

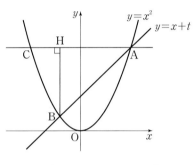

① 1 　　　　② 2 　　　　③ 3
④ 4 　　　　⑤ 5

02
▶ 25653-0035
2023학년도 3월 학력평가 10번   [상][중][하]

공차가 양수인 등차수열 $\{a_n\}$이 다음 조건을 만족시킬 때, a_{10}의 값은? [4점]

> (가) $|a_4| + |a_6| = 8$
> (나) $\sum\limits_{k=1}^{9} a_k = 27$

① 21 　　　　② 23 　　　　③ 25
④ 27 　　　　⑤ 29

03 ▶ 25653-0036

상 중 하

최고차항의 계수가 1이고 $f(0)=0$인 삼차함수 $f(x)$가

$$\lim_{x \to a} \frac{f(x)-1}{x-a}=3$$

을 만족시킨다. 곡선 $y=f(x)$ 위의 점 $(a, f(a))$에서의 접선의 y절편이 4일 때, $f(1)$의 값은? (단, a는 상수이다.)

[4점]

① -1 ② -2 ③ -3
④ -4 ⑤ -5

04 ▶ 25653-0037

상 중 하

이차함수 $y=f(x)$의 그래프와 일차함수 $y=g(x)$의 그래프가 그림과 같을 때, 부등식

$$\left(\frac{1}{2}\right)^{f(x)g(x)} \geq \left(\frac{1}{8}\right)^{g(x)}$$

을 만족시키는 모든 자연수 x의 값의 합은? [4점]

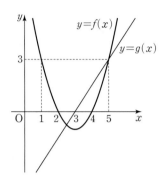

① 7   ② 9   ③ 11
④ 13   ⑤ 15

05 ▶ 25653-0038
2022학년도 10월 학력평가 10번
상 중 하

$a>1$인 실수 a에 대하여 두 곡선
$$y=-\log_2(-x),\ y=\log_2(x+2a)$$
가 만나는 두 점을 A, B라 하자. 선분 AB의 중점이 직선 $4x+3y+5=0$ 위에 있을 때, 선분 AB의 길이는? [4점]

① $\dfrac{3}{2}$ ② $\dfrac{7}{4}$ ③ 2

④ $\dfrac{9}{4}$ ⑤ $\dfrac{5}{2}$

06 ▶ 25653-0039
2022학년도 9월 모의평가 10번
상 중 하

두 양수 a, b에 대하여 곡선 $y=a\sin b\pi x\left(0\le x\le\dfrac{3}{b}\right)$이 직선 $y=a$와 만나는 서로 다른 두 점을 A, B라 하자.
삼각형 OAB의 넓이가 5이고 직선 OA의 기울기와 직선 OB의 기울기의 곱이 $\dfrac{5}{4}$일 때, $a+b$의 값은?

(단, O는 원점이다.) [4점]

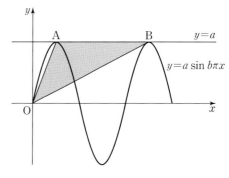

① 1   ② 2   ③ 3

④ 4   ⑤ 5

07 ▸ 25653-0040

2022학년도 수능 14번 상중하

수직선 위를 움직이는 점 P의 시각 t에서의 위치 $x(t)$가 두 상수 a, b에 대하여

$$x(t)=t(t-1)(at+b)\ (a\neq 0)$$

이다. 점 P의 시각 t에서의 속도 $v(t)$가 $\int_0^1 |v(t)|\,dt=2$를 만족시킬 때, **보기**에서 옳은 것만을 있는 대로 고른 것은? [4점]

보기

ㄱ. $\int_0^1 v(t)\,dt=0$

ㄴ. $|x(t_1)|>1$인 t_1이 열린구간 $(0, 1)$에 존재한다.

ㄷ. $0\leq t\leq 1$인 모든 t에 대하여 $|x(t)|<1$이면 $x(t_2)=0$인 t_2가 열린구간 $(0, 1)$에 존재한다.

① ㄱ　② ㄱ, ㄴ　③ ㄱ, ㄷ　④ ㄴ, ㄷ　⑤ ㄱ, ㄴ, ㄷ

08 ▸ 25653-0041

2025학년도 6월 모의평가 10번 상중하

다음 조건을 만족시키는 삼각형 ABC의 외접원의 넓이가 9π일 때, 삼각형 ABC의 넓이는? [4점]

(가) $3\sin A=2\sin B$

(나) $\cos B=\cos C$

① $\frac{32}{9}\sqrt{2}$　② $\frac{40}{9}\sqrt{2}$　③ $\frac{16}{3}\sqrt{2}$　④ $\frac{56}{9}\sqrt{2}$　⑤ $\frac{64}{9}\sqrt{2}$

09
▶ 25653-0042
2022학년도 10월 학력평가 20번
상 중 하

최고차항의 계수가 1이고 다음 조건을 만족시키는 모든 삼차 함수 $f(x)$에 대하여 $f(5)$의 최댓값을 구하시오. [4점]

> (가) $\displaystyle\lim_{x\to 0}\frac{|f(x)-1|}{x}$의 값이 존재한다.
>
> (나) 모든 실수 x에 대하여 $xf(x)\geq -4x^2+x$이다.

10
▶ 25653-0043
2022학년도 수능 21번
상 중 하

수열 $\{a_n\}$이 다음 조건을 만족시킨다.

> (가) $|a_1|=2$
> (나) 모든 자연수 n에 대하여 $|a_{n+1}|=2|a_n|$이다.
> (다) $\displaystyle\sum_{n=1}^{10} a_n=-14$

$a_1+a_3+a_5+a_7+a_9$의 값을 구하시오. [4점]

11
▶ 25653-0044
2020학년도 3월 학력평가 나형 30번
상 중 하

닫힌구간 $[-1,\,1]$에서 정의된 연속함수 $f(x)$는 정의역에서 증가하고 모든 실수 x에 대하여 $f(-x)=-f(x)$가 성립할 때, 함수 $g(x)$가 다음 조건을 만족시킨다.

> (가) 닫힌구간 $[-1,\,1]$에서 $g(x)=f(x)$이다.
> (나) 닫힌구간 $[2n-1,\,2n+1]$에서 함수 $y=g(x)$의 그래프는 함수 $y=f(x)$의 그래프를 x축의 방향으로 $2n$만큼, y축의 방향으로 $6n$만큼 평행이동한 그래프이다. (단, n은 자연수이다.)

$f(1)=3$이고 $\displaystyle\int_0^1 f(x)\,dx=1$일 때, $\displaystyle\int_3^6 g(x)\,dx$의 값을 구하시오. [4점]

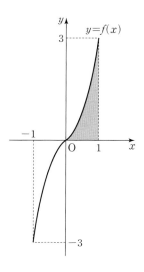

01 ▶ 25653-0045
2024학년도 3월 학력평가 11번   상 중 하

공차가 음의 정수인 등차수열 $\{a_n\}$에 대하여

$$a_6 = -2, \ \sum_{k=1}^{8} |a_k| = \sum_{k=1}^{8} a_k + 42$$

일 때, $\sum_{k=1}^{8} a_k$의 값은? [4점]

① 40 　　　 ② 44 　　　 ③ 48

④ 52 　　　 ⑤ 56

02 ▶ 25653-0046
2023학년도 3월 학력평가 9번   상 중 하

함수 $f(x) = |x^3 - 3x^2 + p|$는 $x = a$와 $x = b$에서 극대이다. $f(a) = f(b)$일 때, 실수 p의 값은?

(단, a, b는 $a \neq b$인 상수이다.) [4점]

① $\dfrac{3}{2}$ 　　　 ② 2 　　　 ③ $\dfrac{5}{2}$

④ 3 　　　 ⑤ $\dfrac{7}{2}$

03
▶ 25653-0047
2022학년도 3월 학력평가 11번 [상 중 하]

그림과 같이 두 상수 a, k에 대하여 직선 $x=k$가 두 곡선 $y=2^{x-1}+1$, $y=\log_2(x-a)$와 만나는 점을 각각 A, B라 하고, 점 B를 지나고 기울기가 -1인 직선이 곡선 $y=2^{x-1}+1$과 만나는 점을 C라 하자.

$\overline{AB}=8$, $\overline{BC}=2\sqrt{2}$일 때, 곡선 $y=\log_2(x-a)$가 x축과 만나는 점 D에 대하여 사각형 ACDB의 넓이는?

(단, $0<a<k$) [4점]

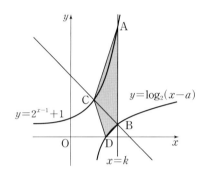

① 14   ② 13   ③ 12

④ 11   ⑤ 10

04
▶ 25653-0048
2023학년도 수능 11번 [상 중 하]

그림과 같이 사각형 ABCD가 한 원에 내접하고

$\overline{AB}=5$, $\overline{AC}=3\sqrt{5}$, $\overline{AD}=7$, $\angle BAC=\angle CAD$

일 때, 이 원의 반지름의 길이는? [4점]

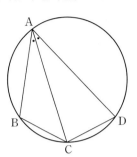

① $\dfrac{5\sqrt{2}}{2}$ ② $\dfrac{8\sqrt{5}}{5}$ ③ $\dfrac{5\sqrt{5}}{3}$

④ $\dfrac{8\sqrt{2}}{3}$ ⑤ $\dfrac{9\sqrt{3}}{4}$

양수 a에 대하여 집합 $\left\{x \,\middle|\, -\dfrac{a}{2} < x \le a, \ x \ne \dfrac{a}{2}\right\}$에서 정의된 함수

$$f(x) = \tan \dfrac{\pi x}{a}$$

가 있다. 그림과 같이 함수 $y=f(x)$의 그래프 위의 세 점 O, A, B를 지나는 직선이 있다. 점 A를 지나고 x축에 평행한 직선이 함수 $y=f(x)$의 그래프와 만나는 점 중 A가 아닌 점을 C라 하자. 삼각형 ABC가 정삼각형일 때, 삼각형 ABC의 넓이는? (단, O는 원점이다.) [4점]

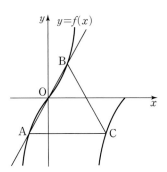

① $\dfrac{3\sqrt{3}}{2}$ ② $\dfrac{17\sqrt{3}}{12}$ ③ $\dfrac{4\sqrt{3}}{3}$

④ $\dfrac{5\sqrt{3}}{4}$ ⑤ $\dfrac{7\sqrt{3}}{6}$

시각 $t=0$일 때 동시에 원점을 출발하여 수직선 위를 움직이는 두 점 P, Q의 시각 t $(t \ge 0)$에서의 속도가 각각

$$v_1(t) = 3t^2 - 6t - 2, \quad v_2(t) = -2t + 6$$

이다. 출발한 시각부터 두 점 P, Q가 다시 만날 때까지 점 Q가 움직인 거리는? [4점]

① 7   ② 8   ③ 9

④ 10   ⑤ 11

07
▶ 25653-0051
2019학년도 10월 학력평가 나형 17번
상 중 하

수열 $\{a_n\}$의 첫째항부터 제n항까지의 합 S_n이 다음 조건을 만족시킨다.

> (가) S_n은 n에 대한 이차식이다.
> (나) $S_{10}=S_{50}=10$
> (다) S_n은 $n=30$에서 최댓값 410을 갖는다.

50보다 작은 자연수 m에 대하여 $S_m > S_{50}$을 만족시키는 m의 최솟값을 p, 최댓값을 q라 할 때, $\sum\limits_{k=p}^{q} a_k$의 값은? [4점]

① 39   ② 40   ③ 41
④ 42   ⑤ 43

08
▶ 25653-0052
2022학년도 10월 학력평가 11번
상 중 하

두 정수 a, b에 대하여 실수 전체의 집합에서 연속인 함수 $f(x)$가 다음 조건을 만족시킨다.

> (가) $0 \le x < 4$에서 $f(x)=ax^2+bx-24$이다.
> (나) 모든 실수 x에 대하여 $f(x+4)=f(x)$이다.

$1<x<10$일 때, 방정식 $f(x)=0$의 서로 다른 실근의 개수가 5이다. $a+b$의 값은? [4점]

① 18   ② 19   ③ 20
④ 21   ⑤ 22

좌표평면에서 제1사분면에 점 P가 있다. 점 P를 직선 $y=x$에 대하여 대칭이동한 점을 Q라 하고, 점 Q를 원점에 대하여 대칭이동한 점을 R이라 할 때, 세 동경 OP, OQ, OR이 나타내는 각을 각각 α, β, γ라 하자.

$\sin \alpha = \dfrac{1}{3}$일 때, $9(\sin^2 \beta + \tan^2 \gamma)$의 값을 구하시오.

(단, O는 원점이고, 시초선은 x축의 양의 방향이다.) [4점]

삼차함수 $f(x)$가 다음 조건을 만족시킨다.

(가) 방정식 $f(x)=0$의 서로 다른 실근의 개수는 2이다.
(나) 방정식 $f(x-f(x))=0$의 서로 다른 실근의 개수는 3이다.

$f(1)=4$, $f'(1)=1$, $f'(0)>1$일 때, $f(0)=\dfrac{q}{p}$이다. $p+q$의 값을 구하시오. (단, p와 q는 서로소인 자연수이다.) [4점]

자연수 n에 대하여 두 점 A$(0,\ n+5)$, B$(n+4,\ 0)$과 원점 O를 꼭짓점으로 하는 삼각형 AOB가 있다. 삼각형 AOB의 내부에 포함된 정사각형 중 한 변의 길이가 1이고 꼭짓점의 x좌표와 y좌표가 모두 자연수인 정사각형의 개수를 a_n이라 하자. $\displaystyle\sum_{n=1}^{8} a_n$의 값을 구하시오. [4점]

01 ▸ 25653-0056
2020학년도 수능 나형 14번   상 중 하

상수항과 계수가 모두 정수인 두 다항함수 $f(x)$, $g(x)$가 다음 조건을 만족시킬 때, $f(2)$의 최댓값은? [4점]

(가) $\displaystyle\lim_{x \to \infty} \frac{f(x)g(x)}{x^3} = 2$

(나) $\displaystyle\lim_{x \to 0} \frac{f(x)g(x)}{x^2} = -4$

① 4   ② 6   ③ 8

④ 10   ⑤ 12

02 ▸ 25653-0057
2021학년도 6월 모의평가 가형 18번/나형 21번   상 중 하

두 곡선 $y = 2^x$과 $y = -2x^2 + 2$가 만나는 두 점을 (x_1, y_1), (x_2, y_2)라 하자. $x_1 < x_2$일 때, **보기**에서 옳은 것만을 있는 대로 고른 것은? [4점]

┌─ 보기 ─────────────────┐

ㄱ. $x_2 > \dfrac{1}{2}$

ㄴ. $y_2 - y_1 < x_2 - x_1$

ㄷ. $\dfrac{\sqrt{2}}{2} < y_1 y_2 < 1$

└────────────────────────┘

① ㄱ   ② ㄱ, ㄴ   ③ ㄱ, ㄷ

④ ㄴ, ㄷ   ⑤ ㄱ, ㄴ, ㄷ

03

▶ 25653-0058
2025학년도 6월 모의평가 9번

상 중 하

함수

$$f(x) = \begin{cases} x - \dfrac{1}{2} & (x < 0) \\ -x^2 + 3 & (x \geq 0) \end{cases}$$

에 대하여 함수 $(f(x) + a)^2$이 실수 전체의 집합에서 연속일 때, 상수 a의 값은? [4점]

① $-\dfrac{9}{4}$ ② $-\dfrac{7}{4}$ ③ $-\dfrac{5}{4}$

④ $-\dfrac{3}{4}$ ⑤ $-\dfrac{1}{4}$

04

▶ 25653-0059
2023학년도 9월 모의평가 13번

상 중 하

그림과 같이 선분 AB를 지름으로 하는 반원의 호 AB 위에 두 점 C, D가 있다. 선분 AB의 중점 O에 대하여 두 선분 AD, CO가 점 E에서 만나고,

$$\overline{CE} = 4, \quad \overline{ED} = 3\sqrt{2}, \quad \angle CEA = \dfrac{3}{4}\pi$$

이다. $\overline{AC} \times \overline{CD}$의 값은? [4점]

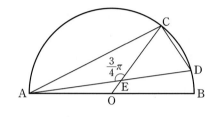

① $6\sqrt{10}$ ② $10\sqrt{5}$ ③ $16\sqrt{2}$

④ $12\sqrt{5}$ ⑤ $20\sqrt{2}$

05

▶ 25653-0060
2019학년도 6월 모의평가 나형 21번
상 중 하

상수 a, b에 대하여 삼차함수 $f(x)=x^3+ax^2+bx$가 다음 조건을 만족시킨다.

(가) $f(-1)>-1$
(나) $f(1)-f(-1)>8$

보기에서 옳은 것만을 있는 대로 고른 것은? [4점]

┌ 보기 ┐

ㄱ. 방정식 $f'(x)=0$은 서로 다른 두 실근을 갖는다.

ㄴ. $-1<x<1$일 때, $f'(x)\geq0$이다.

ㄷ. 방정식 $f(x)-f'(k)x=0$의 서로 다른 실근의 개수가 2가 되도록 하는 모든 실수 k의 개수는 4이다.

① ㄱ   ② ㄱ, ㄴ   ③ ㄱ, ㄷ
④ ㄴ, ㄷ   ⑤ ㄱ, ㄴ, ㄷ

06

▶ 25653-0061
2025학년도 9월 모의평가 14번
상 중 하

자연수 n에 대하여 곡선 $y=2^x$ 위의 두 점 A_n, B_n이 다음 조건을 만족시킨다.

(가) 직선 A_nB_n의 기울기는 3이다.
(나) $\overline{A_nB_n}=n\times\sqrt{10}$

중심이 직선 $y=x$ 위에 있고 두 점 A_n, B_n을 지나는 원이 곡선 $y=\log_2 x$와 만나는 두 점의 x좌표 중 큰 값을 x_n이라 하자. $x_1+x_2+x_3$의 값은? [4점]

① $\dfrac{150}{7}$ ② $\dfrac{155}{7}$ ③ $\dfrac{160}{7}$

④ $\dfrac{165}{7}$ ⑤ $\dfrac{170}{7}$

다항함수 $f(x)$가 모든 실수 x에 대하여

$$xf(x) = 2x^3 + ax^2 + 3a + \int_1^x f(t)\,dt$$

를 만족시킨다. $f(1) = \int_0^1 f(t)\,dt$일 때, $a + f(3)$의 값은?

(단, a는 상수이다.) [4점]

① 5   ② 6   ③ 7
④ 8   ⑤ 9

첫째항이 -45이고 공차가 d인 등차수열 $\{a_n\}$이 다음 조건을 만족시키도록 하는 모든 자연수 d의 값의 합은? [4점]

(가) $|a_m| = |a_{m+3}|$인 자연수 m이 존재한다.

(나) 모든 자연수 n에 대하여 $\sum_{k=1}^{n} a_k > -100$이다.

① 44   ② 48   ③ 52
④ 56   ⑤ 60

09 ▶ 25653-0064
2021학년도 6월 모의평가 나형 30번   상 중 하

이차함수 $f(x)$는 $x=-1$에서 극대이고, 삼차함수 $g(x)$는 이차항의 계수가 0이다. 함수

$$h(x)=\begin{cases} f(x) & (x\leq 0) \\ g(x) & (x>0) \end{cases}$$

이 실수 전체의 집합에서 미분가능하고 다음 조건을 만족시킬 때, $h'(-3)+h'(4)$의 값을 구하시오. [4점]

(가) 방정식 $h(x)=h(0)$의 모든 실근의 합은 1이다.

(나) 닫힌구간 $[-2, 3]$에서 함수 $h(x)$의 최댓값과 최솟값의 차는 $3+4\sqrt{3}$이다.

10 ▶ 25653-0065
2025학년도 9월 모의평가 22번   상 중 하

양수 k에 대하여 $a_1=k$인 수열 $\{a_n\}$이 다음 조건을 만족시킨다.

(가) $a_2 \times a_3 < 0$

(나) 모든 자연수 n에 대하여

$$\left(a_{n+1}-a_n+\frac{2}{3}k\right)(a_{n+1}+ka_n)=0$$이다.

$a_5=0$이 되도록 하는 서로 다른 모든 양수 k에 대하여 k^2의 값의 합을 구하시오. [4점]

11 ▶ 25653-0066
2022학년도 10월 학력평가 21번   상 중 하

그림과 같이 $a>1$인 실수 a에 대하여 두 곡선

$$y=a^{-2x}-1, \; y=a^x-1$$

이 있다. 곡선 $y=a^{-2x}-1$과 직선 $y=-\sqrt{3}x$가 서로 다른 두 점 O, A에서 만난다. 점 A를 지나고 직선 OA에 수직인 직선이 곡선 $y=a^x-1$과 제1사분면에서 만나는 점을 B라 하자. $\overline{OA}:\overline{OB}=\sqrt{3}:\sqrt{19}$일 때, 선분 AB의 길이를 구하시오.

(단, O는 원점이다.) [4점]

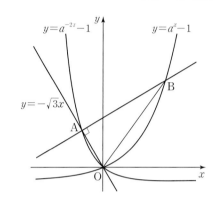

07회 미니모의고사

01
▶ 25653-0067
2023학년도 9월 모의평가 11번

함수 $f(x)=-(x-2)^2+k$에 대하여 다음 조건을 만족시키는 자연수 n의 개수가 2일 때, 상수 k의 값은? [4점]

> $\sqrt{3}^{f(n)}$의 네제곱근 중 실수인 것을 모두 곱한 것이 -9이다.

① 8   ② 9   ③ 10
④ 11   ⑤ 12

02
▶ 25653-0068
2024학년도 6월 모의평가 9번   상 중 하

수열 $\{a_n\}$이 모든 자연수 n에 대하여

$$\sum_{k=1}^{n}\frac{1}{(2k-1)a_k}=n^2+2n$$

을 만족시킬 때, $\sum_{n=1}^{10}a_n$의 값은? [4점]

① $\dfrac{10}{21}$ ② $\dfrac{4}{7}$ ③ $\dfrac{2}{3}$

④ $\dfrac{16}{21}$ ⑤ $\dfrac{6}{7}$

▶ 정답과 풀이 **24**쪽

03 ▶ 25653-0069
2020학년도 3월 학력평가 나형 19번   상 중 하

길이가 각각 10, a, b인 세 선분 AB, BC, CA를 각 변으로 하는 예각삼각형 ABC가 있다. 삼각형 ABC의 세 꼭짓점을 지나는 원의 반지름의 길이가 $3\sqrt{5}$이고

$\dfrac{a^2+b^2-ab\cos C}{ab}=\dfrac{4}{3}$일 때, ab의 값은? [4점]

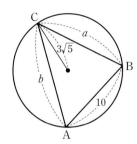

① 140   ② 150   ③ 160

④ 170   ⑤ 180

04 ▶ 25653-0070
2025학년도 6월 모의평가 13번   상 중 하

곡선 $y=\dfrac{1}{4}x^3+\dfrac{1}{2}x$와 직선 $y=mx+2$ 및 y축으로 둘러싸인

부분의 넓이를 A, 곡선 $y=\dfrac{1}{4}x^3+\dfrac{1}{2}x$와 두 직선 $y=mx+2$,

$x=2$로 둘러싸인 부분의 넓이를 B라 하자.

$B-A=\dfrac{2}{3}$일 때, 상수 m의 값은? (단, $m<-1$) [4점]

① $-\dfrac{3}{2}$ ② $-\dfrac{17}{12}$ ③ $-\dfrac{4}{3}$

④ $-\dfrac{5}{4}$ ⑤ $-\dfrac{7}{6}$

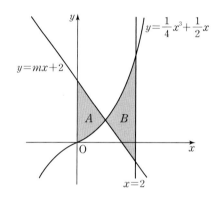

05

▶ 25653-0071
2024학년도 9월 모의평가 12번

상 중 하

첫째항이 자연수인 수열 $\{a_n\}$이 모든 자연수 n에 대하여

$$a_{n+1}=\begin{cases} a_n+1 & (a_n\text{이 홀수인 경우}) \\ \frac{1}{2}a_n & (a_n\text{이 짝수인 경우}) \end{cases}$$

를 만족시킬 때, $a_2+a_4=40$이 되도록 하는 모든 a_1의 값의 합은? [4점]

① 172 ② 175 ③ 178
④ 181 ⑤ 184

06

▶ 25653-0072
2021학년도 10월 학력평가 13번

상 중 하

실수 전체의 집합에서 정의된 함수 $f(x)$와 역함수가 존재하는 삼차함수 $g(x)=x^3+ax^2+bx+c$가 다음 조건을 만족시킨다.

모든 실수 x에 대하여 $2f(x)=g(x)-g(-x)$이다.

보기에서 옳은 것만을 있는 대로 고른 것은?
(단, a, b, c는 상수이다.) [4점]

보기
ㄱ. $a^2\le 3b$
ㄴ. 방정식 $f'(x)=0$은 서로 다른 두 실근을 갖는다.
ㄷ. 방정식 $f'(x)=0$이 실근을 가지면 $g'(1)=1$이다.

① ㄱ ② ㄱ, ㄴ ③ ㄱ, ㄷ
④ ㄴ, ㄷ ⑤ ㄱ, ㄴ, ㄷ

07 ▶ 25653-0073
2021학년도 6월 모의평가 가형 15번 　　　　 상 중 **하**

수열 $\{a_n\}$의 일반항은
$$a_n = (2^{2n}-1) \times 2^{n(n-1)} + (n-1) \times 2^{-n}$$
이다. 다음은 모든 자연수 n에 대하여
$$\sum_{k=1}^{n} a_k = 2^{n(n+1)} - (n+1) \times 2^{-n} \quad \cdots\cdots (\ast)$$
임을 수학적 귀납법을 이용하여 증명한 것이다.

(i) $n=1$일 때, (좌변)$=3$, (우변)$=3$이므로 $(\ast)$이 성립한다.

(ii) $n=m$일 때, $(\ast)$이 성립한다고 가정하면
$$\sum_{k=1}^{m} a_k = 2^{m(m+1)} - (m+1) \times 2^{-m}$$
이다. $n=m+1$일 때,
$$\sum_{k=1}^{m+1} a_k = 2^{m(m+1)} - (m+1) \times 2^{-m}$$
$$+ (2^{2m+2}-1) \times \boxed{\text{(가)}} + m \times 2^{-m-1}$$
$$= \boxed{\text{(가)}} \times \boxed{\text{(나)}} - \frac{m+2}{2} \times 2^{-m}$$
$$= 2^{(m+1)(m+2)} - (m+2) \times 2^{-(m+1)}$$
이다. 따라서 $n=m+1$일 때도 $(\ast)$이 성립한다.

(i), (ii)에 의하여 모든 자연수 n에 대하여
$$\sum_{k=1}^{n} a_k = 2^{n(n+1)} - (n+1) \times 2^{-n}$$
이다.

위의 (가), (나)에 알맞은 식을 각각 $f(m)$, $g(m)$이라 할 때, $\dfrac{g(7)}{f(3)}$의 값은? [4점]

① 2 　　　　 ② 4 　　　　 ③ 8

④ 16 　　　　 ⑤ 32

08 ▶ 25653-0074
2022학년도 9월 모의평가 9번 　　　　 상 중 **하**

수직선 위를 움직이는 점 P의 시각 t $(t>0)$에서의 속도 $v(t)$가
$$v(t) = -4t^3 + 12t^2$$
이다. 시각 $t=k$에서 점 P의 가속도가 12일 때, 시각 $t=3k$에서 $t=4k$까지 점 P가 움직인 거리는? (단, k는 상수이다.)
[4점]

① 23 　　　　 ② 25 　　　　 ③ 27

④ 29 　　　　 ⑤ 31

09 ▸ 25653-0075
2020학년도 10월 학력평가 나형 26번
상 중 하

함수 $y=\tan\left(nx-\dfrac{\pi}{2}\right)$의 그래프가 직선 $y=-x$와 만나는 점의 x좌표가 구간 $(-\pi,\ \pi)$에 속하는 점의 개수를 a_n이라 할 때, a_2+a_3의 값을 구하시오. [4점]

10 ▸ 25653-0076
2021학년도 9월 모의평가 나형 30번
상 중 하

삼차함수 $f(x)$가 다음 조건을 만족시킨다.

> (가) $f(1)=f(3)=0$
> (나) 집합 $\{x\,|\,x\geq 1$이고 $f'(x)=0\}$의 원소의 개수는 1 이다.

상수 a에 대하여 함수 $g(x)=|f(x)f(a-x)|$가 실수 전체의 집합에서 미분가능할 때, $\dfrac{g(4a)}{f(0)\times f(4a)}$의 값을 구하시오.

[4점]

11 ▸ 25653-0077
2025학년도 9월 모의평가 21번
상 중 하

최고차항의 계수가 1인 삼차함수 $f(x)$가 모든 정수 k에 대하여

$$2k-8\leq \frac{f(k+2)-f(k)}{2}\leq 4k^2+14k$$

를 만족시킬 때, $f'(3)$의 값을 구하시오. [4점]

08회 미니모의고사

01
▶ 25653-0078
2024학년도 수능 15번
[상 중 하]

첫째항이 자연수인 수열 $\{a_n\}$이 모든 자연수 n에 대하여

$$a_{n+1}=\begin{cases} 2^{a_n} & (a_n \text{이 홀수인 경우}) \\ \dfrac{1}{2}a_n & (a_n \text{이 짝수인 경우}) \end{cases}$$

를 만족시킬 때, $a_6+a_7=3$이 되도록 하는 모든 a_1의 값의 합은? [4점]

① 139   ② 146   ③ 153
④ 160   ⑤ 167

02
▶ 25653-0079
2025학년도 9월 모의평가 10번
[상 중 하]

$\angle A > \dfrac{\pi}{2}$인 삼각형 ABC의 꼭짓점 A에서 선분 BC에 내린 수선의 발을 H라 하자.

$$\overline{AB} : \overline{AC} = \sqrt{2} : 1, \ \overline{AH} = 2$$

이고, 삼각형 ABC의 외접원의 넓이가 50π일 때, 선분 BH의 길이는? [4점]

① 6   ② $\dfrac{25}{4}$ ③ $\dfrac{13}{2}$
④ $\dfrac{27}{4}$ ⑤ 7

03

▶ 25653-0080

2024학년도 9월 모의평가 14번

상 중 하

두 자연수 a, b에 대하여 함수

$$f(x) = \begin{cases} 2^{x+a} + b & (x \le -8) \\ -3^{x-3} + 8 & (x > -8) \end{cases}$$

이 다음 조건을 만족시킬 때, $a+b$의 값은? [4점]

집합 $\{f(x) | x \le k\}$의 원소 중 정수인 것의 개수가 2가 되도록 하는 모든 실수 k의 값의 범위는 $3 \le k < 4$이다.

① 11   ② 13   ③ 15

④ 17   ⑤ 19

04

▶ 25653-0081

2022학년도 수능 15번

상 중 하

두 점 O_1, O_2를 각각 중심으로 하고 반지름의 길이가 $\overline{O_1O_2}$인 두 원 C_1, C_2가 있다. 그림과 같이 원 C_1 위의 서로 다른 세 점 A, B, C와 원 C_2 위의 점 D가 주어져 있고, 세 점 A, O_1, O_2와 세 점 C, O_2, D가 각각 한 직선 위에 있다. 이때 $\angle BO_1A = \theta_1$, $\angle O_2O_1C = \theta_2$, $\angle O_1O_2D = \theta_3$이라 하자.

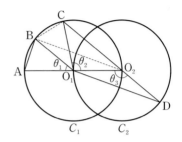

다음은 $\overline{AB} : \overline{O_1D} = 1 : 2\sqrt{2}$이고 $\theta_3 = \theta_1 + \theta_2$일 때, 선분 AB와 선분 CD의 길이의 비를 구하는 과정이다.

$\angle CO_2O_1 + \angle O_1O_2D = \pi$이므로 $\theta_3 = \dfrac{\pi}{2} + \dfrac{\theta_2}{2}$이고

$\theta_3 = \theta_1 + \theta_2$에서 $2\theta_1 + \theta_2 = \pi$이므로 $\angle CO_1B = \theta_1$이다.

이때 $\angle O_2O_1B = \theta_1 + \theta_2 = \theta_3$이므로

삼각형 O_1O_2B와 삼각형 O_2O_1D는 합동이다.

$\overline{AB} = k$라 할 때

$\overline{BO_2} = \overline{O_1D} = 2\sqrt{2}k$이므로 $\overline{AO_2} = \boxed{(가)}$이고

$\angle BO_2A = \dfrac{\theta_1}{2}$이므로 $\cos \dfrac{\theta_1}{2} = \boxed{(나)}$이다.

삼각형 O_2BC에서

$\overline{BC} = k$, $\overline{BO_2} = 2\sqrt{2}k$, $\angle CO_2B = \dfrac{\theta_1}{2}$이므로

코사인법칙에 의하여 $\overline{O_2C} = \boxed{(다)}$이다.

$\overline{CD} = \overline{O_2D} + \overline{O_2C} = \overline{O_1O_2} + \overline{O_2C}$이므로

$\overline{AB} : \overline{CD} = k : \left(\dfrac{\boxed{(가)}}{2} + \boxed{(다)} \right)$이다.

위의 (가), (다)에 알맞은 식을 각각 $f(k)$, $g(k)$라 하고, (나)에 알맞은 수를 p라 할 때, $f(p) \times g(p)$의 값은? [4점]

① $\dfrac{169}{27}$ ② $\dfrac{56}{9}$ ③ $\dfrac{167}{27}$

④ $\dfrac{166}{27}$ ⑤ $\dfrac{55}{9}$

05 ▶ 25653-0082
2023학년도 10월 학력평가 14번
상 중 하

최고차항의 계수가 1이고 $f'(2)=0$인 이차함수 $f(x)$가 모든 자연수 n에 대하여

$$\int_4^n f(x)\,dx \geq 0$$

을 만족시킬 때, **보기**에서 옳은 것만을 있는 대로 고른 것은? [4점]

┌─ 보기 ─────────────────────┐

ㄱ. $f(2) < 0$

ㄴ. $\displaystyle\int_4^3 f(x)\,dx > \int_4^2 f(x)\,dx$

ㄷ. $6 \leq \displaystyle\int_4^6 f(x)\,dx \leq 14$

└──────────────────────────┘

① ㄱ   ② ㄱ, ㄴ   ③ ㄱ, ㄷ

④ ㄴ, ㄷ   ⑤ ㄱ, ㄴ, ㄷ

06 ▶ 25653-0083
2022학년도 6월 모의평가 9번
상 중 하

수열 $\{a_n\}$이 모든 자연수 n에 대하여

$$a_{n+1} = \begin{cases} \dfrac{1}{a_n} & (n\text{이 홀수인 경우}) \\[2mm] 8a_n & (n\text{이 짝수인 경우}) \end{cases}$$

이고 $a_{12}=\dfrac{1}{2}$일 때, a_1+a_4의 값은? [4점]

① $\dfrac{3}{4}$ ② $\dfrac{9}{4}$ ③ $\dfrac{5}{2}$

④ $\dfrac{17}{4}$ ⑤ $\dfrac{9}{2}$

최고차항의 계수가 -3인 삼차함수 $y=f(x)$의 그래프 위의 점 $(2,\ f(2))$에서의 접선 $y=g(x)$가 곡선 $y=f(x)$와 원점에서 만난다. 곡선 $y=f(x)$와 직선 $y=g(x)$로 둘러싸인 도형의 넓이는? [4점]

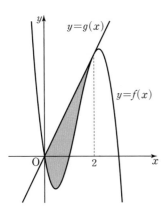

① $\dfrac{7}{2}$

② $\dfrac{15}{4}$

③ 4

④ $\dfrac{17}{4}$

⑤ $\dfrac{9}{2}$

다음 조건을 만족시키는 모든 다항함수 $f(x)$에 대하여 $f(1)$의 최댓값은? [4점]

> $\displaystyle\lim_{x\to\infty}\frac{f(x)-4x^3+3x^2}{x^{n+1}+1}=6,\ \lim_{x\to 0}\frac{f(x)}{x^n}=4$인 자연수 n이 존재한다.

① 12

② 13

③ 14

④ 15

⑤ 16

09 ▶ 25653-0086
2023학년도 수능 20번 　　　　　　상 중 하

수직선 위를 움직이는 점 P의 시각 t $(t \geq 0)$에서의 속도 $v(t)$ 와 가속도 $a(t)$가 다음 조건을 만족시킨다.

(가) $0 \leq t \leq 2$일 때, $v(t) = 2t^3 - 8t$이다.
(나) $t \geq 2$일 때, $a(t) = 6t + 4$이다.

시각 $t = 0$에서 $t = 3$까지 점 P가 움직인 거리를 구하시오. [4점]

10 ▶ 25653-0087
2021학년도 수능 가형 27번 　　　　　　상 중 하

$\log_4 2n^2 - \dfrac{1}{2} \log_2 \sqrt{n}$의 값이 40 이하의 자연수가 되도록 하는 자연수 n의 개수를 구하시오. [4점]

11 ▶ 25653-0088
2020학년도 6월 모의평가 나형 30번 　　　　　　상 중 하

최고차항의 계수가 1이고 $f(2) = 3$인 삼차함수 $f(x)$에 대하여 함수

$$g(x) = \begin{cases} \dfrac{ax - 9}{x - 1} & (x < 1) \\ f(x) & (x \geq 1) \end{cases}$$

이 다음 조건을 만족시킨다.

함수 $y = g(x)$의 그래프와 직선 $y = t$가 서로 다른 두 점에서만 만나도록 하는 모든 실수 t의 값의 집합은 $\{t \,|\, t = -1 \text{ 또는 } t \geq 3\}$이다.

$(g \circ g)(-1)$의 값을 구하시오. (단, a는 상수이다.) [4점]

01 ▶ 25653-0089
2020학년도 3월 학력평가 가형 14번
[상][중][하]

함수 $y = \log_3 |2x|$ 의 그래프와 함수 $y = \log_3 (x+3)$ 의 그래프가 만나는 서로 다른 두 점을 각각 A, B라 하자. 점 A를 지나고 직선 AB와 수직인 직선이 y축과 만나는 점을 C라 할 때, 삼각형 ABC의 넓이는?

(단, 점 A의 x좌표는 점 B의 x좌표보다 작다.) [4점]

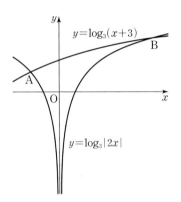

① $\dfrac{13}{2}$ ② 7 ③ $\dfrac{15}{2}$

④ 8 ⑤ $\dfrac{17}{2}$

02 ▶ 25653-0090
2021학년도 10월 학력평가 9번
[상][중][하]

수열 $\{a_n\}$ 이 모든 자연수 n에 대하여

$$a_n + a_{n+1} = 2n$$

을 만족시킬 때, $a_1 + a_{22}$의 값은? [4점]

① 18 ② 19 ③ 20

④ 21 ⑤ 22

03 ▶ 25653-0091
2023학년도 10월 학력평가 10번 [상][중][하]

실수 t $(t>0)$에 대하여 직선 $y=tx+t+1$과
곡선 $y=x^2-tx-1$이 만나는 두 점을 A, B라 할 때,
$\lim\limits_{t\to\infty}\dfrac{\overline{\text{AB}}}{t^2}$의 값은? [4점]

① $\dfrac{\sqrt{2}}{2}$ ② 1   ③ $\sqrt{2}$

④ 2   ⑤ $2\sqrt{2}$

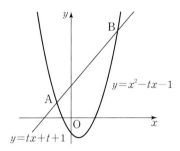

04 ▶ 25653-0092
2024학년도 9월 모의평가 10번 [상][중][하]

최고차항의 계수가 1인 삼차함수 $f(x)$에 대하여
곡선 $y=f(x)$ 위의 점 $(-2, f(-2))$에서의 접선과
곡선 $y=f(x)$ 위의 점 $(2, 3)$에서의 접선이 점 $(1, 3)$에서
만날 때, $f(0)$의 값은? [4점]

① 31   ② 33   ③ 35

④ 37   ⑤ 39

05 ▸ 25653-0093
2022학년도 6월 모의평가 15번 상중하

$-1\le t\le 1$인 실수 t에 대하여 x에 대한 방정식

$$\left(\sin\frac{\pi x}{2}-t\right)\left(\cos\frac{\pi x}{2}-t\right)=0$$

의 실근 중에서 집합 $\{x\,|\,0\le x<4\}$에 속하는 가장 작은 값을 $\alpha(t)$, 가장 큰 값을 $\beta(t)$라 하자. **보기**에서 옳은 것만을 있는 대로 고른 것은? [4점]

보기

ㄱ. $-1\le t<0$인 모든 실수 t에 대하여 $\alpha(t)+\beta(t)=5$이다.

ㄴ. $\{t\,|\,\beta(t)-\alpha(t)=\beta(0)-\alpha(0)\}=\left\{t\,\middle|\,0\le t\le\frac{\sqrt{2}}{2}\right\}$

ㄷ. $\alpha(t_1)=\alpha(t_2)$인 두 실수 t_1, t_2에 대하여 $t_2-t_1=\frac{1}{2}$이면 $t_1\times t_2=\frac{1}{3}$이다.

① ㄱ ② ㄱ, ㄴ ③ ㄱ, ㄷ
④ ㄴ, ㄷ ⑤ ㄱ, ㄴ, ㄷ

06 ▸ 25653-0094
2020학년도 3월 학력평가 가형 21번 상중하

0이 아닌 실수 m에 대하여 두 함수

$$f(x)=2x^3-8x,$$

$$g(x)=\begin{cases}-\frac{47}{m}x+\frac{4}{m^3} & (x<0)\\ 2mx+\frac{4}{m^3} & (x\ge 0)\end{cases}$$

이 있다. 실수 x에 대하여 $f(x)$와 $g(x)$ 중 크지 않은 값을 $h(x)$라 할 때, **보기**에서 옳은 것만을 있는 대로 고른 것은? [4점]

보기

ㄱ. $m=-1$일 때, $h\left(\frac{1}{2}\right)=-5$이다.

ㄴ. $m=-1$일 때, 함수 $h(x)$가 미분가능하지 않은 x의 개수는 2이다.

ㄷ. 함수 $h(x)$가 미분가능하지 않은 x의 개수가 1인 양수 m의 최댓값은 6이다.

① ㄱ ② ㄱ, ㄴ ③ ㄱ, ㄷ
④ ㄴ, ㄷ ⑤ ㄱ, ㄴ, ㄷ

07

► 25653-0095
2022학년도 9월 모의평가 15번

상 중 하

수열 $\{a_n\}$은 $|a_1| \leq 1$이고, 모든 자연수 n에 대하여

$$a_{n+1} = \begin{cases} -2a_n - 2 & \left(-1 \leq a_n < -\dfrac{1}{2}\right) \\ 2a_n & \left(-\dfrac{1}{2} \leq a_n \leq \dfrac{1}{2}\right) \\ -2a_n + 2 & \left(\dfrac{1}{2} < a_n \leq 1\right) \end{cases}$$

을 만족시킨다. $a_5 + a_6 = 0$이고, $\sum\limits_{k=1}^{5} a_k > 0$이 되도록 하는 모든 a_1의 값의 합은? [4점]

① $\dfrac{9}{2}$ ② 5   ③ $\dfrac{11}{2}$

④ 6   ⑤ $\dfrac{13}{2}$

08

► 25653-0096
2024학년도 수능 10번

상 중 하

시각 $t=0$일 때 동시에 원점을 출발하여 수직선 위를 움직이는 두 점 P, Q의 시각 t $(t \geq 0)$에서의 속도가 각각

$$v_1(t) = t^2 - 6t + 5, \quad v_2(t) = 2t - 7$$

이다. 시각 t에서의 두 점 P, Q 사이의 거리를 $f(t)$라 할 때, 함수 $f(t)$는 구간 $[0, \ a]$에서 증가하고, 구간 $[a, \ b]$에서 감소하고, 구간 $[b, \ \infty)$에서 증가한다. 시각 $t=a$에서 $t=b$까지 점 Q가 움직인 거리는? (단, $0 < a < b$) [4점]

① $\dfrac{15}{2}$ ② $\dfrac{17}{2}$ ③ $\dfrac{19}{2}$

④ $\dfrac{21}{2}$ ⑤ $\dfrac{23}{2}$

09 ▶ 25653-0097
2024학년도 6월 모의평가 21번 상중하

실수 t에 대하여 두 곡선 $y=t-\log_2 x$와 $y=2^{x-t}$이 만나는 점의 x좌표를 $f(t)$라 하자. **보기**의 각 명제에 대하여 다음 규칙에 따라 A, B, C의 값을 정할 때, $A+B+C$의 값을 구하시오. (단, $A+B+C \neq 0$) [4점]

- 명제 ㄱ이 참이면 $A=100$, 거짓이면 $A=0$이다.
- 명제 ㄴ이 참이면 $B=10$, 거짓이면 $B=0$이다.
- 명제 ㄷ이 참이면 $C=1$, 거짓이면 $C=0$이다.

┌ 보기 ┌
ㄱ. $f(1)=1$이고 $f(2)=2$이다.
ㄴ. 실수 t의 값이 증가하면 $f(t)$의 값도 증가한다.
ㄷ. 모든 양의 실수 t에 대하여 $f(t) \geq t$이다.

10 ▶ 25653-0098
2020학년도 수능 나형 30번 상중하

최고차항의 계수가 양수인 삼차함수 $f(x)$가 다음 조건을 만족시킨다.

(가) 방정식 $f(x)-x=0$의 서로 다른 실근의 개수는 2이다.
(나) 방정식 $f(x)+x=0$의 서로 다른 실근의 개수는 2이다.

$f(0)=0$, $f'(1)=1$일 때, $f(3)$의 값을 구하시오. [4점]

11 ▶ 25653-0099
2020학년도 3월 학력평가 나형 29번 상중하

그림과 같이 예각삼각형 ABC가 한 원에 내접하고 있다. $\overline{AB}=6$이고, $\angle ABC=\alpha$라 할 때 $\cos\alpha=\dfrac{3}{4}$이다. 점 A를 지나지 않는 호 BC 위의 점 D에 대하여 $\overline{CD}=4$이다. 두 삼각형 ABD, CBD의 넓이를 각각 S_1, S_2라 할 때, $S_1 : S_2 = 9 : 5$이다. 삼각형 ADC의 넓이를 S라 할 때, S^2의 값을 구하시오. [4점]

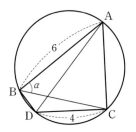

01 ▶ 25653-0100
2024학년도 수능 9번   상 중 하

수직선 위의 두 점 $P(\log_5 3)$, $Q(\log_5 12)$에 대하여 선분 PQ를 $m : (1-m)$으로 내분하는 점의 좌표가 1일 때, 4^m의 값은? (단, m은 $0 < m < 1$인 상수이다.) [4점]

① $\dfrac{7}{6}$ ② $\dfrac{4}{3}$ ③ $\dfrac{3}{2}$

④ $\dfrac{5}{3}$ ⑤ $\dfrac{11}{6}$

02 ▶ 25653-0101
2023학년도 3월 학력평가 15번   상 중 하

모든 항이 자연수인 수열 $\{a_n\}$이 모든 자연수 n에 대하여

$$a_{n+2} = \begin{cases} a_{n+1}+a_n & (a_{n+1}+a_n \text{이 홀수인 경우}) \\ \dfrac{1}{2}(a_{n+1}+a_n) & (a_{n+1}+a_n \text{이 짝수인 경우}) \end{cases}$$

를 만족시킨다. $a_1 = 1$일 때, $a_6 = 34$가 되도록 하는 모든 a_2의 값의 합은? [4점]

① 60   ② 64   ③ 68

④ 72   ⑤ 76

▶ 25653-0102

2022학년도 10월 학력평가 14번

상 중 하

최고차항의 계수가 1인 삼차함수 $f(x)$와 실수 t에 대하여 x에 대한 방정식

$$\int_t^x f(s)\,ds = 0$$

의 서로 다른 실근의 개수를 $g(t)$라 할 때, **보기**에서 옳은 것만을 있는 대로 고른 것은? [4점]

┌ 보기 ┌

ㄱ. $f(x) = x^2(x-1)$일 때, $g(1) = 1$이다.

ㄴ. 방정식 $f(x) = 0$의 서로 다른 실근의 개수가 3이면 $g(a) = 3$인 실수 a가 존재한다.

ㄷ. $\lim_{t \to b} g(t) + g(b) = 6$을 만족시키는 실수 b의 값이 0과 3뿐이면 $f(4) = 12$이다.

---

① ㄱ   ② ㄱ, ㄴ   ③ ㄱ, ㄷ

④ ㄴ, ㄷ   ⑤ ㄱ, ㄴ, ㄷ

▶ 25653-0103

2020학년도 수능 가형 15번

상 중 하

지수함수 $y = a^x$ $(a > 1)$의 그래프와 직선 $y = \sqrt{3}$이 만나는 점을 A라 하자. 점 B$(4, 0)$에 대하여 직선 OA와 직선 AB가 서로 수직이 되도록 하는 모든 a의 값의 곱은?

(단, O는 원점이다.) [4점]

① $3^{\frac{1}{3}}$ ② $3^{\frac{2}{3}}$ ③ 3

④ $3^{\frac{4}{3}}$ ⑤ $3^{\frac{5}{3}}$

05
▶ 25653-0104
2022학년도 3월 학력평가 10번
상 중 하

두 함수

$$f(x) = x^2 + 2x + k,$$
$$g(x) = 2x^3 - 9x^2 + 12x - 2$$

에 대하여 함수 $(g \circ f)(x)$의 최솟값이 2가 되도록 하는 실수 k의 최솟값은? [4점]

① 1

② $\dfrac{9}{8}$

③ $\dfrac{5}{4}$

④ $\dfrac{11}{8}$

⑤ $\dfrac{3}{2}$

06
▶ 25653-0105
2024학년도 6월 모의평가 12번
상 중 하

$a_2 = -4$이고 공차가 0이 아닌 등차수열 $\{a_n\}$에 대하여 수열 $\{b_n\}$을 $b_n = a_n + a_{n+1}$ $(n \geq 1)$이라 하고, 두 집합 A, B를

$$A = \{a_1, a_2, a_3, a_4, a_5\}, B = \{b_1, b_2, b_3, b_4, b_5\}$$

라 하자. $n(A \cap B) = 3$이 되도록 하는 모든 수열 $\{a_n\}$에 대하여 a_{20}의 값의 합은? [4점]

① 30

② 34

③ 38

④ 42

⑤ 46

실수 전체의 집합에서 연속인 함수 $f(x)$와 최고차항의 계수가 1인 삼차함수 $g(x)$가

$$g(x) = \begin{cases} -\int_0^x f(t)\,dt & (x < 0) \\ \int_0^x f(t)\,dt & (x \geq 0) \end{cases}$$

을 만족시킬 때, **보기**에서 옳은 것만을 있는 대로 고른 것은? [4점]

┌─ 보기 ─────────────────────────┐

ㄱ. $f(0) = 0$

ㄴ. 함수 $f(x)$는 극댓값을 갖는다.

ㄷ. $2 < f(1) < 4$일 때, 방정식 $f(x) = x$의 서로 다른 실근의 개수는 3이다.

└──────────────────────────────┘

① ㄱ   ② ㄷ   ③ ㄱ, ㄴ

④ ㄱ, ㄷ   ⑤ ㄱ, ㄴ, ㄷ

그림과 같이

$$2\overline{AB} = \overline{BC}, \quad \cos(\angle ABC) = -\frac{5}{8}$$

인 삼각형 ABC의 외접원을 O라 하자. 원 O 위의 점 P에 대하여 삼각형 PAC의 넓이가 최대가 되도록 하는 점 P를 Q라 할 때, $\overline{QA} = 6\sqrt{10}$이다. 선분 AC 위의 점 D에 대하여 $\angle CDB = \frac{2}{3}\pi$일 때, 삼각형 CDB의 외접원의 반지름의 길이는? [4점]

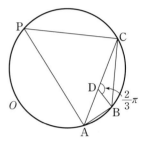

① $3\sqrt{3}$ ② $4\sqrt{3}$ ③ $3\sqrt{6}$

④ $5\sqrt{3}$ ⑤ $4\sqrt{6}$

09
▶ 25653-0108
2020학년도 3월 학력평가 나형 28번   상 중 하

자연수 a에 대하여 두 함수
$$f(x) = -x^4 - 2x^3 - x^2, \ g(x) = 3x^2 + a$$
가 있다. 다음을 만족시키는 a의 값을 구하시오. [4점]

> 모든 실수 x에 대하여 부등식
> $$f(x) \le 12x + k \le g(x)$$
> 를 만족시키는 자연수 k의 개수는 3이다.

10
▶ 25653-0109
2025학년도 9월 모의평가 20번   상 중 하

닫힌구간 $[0, 2\pi]$에서 정의된 함수
$$f(x) = \begin{cases} \sin x - 1 & (0 \le x < \pi) \\ -\sqrt{2}\sin x - 1 & (\pi \le x \le 2\pi) \end{cases}$$
가 있다. $0 \le t \le 2\pi$인 실수 t에 대하여 x에 대한 방정식 $f(x) = f(t)$의 서로 다른 실근의 개수가 3이 되도록 하는 모든 t의 값의 합은 $\dfrac{q}{p}\pi$이다. $p+q$의 값을 구하시오.

(단, p와 q는 서로소인 자연수이다.) [4점]

11
▶ 25653-0110
2022학년도 수능 22번   상 중 하

최고차항의 계수가 $\dfrac{1}{2}$인 삼차함수 $f(x)$와 실수 t에 대하여 방정식 $f'(x) = 0$이 닫힌구간 $[t, t+2]$에서 갖는 실근의 개수를 $g(t)$라 할 때, 함수 $g(t)$는 다음 조건을 만족시킨다.

> (가) 모든 실수 a에 대하여 $\lim\limits_{t \to a+} g(t) + \lim\limits_{t \to a-} g(t) \le 2$이다.
> (나) $g(f(1)) = g(f(4)) = 2$, $g(f(0)) = 1$

$f(5)$의 값을 구하시오. [4점]

11회 미니모의고사

01 ▶ 25653-0111
2019학년도 수능 나형 15번   상 중 하

2 이상의 자연수 n에 대하여 $5 \log_n 2$의 값이 자연수가 되도록 하는 모든 n의 값의 합은? [4점]

① 34 　　　② 38 　　　③ 42

④ 46 　　　⑤ 50

02 ▶ 25653-0112
2021학년도 3월 학력평가 15번   상 중 하

그림과 같이 $\overline{AB}=5$, $\overline{BC}=4$, $\cos(\angle ABC)=\dfrac{1}{8}$인 삼각형 ABC가 있다. ∠ABC의 이등분선과 ∠CAB의 이등분선이 만나는 점을 D, 선분 BD의 연장선과 삼각형 ABC의 외접원이 만나는 점을 E라 할 때, **보기**에서 옳은 것만을 있는 대로 고른 것은? [4점]

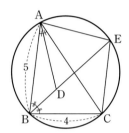

┌─ 보기 ┌─
ㄱ. $\overline{AC}=6$
ㄴ. $\overline{EA}=\overline{EC}$
ㄷ. $\overline{ED}=\dfrac{31}{8}$
└─

① ㄱ 　　　② ㄱ, ㄴ 　　　③ ㄱ, ㄷ
④ ㄴ, ㄷ 　　　⑤ ㄱ, ㄴ, ㄷ

03 ▶ 25653-0113
2021학년도 6월 모의평가 나형 19번

상 중 하

방정식 $2x^3+6x^2+a=0$이 $-2 \leq x \leq 2$에서 서로 다른 두 실근을 갖도록 하는 정수 a의 개수는? [4점]

① 4 ② 6 ③ 8
④ 10 ⑤ 12

04 ▶ 25653-0114
2023학년도 수능 14번

상 중 하

다항함수 $f(x)$에 대하여 함수 $g(x)$를 다음과 같이 정의한다.

$$g(x)=\begin{cases} x & (x<-1 \text{ 또는 } x>1) \\ f(x) & (-1 \leq x \leq 1) \end{cases}$$

함수 $h(x)=\lim_{t \to 0+} g(x+t) \times \lim_{t \to 2+} g(x+t)$에 대하여

보기에서 옳은 것만을 있는 대로 고른 것은? [4점]

┌─ 보기 ┌
ㄱ. $h(1)=3$
ㄴ. 함수 $h(x)$는 실수 전체의 집합에서 연속이다.
ㄷ. 함수 $g(x)$가 닫힌구간 $[-1, 1]$에서 감소하고
  $g(-1)=-2$이면 함수 $h(x)$는 실수 전체의 집합에서
  최솟값을 갖는다.

① ㄱ ② ㄴ ③ ㄱ, ㄴ
④ ㄱ, ㄷ ⑤ ㄴ, ㄷ

다음은 모든 자연수 n에 대하여

$$\sum_{k=1}^{n} \frac{(-1)^{k-1}{}_{n}C_{k}}{k} = \sum_{k=1}^{n} \frac{1}{k} \quad \cdots\cdots (*)$$

이 성립함을 수학적 귀납법을 이용하여 증명한 것이다.

(ⅰ) $n=1$일 때 (좌변)$=1$, (우변)$=1$이므로 $(*)$이 성립한다.

(ⅱ) $n=m$일 때 $(*)$이 성립한다고 가정하면

$$\sum_{k=1}^{m} \frac{(-1)^{k-1}{}_{m}C_{k}}{k} = \sum_{k=1}^{m} \frac{1}{k}$$

이다. $n=m+1$일 때

$$\sum_{k=1}^{m+1} \frac{(-1)^{k-1}{}_{m+1}C_{k}}{k}$$

$$= \sum_{k=1}^{m} \frac{(-1)^{k-1}{}_{m+1}C_{k}}{k} + \boxed{\text{(가)}}$$

$$= \sum_{k=1}^{m} \frac{(-1)^{k-1}({}_{m}C_{k} + {}_{m}C_{k-1})}{k} + \boxed{\text{(가)}}$$

$$= \sum_{k=1}^{m} \frac{1}{k} + \sum_{k=1}^{m+1}\left\{ \frac{(-1)^{k-1}}{k} \times \frac{\boxed{\text{(나)}}}{(m-k+1)!(k-1)!} \right\}$$

$$= \sum_{k=1}^{m} \frac{1}{k} + \sum_{k=1}^{m+1}\left\{ \frac{(-1)^{k-1}}{\boxed{\text{(다)}}} \times \frac{(m+1)!}{(m-k+1)!\,k!} \right\}$$

$$= \sum_{k=1}^{m} \frac{1}{k} + \frac{1}{m+1}$$

$$= \sum_{k=1}^{m+1} \frac{1}{k}$$

이다. 따라서 $n=m+1$일 때도 $(*)$이 성립한다.

(ⅰ), (ⅱ)에 의하여 모든 자연수 n에 대하여 $(*)$이 성립한다.

위의 (가), (나), (다)에 알맞은 식을 각각 $f(m)$, $g(m)$, $h(m)$이라 할 때, $\dfrac{g(3)+h(3)}{f(4)}$의 값은? [4점]

① 40 ② 45 ③ 50

④ 55 ⑤ 60

수직선 위를 움직이는 점 P의 시각 t $(t \geq 0)$에서의 속도 $v(t)$가

$$v(t) = 3t^2 + at$$

이다. 시각 $t=0$에서의 점 P의 위치와 시각 $t=6$에서의 점 P의 위치가 서로 같을 때, 점 P가 시각 $t=0$에서 $t=6$까지 움직인 거리는? (단, a는 상수이다.) [4점]

① 64 ② 66 ③ 68

④ 70 ⑤ 72

07
▸ 25653-0117
2020학년도 수능 나형 17번

상 중 하

자연수 n의 양의 약수의 개수를 $f(n)$이라 하고, 36의 모든 양의 약수를 a_1, a_2, a_3, $\cdots$, a_9라 하자.

$\sum\limits_{k=1}^{9} \{(-1)^{f(a_k)} \times \log a_k\}$의 값은? [4점]

① $\log 2 + \log 3$ ② $2\log 2 + \log 3$

③ $\log 2 + 2\log 3$ ④ $2\log 2 + 2\log 3$

⑤ $3\log 2 + 2\log 3$

08
▸ 25653-0118
2021학년도 9월 모의평가 나형 20번

상 중 하

실수 전체의 집합에서 연속인 두 함수 $f(x)$와 $g(x)$가 모든 실수 x에 대하여 다음 조건을 만족시킨다.

(가) $f(x) \geq g(x)$

(나) $f(x) + g(x) = x^2 + 3x$

(다) $f(x)g(x) = (x^2+1)(3x-1)$

$\int_0^2 f(x)\,dx$의 값은? [4점]

① $\dfrac{23}{6}$ ② $\dfrac{13}{3}$ ③ $\dfrac{29}{6}$

④ $\dfrac{16}{3}$ ⑤ $\dfrac{35}{6}$

두 함수 $f(x)=2x^2+2x-1$, $g(x)=\cos\dfrac{\pi}{3}x$에 대하여

$0\le x<12$에서 방정식

$$f(g(x))=g(x)$$

를 만족시키는 모든 실수 x의 값의 합을 구하시오. [4점]

최고차항의 계수가 1인 삼차함수 $f(x)$에 대하여 함수

$$g(x)=f(x-3)\times\lim_{h\to 0+}\frac{|f(x+h)|-|f(x-h)|}{h}$$

가 다음 조건을 만족시킬 때, $f(5)$의 값을 구하시오. [4점]

(가) 함수 $g(x)$는 실수 전체의 집합에서 연속이다.

(나) 방정식 $g(x)=0$은 서로 다른 네 실근 α_1, α_2, α_3, α_4를 갖고 $\alpha_1+\alpha_2+\alpha_3+\alpha_4=7$이다.

$a>2$인 실수 a에 대하여 기울기가 -1인 직선이 두 곡선

$$y=a^x+2,\ y=\log_a x+2$$

와 만나는 점을 각각 A, B라 하자. 선분 AB를 지름으로 하는 원의 중심의 y좌표가 $\dfrac{19}{2}$이고 넓이가 $\dfrac{121}{2}\pi$일 때, a^2의 값을 구하시오. [4점]

12회 미니모의고사

학습일 20 년 월 일

01

▸ 25653-0122

2022학년도 수능 12번

상 중 하

실수 전체의 집합에서 연속인 함수 $f(x)$가 모든 실수 x에 대하여

$$\{f(x)\}^3-\{f(x)\}^2-x^2f(x)+x^2=0$$

을 만족시킨다. 함수 $f(x)$의 최댓값이 1이고 최솟값이 0일 때, $f\left(-\frac{4}{3}\right)+f(0)+f\left(\frac{1}{2}\right)$의 값은? [4점]

① $\frac{1}{2}$ ② 1 ③ $\frac{3}{2}$ ④ 2 ⑤ $\frac{5}{2}$

02

▸ 25653-0123

2020학년도 10월 학력평가 나형 21번

상 중 하

두 곡선 $y=2^{-x}$과 $y=|\log_2 x|$가 만나는 두 점을 (x_1, y_1), (x_2, y_2)라 하자. $x_1<x_2$일 때, **보기**에서 옳은 것만을 있는 대로 고른 것은? [4점]

보기

ㄱ. $\frac{1}{2}<x_1<\frac{\sqrt{2}}{2}$

ㄴ. $\sqrt[3]{2}<x_2<\sqrt{2}$

ㄷ. $y_1-y_2<\frac{3\sqrt{2}-2}{6}$

① ㄱ ② ㄱ, ㄴ ③ ㄱ, ㄷ ④ ㄴ, ㄷ ⑤ ㄱ, ㄴ, ㄷ

최고차항의 계수가 1인 삼차함수 $f(x)$가 다음 조건을 만족시킨다.

> (가) 방정식 $f(x)=0$의 실근은 α, β $(\alpha<\beta)$뿐이다.
> (나) 함수 $f(x)$의 극솟값은 -4이다.

보기에서 옳은 것만을 있는 대로 고른 것은? [4점]

> ┌ 보기 ┐
> ㄱ. $f'(\alpha)=0$
> ㄴ. $\beta=\alpha+3$
> ㄷ. $f(0)=16$이면 $\alpha^2+\beta^2=18$이다.

① ㄱ ② ㄱ, ㄴ ③ ㄱ, ㄷ
④ ㄴ, ㄷ ⑤ ㄱ, ㄴ, ㄷ

$0\leq\theta<2\pi$일 때, x에 대한 이차방정식

$$x^2-(2\sin\theta)x-3\cos^2\theta-5\sin\theta+5=0$$

이 실근을 갖도록 하는 θ의 최솟값과 최댓값을 각각 α, β라 하자. $4\beta-2\alpha$의 값은? [4점]

① 3π ② 4π ③ 5π
④ 6π ⑤ 7π

05 ▶ 25653-0126
2020학년도 수능 나형 20번   상 중 하

함수

$$f(x)=\begin{cases} -x & (x\le 0) \\ x-1 & (0<x\le 2) \\ 2x-3 & (x>2) \end{cases}$$

와 상수가 아닌 다항식 $p(x)$에 대하여 **보기**에서 옳은 것만을 있는 대로 고른 것은? [4점]

┌─ 보기 ─────────────────────────────────┐

ㄱ. 함수 $p(x)f(x)$가 실수 전체의 집합에서 연속이면 $p(0)=0$이다.

ㄴ. 함수 $p(x)f(x)$가 실수 전체의 집합에서 미분가능하면 $p(2)=0$이다.

ㄷ. 함수 $p(x)\{f(x)\}^2$이 실수 전체의 집합에서 미분가능 하면 $p(x)$는 $x^2(x-2)^2$으로 나누어떨어진다.

└──────────────────────────────────────┘

① ㄱ   ② ㄱ, ㄴ   ③ ㄱ, ㄷ

④ ㄴ, ㄷ   ⑤ ㄱ, ㄴ, ㄷ

06 ▶ 25653-0127
2021학년도 9월 모의평가 가형 16번/나형 16번   상 중 하

모든 자연수 n에 대하여 다음 조건을 만족시키는 x축 위의 점 P_n과 곡선 $y=\sqrt{3x}$ 위의 점 Q_n이 있다.

┌──────────────────────────────────────┐

• 선분 OP_n과 선분 P_nQ_n이 서로 수직이다.

• 선분 OQ_n과 선분 Q_nP_{n+1}이 서로 수직이다.

└──────────────────────────────────────┘

다음은 점 P_1의 좌표가 $(1,\ 0)$일 때, 삼각형 $OP_{n+1}Q_n$의 넓이 A_n을 구하는 과정이다. (단, O는 원점이다.)

┌──────────────────────────────────────┐

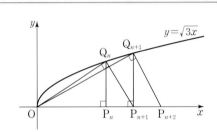

모든 자연수 n에 대하여 점 P_n의 좌표를 $(a_n,\ 0)$이라 하자.

$\overline{OP_{n+1}}=\overline{OP_n}+\overline{P_nP_{n+1}}$이므로

$\quad a_{n+1}=a_n+\overline{P_nP_{n+1}}$

이다. 삼각형 OP_nQ_n과 삼각형 $Q_nP_nP_{n+1}$이 닮음이므로

$\quad \overline{OP_n} : \overline{P_nQ_n}=\overline{P_nQ_n} : \overline{P_nP_{n+1}}$

이고, 점 Q_n의 좌표는 $(a_n,\ \sqrt{3a_n})$이므로

$\quad \overline{P_nP_{n+1}}=\boxed{}$

이다. 따라서 삼각형 $OP_{n+1}Q_n$의 넓이 A_n은

$\quad A_n=\dfrac{1}{2}\times(\boxed{})\times\sqrt{9n-6}$

이다.

└──────────────────────────────────────┘

위의 (가)에 알맞은 수를 p, (나)에 알맞은 식을 $f(n)$이라 할 때, $p+f(8)$의 값은? [4점]

① 20   ② 22   ③ 24

④ 26   ⑤ 28

함수 $f(x)=x^2-2x$에 대하여 두 곡선

$$y=f(x),\ y=-f(x-1)-1$$

로 둘러싸인 부분의 넓이는? [4점]

① $\dfrac{1}{6}$ ② $\dfrac{1}{4}$ ③ $\dfrac{1}{3}$

④ $\dfrac{5}{12}$ ⑤ $\dfrac{1}{2}$

수열 $\{a_n\}$이 모든 자연수 n에 대하여

$$a_{n+1}=\begin{cases} a_n & (a_n>n) \\ 3n-2-a_n & (a_n\le n) \end{cases}$$

을 만족시킬 때, $a_5=5$가 되도록 하는 모든 a_1의 값의 곱은?

[4점]

① 20 ② 30 ③ 40

④ 50 ⑤ 60

함수 $f(x)=|x^3-3x+8|$과 실수 t에 대하여 닫힌구간 $[t,\ t+2]$에서의 $f(x)$의 최댓값을 $g(t)$라 하자. 서로 다른 두 실수 α, β에 대하여 함수 $g(t)$는 $t=\alpha$와 $t=\beta$에서만 미분가능하지 않다. $\alpha\beta=m+n\sqrt{6}$일 때, $m+n$의 값을 구하시오.

(단, m, n은 정수이다.) [4점]

10 ▶ 25653-0131
2024학년도 9월 모의평가 20번   상 中 하

그림과 같이

$$\overline{AB}=2, \ \overline{AD}=1, \ \angle DAB=\frac{2}{3}\pi, \ \angle BCD=\frac{3}{4}\pi$$

인 사각형 ABCD가 있다. 삼각형 BCD의 외접원의 반지름의 길이를 R_1, 삼각형 ABD의 외접원의 반지름의 길이를 R_2라 하자.

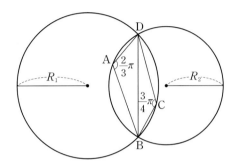

다음은 $R_1 \times R_2$의 값을 구하는 과정이다.

삼각형 BCD에서 사인법칙에 의하여

$$R_1 = \frac{\sqrt{2}}{2} \times \overline{BD}$$

이고, 삼각형 ABD에서 사인법칙에 의하여

$$R_2 = \boxed{} \times \overline{BD}$$

이다. 삼각형 ABD에서 코사인법칙에 의하여

$$\overline{BD}^2 = 2^2 + 1^2 - (\boxed{})$$

이므로

$$R_1 \times R_2 = \boxed{}$$

이다.

위의 (가), (나), (다)에 알맞은 수를 각각 p, q, r이라 할 때, $9 \times (p \times q \times r)^2$의 값을 구하시오. [4점]

11 ▶ 25653-0132
2021학년도 10월 학력평가 20번   상 中 하

최고차항의 계수가 1인 삼차함수 $f(x)$가 $f(0)=0$이고, 모든 실수 x에 대하여 $f(1-x)=-f(1+x)$를 만족시킨다. 두 곡선 $y=f(x)$와 $y=-6x^2$으로 둘러싸인 부분의 넓이를 S라 할 때, $4S$의 값을 구하시오. [4점]

13회 미니모의고사

01 ▶ 25653-0133
2020학년도 10월 학력평가 가형 15번   상 중 하

그림과 같이 좌표평면에서 곡선 $y=a^x$ $(0<a<1)$ 위의 점 P가 제2사분면에 있다. 점 P를 직선 $y=x$에 대하여 대칭이동시킨 점 Q와 곡선 $y=-\log_a x$ 위의 점 R에 대하여 $\angle PQR=45°$이다. $\overline{PR}=\dfrac{5\sqrt{2}}{2}$이고 직선 PR의 기울기가 $\dfrac{1}{7}$일 때, 상수 a의 값은? [4점]

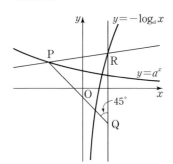

① $\dfrac{\sqrt{2}}{3}$ ② $\dfrac{\sqrt{3}}{3}$ ③ $\dfrac{2}{3}$

④ $\dfrac{\sqrt{5}}{3}$ ⑤ $\dfrac{\sqrt{6}}{3}$

02 ▶ 25653-0134
2020학년도 6월 모의평가 나형 15번   상 중 하

두 함수

$$f(x)=\begin{cases} -2x+3 & (x<0) \\ -2x+2 & (x\geq 0) \end{cases},\ g(x)=\begin{cases} 2x & (x<a) \\ 2x-1 & (x\geq a) \end{cases}$$

가 있다. 함수 $f(x)g(x)$가 실수 전체의 집합에서 연속이 되도록 하는 상수 a의 값은? [4점]

① -2 ② -1 ③ 0

④ 1 ⑤ 2

정답과 풀이 **47**쪽

03 ▶ 25653-0135
2023학년도 3월 학력평가 11번   상 중 하

그림과 같이 ∠BAC=60°, $\overline{AB}=2\sqrt{2}$, $\overline{BC}=2\sqrt{3}$인 삼각형 ABC가 있다. 삼각형 ABC의 내부의 점 P에 대하여 ∠PBC=30°, ∠PCB=15°일 때, 삼각형 APC의 넓이는?

[4점]

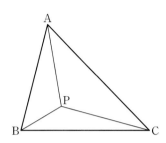

① $\dfrac{3+\sqrt{3}}{4}$ ② $\dfrac{3+2\sqrt{3}}{4}$

③ $\dfrac{3+\sqrt{3}}{2}$ ④ $\dfrac{3+2\sqrt{3}}{2}$

⑤ $2+\sqrt{3}$

04 ▶ 25653-0136
2022학년도 10월 학력평가 9번   상 중 하

최고차항의 계수가 1인 다항함수 $f(x)$가 모든 실수 x에 대하여

$$xf'(x)-3f(x)=2x^2-8x$$

를 만족시킬 때, $f(1)$의 값은? [4점]

① 1   ② 2   ③ 3

④ 4   ⑤ 5

닫힌구간 $[-2\pi, 2\pi]$에서 정의된 두 함수
$$f(x)=\sin kx+2, \ g(x)=3\cos 12x$$
에 대하여 다음 조건을 만족시키는 자연수 k의 개수는? [4점]

실수 a가 두 곡선 $y=f(x)$, $y=g(x)$의 교점의 y좌표
이면
$$\{x\,|\,f(x)=a\}\subset\{x\,|\,g(x)=a\}$$
이다.

① 3   ② 4   ③ 5
④ 6   ⑤ 7

시각 $t=0$일 때 동시에 원점을 출발하여 수직선 위를 움직이는 두 점 P, Q의 시각 $t \ (t\geq 0)$에서의 속도가 각각
$$v_1(t)=2-t, \ v_2(t)=3t$$
이다. 출발한 시각부터 점 P가 원점으로 돌아올 때까지 점 Q가 움직인 거리는? [4점]

① 16   ② 18   ③ 20
④ 22   ⑤ 24

07

▶ 25653-0139

2022학년도 6월 모의평가 13번

상 중 하

실수 전체의 집합에서 정의된 함수 $f(x)$가 구간 $(0, 1]$에서

$$f(x) = \begin{cases} 3 & (0 < x < 1) \\ 1 & (x=1) \end{cases}$$

이고, 모든 실수 x에 대하여 $f(x+1) = f(x)$를 만족시킨다. $\displaystyle\sum_{k=1}^{20} \frac{k \times f(\sqrt{k})}{3}$의 값은? [4점]

① 150   ② 160   ③ 170

④ 180   ⑤ 190

08

▶ 25653-0140

2022학년도 9월 모의평가 14번

상 중 하

최고차항의 계수가 1이고 $f'(0) = f'(2) = 0$인 삼차함수 $f(x)$와 양수 p에 대하여 함수 $g(x)$를

$$g(x) = \begin{cases} f(x) - f(0) & (x \le 0) \\ f(x+p) - f(p) & (x > 0) \end{cases}$$

이라 하자. **보기**에서 옳은 것만을 있는 대로 고른 것은? [4점]

┌─ 보기 ┌

ㄱ. $p=1$일 때, $g'(1) = 0$이다.

ㄴ. $g(x)$가 실수 전체의 집합에서 미분가능하도록 하는 양수 p의 개수는 1이다.

ㄷ. $p \ge 2$일 때, $\displaystyle\int_{-1}^{1} g(x)\,dx \ge 0$이다.

① ㄱ   ② ㄱ, ㄴ   ③ ㄱ, ㄷ

④ ㄴ, ㄷ   ⑤ ㄱ, ㄴ, ㄷ

09 ▶ 25653-0141
2024학년도 6월 모의평가 20번
상 중 하

최고차항의 계수가 1인 이차함수 $f(x)$에 대하여 함수

$$g(x)=\int_0^x f(t)dt$$

가 다음 조건을 만족시킬 때, $f(9)$의 값을 구하시오. [4점]

> $x\geq 1$인 모든 실수 x에 대하여
> $g(x)\geq g(4)$이고 $|g(x)|\geq |g(3)|$이다.

10 ▶ 25653-0142
2024학년도 수능 22번
상 중 하

최고차항의 계수가 1인 삼차함수 $f(x)$가 다음 조건을 만족시킨다.

> 함수 $f(x)$에 대하여
> $f(k-1)f(k+1)<0$
> 을 만족시키는 정수 k는 존재하지 않는다.

$f'\left(-\dfrac{1}{4}\right)=-\dfrac{1}{4}$, $f'\left(\dfrac{1}{4}\right)<0$일 때, $f(8)$의 값을 구하시오.

[4점]

11 ▶ 25653-0143
2022학년도 3월 학력평가 20번
상 중 하

수열 $\{a_n\}$은 $1<a_1<2$이고, 모든 자연수 n에 대하여

$$a_{n+1}=\begin{cases}-2a_n & (a_n<0)\\ a_n-2 & (a_n\geq 0)\end{cases}$$

을 만족시킨다. $a_7=-1$일 때, $40\times a_1$의 값을 구하시오. [4점]

01 ▶ 25653-0144
2023학년도 수능 9번   상 중 하

함수

$$f(x) = a - \sqrt{3}\tan 2x$$

가 닫힌구간 $\left[-\dfrac{\pi}{6},\ b \right]$에서 최댓값 7, 최솟값 3을 가질 때,

$a \times b$의 값은? (단, a, b는 상수이다.) [4점]

① $\dfrac{\pi}{2}$　　　　② $\dfrac{5\pi}{12}$　　　　③ $\dfrac{\pi}{3}$

④ $\dfrac{\pi}{4}$　　　　⑤ $\dfrac{\pi}{6}$

02 ▶ 25653-0145
2023학년도 10월 학력평가 13번   상 중 하

그림과 같이 두 상수 $a\ (a>1)$, k에 대하여 두 함수

$$y = a^{x+1} + 1,\ y = a^{x-3} - \frac{7}{4}$$

의 그래프와 직선 $y = -2x + k$가 만나는 점을 각각 P, Q라

하자. 점 Q를 지나고 x축에 평행한 직선이 함수

$y = -a^{x+4} + \dfrac{3}{2}$의 그래프와 점 R에서 만나고 $\overline{\mathrm{PR}} = \overline{\mathrm{QR}} = 5$

일 때, $a + k$의 값은? [4점]

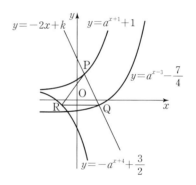

① $\dfrac{13}{2}$　　　　② $\dfrac{27}{4}$　　　　③ 7

④ $\dfrac{29}{4}$　　　　⑤ $\dfrac{15}{2}$

$a>0$인 상수 a에 대하여 함수 $f(x)=|(x^2-9)(x+a)|$가 오직 한 개의 x의 값에서만 미분가능하지 않을 때, 함수 $f(x)$의 극댓값은? [4점]

① 32   ② 34   ③ 36

④ 38   ⑤ 40

두 실수 a, b에 대하여 함수

$$f(x)=\begin{cases} -\dfrac{1}{3}x^3-ax^2-bx & (x<0) \\ \dfrac{1}{3}x^3+ax^2-bx & (x\geq 0) \end{cases}$$

이 구간 $(-\infty, -1]$에서 감소하고 구간 $[-1, \infty)$에서 증가할 때, $a+b$의 최댓값을 M, 최솟값을 m이라 하자. $M-m$의 값은? [4점]

① $\dfrac{3}{2}+3\sqrt{2}$ ② $3+3\sqrt{2}$ ③ $\dfrac{9}{2}+3\sqrt{2}$

④ $6+3\sqrt{2}$ ⑤ $\dfrac{15}{2}+3\sqrt{2}$

정답과 풀이 **52**쪽

05 ▸ 25653-0148
2024학년도 6월 모의평가 10번 상 중 하

양수 k에 대하여 함수 $f(x)$는
$$f(x)=kx(x-2)(x-3)$$
이다. 곡선 $y=f(x)$와 x축이 원점 O와 두 점 P, Q $(\overline{\text{OP}}<\overline{\text{OQ}})$
에서 만난다. 곡선 $y=f(x)$와 선분 OP로 둘러싸인 영역을 A,
곡선 $y=f(x)$와 선분 PQ로 둘러싸인 영역을 B라 하자.
$$(A\text{의 넓이})-(B\text{의 넓이})=3$$
일 때, k의 값은? [4점]

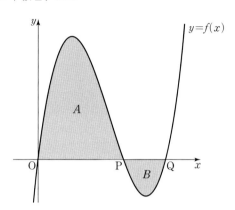

① $\dfrac{7}{6}$ ② $\dfrac{4}{3}$ ③ $\dfrac{3}{2}$

④ $\dfrac{5}{3}$ ⑤ $\dfrac{11}{6}$

06 ▸ 25653-0149
2021학년도 9월 모의평가 나형 21번 상 중 하

수열 $\{a_n\}$은 모든 자연수 n에 대하여
$$a_{n+2}=\begin{cases} 2a_n+a_{n+1} & (a_n \le a_{n+1}) \\ a_n+a_{n+1} & (a_n > a_{n+1}) \end{cases}$$
을 만족시킨다. $a_3=2$, $a_6=19$가 되도록 하는 모든 a_1의 값의
합은? [4점]

① $-\dfrac{1}{2}$ ② $-\dfrac{1}{4}$ ③ 0

④ $\dfrac{1}{4}$ ⑤ $\dfrac{1}{2}$

07 ▶ 25653-0150
2020학년도 3월 학력평가 가형 15번

상 중 하

원점을 출발하여 수직선 위를 움직이는 점 P의 시각 t ($t \geq 0$) 에서의 속도 $v(t)$의 그래프가 그림과 같다.

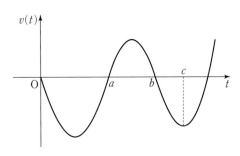

점 P가 출발한 후 처음으로 운동 방향을 바꿀 때의 위치는 -8이고 점 P의 시각 $t=c$에서의 위치는 -6이다.

$\int_0^b v(t)\,dt = \int_b^c v(t)\,dt$일 때, 점 P가 $t=a$부터 $t=b$까지 움직인 거리는? [4점]

① 3   ② 4   ③ 5

④ 6   ⑤ 7

08 ▶ 25653-0151
2021학년도 6월 모의평가 가형 21번

상 중 하

수열 $\{a_n\}$의 일반항은

$$a_n = \log_2 \sqrt{\frac{2(n+1)}{n+2}}$$

이다. $\sum_{k=1}^{m} a_k$의 값이 100 이하의 자연수가 되도록 하는 모든 자연수 m의 값의 합은? [4점]

① 150   ② 154   ③ 158

④ 162   ⑤ 166

09 ▶ 25653-0152
2021학년도 3월 학력평가 20번 [상][중][하]

실수 m에 대하여 직선 $y=mx$와 함수

$$f(x)=2x+3+|x-1|$$

의 그래프의 교점의 개수를 $g(m)$이라 하자. 최고차항의 계수가 1인 이차함수 $h(x)$에 대하여 함수 $g(x)h(x)$가 실수 전체의 집합에서 연속일 때, $h(5)$의 값을 구하시오. [4점]

10 ▶ 25653-0153
2021학년도 3월 학력평가 21번 [상][중][하]

그림과 같이 $\overline{AB}=2$, $\overline{AC}\,/\!/\,\overline{BD}$, $\overline{AC}:\overline{BD}=1:2$인 두 삼각형 ABC, ABD가 있다. 점 C에서 선분 AB에 내린 수선의 발 H는 선분 AB를 $1:3$으로 내분한다.

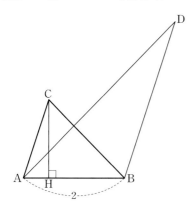

두 삼각형 ABC, ABD의 외접원의 반지름의 길이를 각각 r, R라 할 때, $4(R^2-r^2)\times\sin^2(\angle\text{CAB})=51$이다. $\overline{AC}^{\,2}$의 값을 구하시오. $\left(\text{단, }\angle\text{CAB}<\dfrac{\pi}{2}\right)$ [4점]

11 ▶ 25653-0154
2025학년도 6월 모의평가 21번 [상][중][하]

최고차항의 계수가 1인 사차함수 $f(x)$가 다음 조건을 만족시킨다.

(가) $f'(a)\leq0$인 실수 a의 최댓값은 2이다.
(나) 집합 $\{x\,|\,f(x)=k\}$의 원소의 개수가 3 이상이 되도록 하는 실수 k의 최솟값은 $\dfrac{8}{3}$이다.

$f(0)=0$, $f'(1)=0$일 때, $f(3)$의 값을 구하시오. [4점]

01

▶ 25653-0155
2021학년도 10월 학력평가 11번   상 중 하

닫힌구간 $[0, 2\pi]$에서 정의된 함수 $f(x)$는

$$f(x) = \begin{cases} \sin x & \left(0 \le x \le \dfrac{k}{6}\pi\right) \\ 2\sin\left(\dfrac{k}{6}\pi\right) - \sin x & \left(\dfrac{k}{6}\pi < x \le 2\pi\right) \end{cases}$$

이다. 곡선 $y = f(x)$와 직선 $y = \sin\left(\dfrac{k}{6}\pi\right)$의 교점의 개수를

a_k라 할 때, $a_1 + a_2 + a_3 + a_4 + a_5$의 값은? [4점]

① 6   ② 7   ③ 8
④ 9   ⑤ 10

02

▶ 25653-0156
2019학년도 3월 학력평가 나형 15번   상 중 하

자연수 n에 대하여 $n(n-4)$의 세제곱근 중 실수인 것의 개수를 $f(n)$이라 하고, $n(n-4)$의 네제곱근 중 실수인 것의 개수를 $g(n)$이라 하자. $f(n) > g(n)$을 만족시키는 모든 n의 값의 합은? [4점]

① 4   ② 5   ③ 6
④ 7   ⑤ 8

03
▶ 25653-0157
2021학년도 10월 학력평가 10번

상 중 하

최고차항의 계수가 1인 이차함수 $f(x)$와 3보다 작은 실수 a에 대하여 함수 $g(x)=|(x-a)f(x)|$가 $x=3$에서만 미분가능하지 않다. 함수 $g(x)$의 극댓값이 32일 때, $f(4)$의 값은?

[4점]

① 7   ② 9   ③ 11

④ 13   ⑤ 15

04
▶ 25653-0158
2019학년도 3월 학력평가 나형 16번

상 중 하

첫째항이 양수이고 공비가 -2인 등비수열 $\{a_n\}$에 대하여

$$\sum_{k=1}^{9}(|a_k|+a_k)=66$$

일 때, a_1의 값은? [4점]

① $\dfrac{3}{31}$ ② $\dfrac{5}{31}$ ③ $\dfrac{7}{31}$

④ $\dfrac{9}{31}$ ⑤ $\dfrac{11}{31}$

05 ▸ 25653-0159

2022학년도 3월 학력평가 14번 상 중 하

두 함수

$$f(x)=x^3-kx+6,\ g(x)=2x^2-2$$

에 대하여 **보기**에서 옳은 것만을 있는 대로 고른 것은? [4점]

보기

ㄱ. $k=0$일 때, 방정식 $f(x)+g(x)=0$은 오직 하나의 실근을 갖는다.

ㄴ. 방정식 $f(x)-g(x)=0$의 서로 다른 실근의 개수가 2가 되도록 하는 실수 k의 값은 4뿐이다.

ㄷ. 방정식 $|f(x)|=g(x)$의 서로 다른 실근의 개수가 5가 되도록 하는 실수 k가 존재한다.

① ㄱ ② ㄱ, ㄴ ③ ㄱ, ㄷ
④ ㄴ, ㄷ ⑤ ㄱ, ㄴ, ㄷ

06 ▸ 25653-0160

2024학년도 6월 모의평가 15번 상 중 하

자연수 k에 대하여 다음 조건을 만족시키는 수열 $\{a_n\}$이 있다.

$a_1=k$이고, 모든 자연수 n에 대하여

$$a_{n+1}=\begin{cases} a_n+2n-k & (a_n\le 0) \\ a_n-2n-k & (a_n>0) \end{cases}$$

이다.

$a_3\times a_4\times a_5\times a_6<0$이 되도록 하는 모든 k의 값의 합은? [4점]

① 10 ② 14 ③ 18
④ 22 ⑤ 26

07 ▶ 25653-0161
2023학년도 수능 10번　　　　　상 중 **하**

두 곡선 $y=x^3+x^2$, $y=-x^2+k$와 y축으로 둘러싸인 부분의 넓이를 A, 두 곡선 $y=x^3+x^2$, $y=-x^2+k$와 직선 $x=2$로 둘러싸인 부분의 넓이를 B라 하자. $A=B$일 때, 상수 k의 값은? (단, $4<k<5$) [4점]

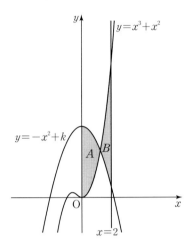

① $\dfrac{25}{6}$　　　② $\dfrac{13}{3}$　　　③ $\dfrac{9}{2}$

④ $\dfrac{14}{3}$　　　⑤ $\dfrac{29}{6}$

08 ▶ 25653-0162
2019학년도 9월 모의평가 나형 21번　　　　　상 중 **하**

사차함수 $f(x)=x^4+ax^2+b$에 대하여 $x\geq0$에서 정의된 함수

$$g(x)=\int_{-x}^{2x}\{f(t)-|f(t)|\}\,dt$$

가 다음 조건을 만족시킨다.

> (가) $0<x<1$에서 $g(x)=c_1$ (c_1은 상수)
> (나) $1<x<5$에서 $g(x)$는 감소한다.
> (다) $x>5$에서 $g(x)=c_2$ (c_2는 상수)

$f(\sqrt{2})$의 값은? (단, a, b는 상수이다.) [4점]

① 40　　　② 42　　　③ 44

④ 46　　　⑤ 48

$a>1$인 실수 a에 대하여 직선 $y=-x+4$가 두 곡선

$$y=a^{x-1}, \ y=\log_a(x-1)$$

과 만나는 점을 각각 A, B라 하고, 곡선 $y=a^{x-1}$이 y축과 만나는 점을 C라 하자. $\overline{AB}=2\sqrt{2}$일 때, 삼각형 ABC의 넓이는 S이다. $50\times S$의 값을 구하시오. [4점]

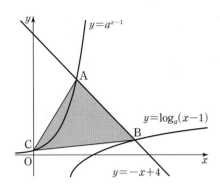

$a>\sqrt{2}$인 실수 a에 대하여 함수 $f(x)$를

$$f(x)=-x^3+ax^2+2x$$

라 하자. 곡선 $y=f(x)$ 위의 점 $O(0,0)$에서의 접선이 곡선 $y=f(x)$와 만나는 점 중 O가 아닌 점을 A라 하고, 곡선 $y=f(x)$ 위의 점 A에서의 접선이 x축과 만나는 점을 B라 하자. 점 A가 선분 OB를 지름으로 하는 원 위의 점일 때, $\overline{OA}\times\overline{AB}$의 값을 구하시오. [4점]

그림과 같이 선분 BC를 지름으로 하는 원에 두 삼각형 ABC와 ADE가 모두 내접한다. 두 선분 AD와 BC가 점 F에서 만나고

$$\overline{BC}=\overline{DE}=4, \ \overline{BF}=\overline{CE}, \ \sin(\angle CAE)=\frac{1}{4}$$

이다. $\overline{AF}=k$일 때, k^2의 값을 구하시오. [4점]

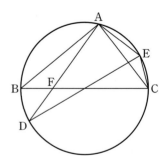

16회 미니모의고사

01 ▶ 25653-0166
2020학년도 10월 학력평가 나형 17번   상 중 하

$f(1)=-2$인 다항함수 $f(x)$에 대하여 일차함수 $g(x)$가 다음 조건을 만족시킨다.

> (가) $\lim\limits_{x \to 1} \dfrac{f(x)g(x)+4}{x-1}=8$
> (나) $g(0)=g'(0)$

$f'(1)$의 값은? [4점]

① 5   ② 6   ③ 7
④ 8   ⑤ 9

02 ▶ 25653-0167
2021학년도 9월 모의평가 나형 17번   상 중 하

$\angle A=90°$이고 $\overline{AB}=2\log_2 x$, $\overline{AC}=\log_4 \dfrac{16}{x}$인 삼각형 ABC의 넓이를 $S(x)$라 하자. $S(x)$가 $x=a$에서 최댓값 M을 가질 때, $a+M$의 값은? (단, $1<x<16$) [4점]

① 6   ② 7   ③ 8
④ 9   ⑤ 10

03 ▶ 25653-0168
2019학년도 수능 나형 21번
상 중 하

최고차항의 계수가 1인 삼차함수 $f(x)$에 대하여 실수 전체의 집합에서 연속인 함수 $g(x)$가 다음 조건을 만족시킨다.

> (가) 모든 실수 x에 대하여 $f(x)g(x)=x(x+3)$이다.
> (나) $g(0)=1$

$f(1)$이 자연수일 때, $g(2)$의 최솟값은? [4점]

① $\dfrac{5}{13}$ ② $\dfrac{5}{14}$ ③ $\dfrac{1}{3}$

④ $\dfrac{5}{16}$ ⑤ $\dfrac{5}{17}$

04 ▶ 25653-0169
2020학년도 10월 학력평가 가형 17번
상 중 하

그림과 같이 $\angle \mathrm{ABC}=\dfrac{\pi}{2}$인 삼각형 ABC에 내접하고 반지름의 길이가 3인 원의 중심을 O라 하자. 직선 AO가 선분 BC와 만나는 점을 D라 할 때, $\overline{\mathrm{DB}}=4$이다. 삼각형 ADC의 외접원의 넓이는? [4점]

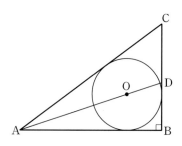

① $\dfrac{125}{2}\pi$ ② 63π ③ $\dfrac{127}{2}\pi$

④ 64π ⑤ $\dfrac{129}{2}\pi$

05 ▶ 25653-0170
2024학년도 6월 모의평가 11번   상 중 하

그림과 같이 실수 t $(0<t<1)$에 대하여 곡선 $y=x^2$ 위의 점 중에서 직선 $y=2tx-1$과의 거리가 최소인 점을 P라 하고, 직선 OP가 직선 $y=2tx-1$과 만나는 점을 Q라 할 때, $\lim\limits_{t\to1-}\dfrac{\overline{PQ}}{1-t}$의 값은? (단, O는 원점이다.) [4점]

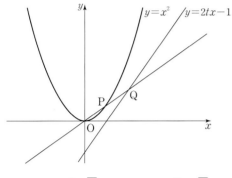

① $\sqrt{6}$ ② $\sqrt{7}$ ③ $2\sqrt{2}$

④ 3 ⑤ $\sqrt{10}$

06 ▶ 25653-0171
2020학년도 3월 학력평가 나형 17번   상 중 하

등차수열 $\{a_n\}$의 첫째항부터 제n항까지의 합을 S_n이라 하자. $a_3=42$일 때, 다음 조건을 만족시키는 4 이상의 자연수 k의 값은? [4점]

> (가) $a_{k-3}+a_{k-1}=-24$
> (나) $S_k=k^2$

① 13   ② 14   ③ 15

④ 16   ⑤ 17

최고차항의 계수가 4이고 $f(0)=f'(0)=0$을 만족시키는 삼차함수 $f(x)$에 대하여 함수 $g(x)$를

$$g(x)=\begin{cases} \displaystyle\int_0^x f(t)\,dt+5 & (x<c) \\[2mm] \left|\displaystyle\int_0^x f(t)\,dt-\dfrac{13}{3}\right| & (x\ge c) \end{cases}$$

라 하자. 함수 $g(x)$가 실수 전체의 집합에서 연속이 되도록 하는 실수 c의 개수가 1일 때, $g(1)$의 최댓값은? [4점]

① 2 ② $\dfrac{8}{3}$ ③ $\dfrac{10}{3}$

④ 4 ⑤ $\dfrac{14}{3}$

두 점 P와 Q는 시각 $t=0$일 때 각각 점 $A(1)$과 점 $B(8)$에서 출발하여 수직선 위를 움직인다. 두 점 P, Q의 시각 $t\,(t\ge0)$에서의 속도는 각각

$$v_1(t)=3t^2+4t-7,\ v_2(t)=2t+4$$

이다. 출발한 시각부터 두 점 P, Q 사이의 거리가 처음으로 4가 될 때까지 점 P가 움직인 거리는? [4점]

① 10 ② 14 ③ 19

④ 25 ⑤ 32

09
▶ 25653-0174
2020학년도 9월 모의평가 나형 27번
상 중 하

곡선 $y=x^3-3x^2+2x-3$과 직선 $y=2x+k$가 서로 다른 두 점에서만 만나도록 하는 모든 실수 k의 값의 곱을 구하시오.
[4점]

10
▶ 25653-0175
2025학년도 6월 모의평가 20번
상 중 하

5 이하의 두 자연수 a, b에 대하여 열린구간 $(0, 2\pi)$에서 정의된 함수 $y=a\sin x+b$의 그래프가 직선 $x=\pi$와 만나는 점의 집합을 A라 하고, 두 직선 $y=1$, $y=3$과 만나는 점의 집합을 각각 B, C라 하자. $n(A\cup B\cup C)=3$이 되도록 하는 a, b의 순서쌍 (a, b)에 대하여 $a+b$의 최댓값을 M, 최솟값을 m이라 할 때, $M\times m$의 값을 구하시오. [4점]

11
▶ 25653-0176
2024학년도 수능 21번
상 중 하

양수 a에 대하여 $x\geq-1$에서 정의된 함수 $f(x)$는

$$f(x)=\begin{cases} -x^2+6x & (-1\leq x<6) \\ a\log_4(x-5) & (x\geq6) \end{cases}$$

이다. $t\geq0$인 실수 t에 대하여 닫힌구간 $[t-1, t+1]$에서의 $f(x)$의 최댓값을 $g(t)$라 하자. 구간 $[0, \infty)$에서 함수 $g(t)$의 최솟값이 5가 되도록 하는 양수 a의 최솟값을 구하시오. [4점]

01 ▶ 25653-0177
2022학년도 수능 13번   상 중 하

두 상수 a, b $(1 < a < b)$에 대하여 좌표평면 위의 두 점 $(a, \log_2 a)$, $(b, \log_2 b)$를 지나는 직선의 y절편과 두 점 $(a, \log_4 a)$, $(b, \log_4 b)$를 지나는 직선의 y절편이 같다. 함수 $f(x) = a^{bx} + b^{ax}$에 대하여 $f(1) = 40$일 때, $f(2)$의 값은? [4점]

① 760   ② 800   ③ 840

④ 880   ⑤ 920

02 ▶ 25653-0178
2025학년도 9월 모의평가 15번   상 중 하

두 다항함수 $f(x)$, $g(x)$는 모든 실수 x에 대하여 다음 조건을 만족시킨다.

(가) $\displaystyle\int_1^x t f(t)\,dt + \int_{-1}^x t g(t)\,dt = 3x^4 + 8x^3 - 3x^2$

(나) $f(x) = x g'(x)$

$\displaystyle\int_0^3 g(x)\,dx$의 값은? [4점]

① 72   ② 76   ③ 80

④ 84   ⑤ 88

03 ▶ 25653-0179
2023학년도 6월 모의평가 10번
상 중 하

그림과 같이 $\overline{AB}=3$, $\overline{BC}=2$, $\overline{AC}>3$이고

$\cos(\angle BAC)=\dfrac{7}{8}$인 삼각형 ABC가 있다. 선분 AC의 중

점을 M, 삼각형 ABC의 외접원이 직선 BM과 만나는 점 중

B가 아닌 점을 D라 할 때, 선분 MD의 길이는? [4점]

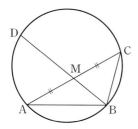

① $\dfrac{3\sqrt{10}}{5}$ ② $\dfrac{7\sqrt{10}}{10}$ ③ $\dfrac{4\sqrt{10}}{5}$

④ $\dfrac{9\sqrt{10}}{10}$ ⑤ $\sqrt{10}$

04 ▶ 25653-0180
2024학년도 6월 모의평가 14번
상 중 하

실수 $a\ (a\geq 0)$에 대하여 수직선 위를 움직이는 점 P의 시각
$t\ (t\geq 0)$에서의 속도 $v(t)$를

$$v(t)=-t(t-1)(t-a)(t-2a)$$

라 하자. 점 P가 시각 $t=0$일 때 출발한 후 운동 방향을 한 번
만 바꾸도록 하는 a에 대하여, 시각 $t=0$에서 $t=2$까지 점 P
의 위치의 변화량의 최댓값은? [4점]

① $\dfrac{1}{5}$ ② $\dfrac{7}{30}$ ③ $\dfrac{4}{15}$

④ $\dfrac{3}{10}$ ⑤ $\dfrac{1}{3}$

최고차항의 계수가 1인 삼차함수 $f(x)$에 대하여 함수 $g(x)$를

$$g(x)=\begin{cases} \dfrac{f(x+3)\{f(x)+1\}}{f(x)} & (f(x)\neq 0) \\ \\ 3 & (f(x)=0) \end{cases}$$

이라 하자. $\lim\limits_{x\to 3}g(x)=g(3)-1$일 때, $g(5)$의 값은? [4점]

① 14   ② 16   ③ 18

④ 20   ⑤ 22

실수 a에 대하여 함수 $f(x)$는

$$f(x)=\begin{cases} 3x^2+3x+a & (x<0) \\ 3x+a & (x\geq 0) \end{cases}$$

이다. 함수

$$g(x)=\int_{-4}^{x} f(t)dt$$

가 $x=2$에서 극솟값을 가질 때, 함수 $g(x)$의 극댓값은? [4점]

① 18   ② 20   ③ 22

④ 24   ⑤ 26

07 ▶ 25653-0183
2020학년도 3월 학력평가 나형 20번

상 중 하

최고차항의 계수가 1인 삼차함수 $f(x)$에 대하여 함수 $g(x)$를

$$g(x)=\int_{0}^{x}f(t)\,dt+f(x)$$

라 할 때, 함수 $g(x)$는 다음 조건을 만족시킨다.

> (가) 함수 $g(x)$는 $x=0$에서 극댓값 0을 갖는다.
> (나) 함수 $g(x)$의 도함수 $y=g'(x)$의 그래프는 원점에 대하여 대칭이다.

$f(2)$의 값은? [4점]

① -5 ② -4 ③ -3

④ -2 ⑤ -1

08 ▶ 25653-0184
2024학년도 수능 14번

상 중 하

두 자연수 a, b에 대하여 함수 $f(x)$는

$$f(x)=\begin{cases}2x^{3}-6x+1 & (x\le 2)\\ a(x-2)(x-b)+9 & (x>2)\end{cases}$$

이다. 실수 t에 대하여 함수 $y=f(x)$의 그래프와 직선 $y=t$가 만나는 점의 개수를 $g(t)$라 하자.

$$g(k)+\lim_{t\to k-}g(t)+\lim_{t\to k+}g(t)=9$$

를 만족시키는 실수 k의 개수가 1이 되도록 하는 두 자연수 a, b의 순서쌍 (a,b)에 대하여 $a+b$의 최댓값은? [4점]

① 51   ② 52   ③ 53

④ 54   ⑤ 55

09 ▶ 25653-0185
2021학년도 9월 모의평가 가형 27번 상중하

등비수열 $\{a_n\}$의 첫째항부터 제n항까지의 합을 S_n이라 하자. 모든 자연수 n에 대하여

$$S_{n+3}-S_n=13\times 3^{n-1}$$

일 때, a_4의 값을 구하시오. [4점]

10 ▶ 25653-0186
2023학년도 3월 학력평가 20번 상중하

최고차항의 계수가 1이고 $f(0)=1$인 삼차함수 $f(x)$와 양의 실수 p에 대하여 함수 $g(x)$가 다음 조건을 만족시킨다.

(가) $g'(0)=0$

(나) $g(x)=\begin{cases} f(x-p)-f(-p) & (x<0) \\ f(x+p)-f(p) & (x\geq 0) \end{cases}$

$\int_0^p g(x)\,dx=20$일 때, $f(5)$의 값을 구하시오. [4점]

11 ▶ 25653-0187
2020학년도 3월 학력평가 가형 28번 상중하

$0<a<\dfrac{4}{7}$인 실수 a와 유리수 b에 대하여 닫힌구간 $\left[-\dfrac{\pi}{a},\ \dfrac{2}{a}\pi\right]$에서 정의된 함수 $f(x)=2\sin(ax)+b$가 있다.

함수 $y=f(x)$의 그래프가 두 점 $\mathrm{A}\left(-\dfrac{\pi}{2},\ 0\right)$, $\mathrm{B}\left(\dfrac{7}{2}\pi,\ 0\right)$을 지날 때, $30(a+b)$의 값을 구하시오. [4점]

18회 미니모의고사

01 ▶ 25653-0188
2020학년도 9월 모의평가 나형 16번   상 중 하

다항함수 $f(x)$가

$$\lim_{x \to \infty} \frac{f(x)}{x^3} = 1, \ \lim_{x \to -1} \frac{f(x)}{x+1} = 2$$

를 만족시킨다. $f(1) \leq 12$일 때, $f(2)$의 최댓값은? [4점]

① 27   ② 30   ③ 33

④ 36   ⑤ 39

02 ▶ 25653-0189
2020학년도 3월 학력평가 가형 18번   상 중 하

다음은 $1 \leq |m| < n \leq 10$을 만족시키는 두 정수 m, n에 대하여 m의 n제곱근 중에서 실수인 것이 존재하도록 하는 순서쌍 (m, n)의 개수를 구하는 과정이다.

(ⅰ) $m > 0$인 경우

n의 값에 관계없이 m의 n제곱근 중에서 실수인 것이 존재한다. 그러므로 $m > 0$인 순서쌍 (m, n)의 개수는 (가) 이다.

(ⅱ) $m < 0$인 경우

n이 홀수이면 m의 n제곱근 중에서 실수인 것이 항상 존재한다. 한편, n이 짝수이면 m의 n제곱근 중에서 실수인 것은 존재하지 않는다. 그러므로 $m < 0$인 순서쌍 (m, n)의 개수는 (나) 이다.

(ⅰ), (ⅱ)에 의하여 m의 n제곱근 중에서 실수인 것이 존재하도록 하는 순서쌍 (m, n)의 개수는
 (가) + (나) 이다.

위의 (가), (나)에 알맞은 수를 각각 p, q라 할 때, $p + q$의 값은? [4점]

① 70   ② 65   ③ 60

④ 55   ⑤ 50

03 ▸ 25653-0190
2022학년도 수능 10번

상 중 하

삼차함수 $f(x)$에 대하여 곡선 $y=f(x)$ 위의 점 $(0, 0)$에서의 접선과 곡선 $y=xf(x)$ 위의 점 $(1, 2)$에서의 접선이 일치할 때, $f'(2)$의 값은? [4점]

① -18 ② -17 ③ -16

④ -15 ⑤ -14

04 ▸ 25653-0191
2020학년도 10월 학력평가 나형 19번

상 중 하

정삼각형 ABC가 반지름의 길이가 r인 원에 내접하고 있다. 선분 AC와 선분 BD가 만나고 $\overline{BD}=\sqrt{2}$가 되도록 원 위에서 점 D를 잡는다. $\angle DBC=\theta$라 할 때, $\sin\theta=\dfrac{\sqrt{3}}{3}$이다. 반지름의 길이 r의 값은? [4점]

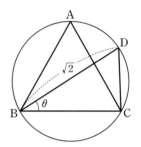

① $\dfrac{6-\sqrt{6}}{5}$ ② $\dfrac{6-\sqrt{5}}{5}$ ③ $\dfrac{4}{5}$

④ $\dfrac{6-\sqrt{3}}{5}$ ⑤ $\dfrac{6-\sqrt{2}}{5}$

05 ▶ 25653-0192
2020학년도 6월 모의평가 나형 18번 [상 중 하]

최고차항의 계수가 1인 삼차함수 $f(x)$에 대하여 함수 $g(x)$는

$$g(x) = \begin{cases} \dfrac{1}{2} & (x<0) \\ f(x) & (x \geq 0) \end{cases}$$

이다. $g(x)$가 실수 전체의 집합에서 미분가능하고 $g(x)$의 최솟값이 $\dfrac{1}{2}$보다 작을 때, **보기**에서 옳은 것만을 있는 대로 고른 것은? [4점]

┌─ 보기 ┌
ㄱ. $g(0)+g'(0)=\dfrac{1}{2}$

ㄴ. $g(1)<\dfrac{3}{2}$

ㄷ. 함수 $g(x)$의 최솟값이 0일 때, $g(2)=\dfrac{5}{2}$이다.

① ㄱ   ② ㄱ, ㄴ   ③ ㄱ, ㄷ
④ ㄴ, ㄷ   ⑤ ㄱ, ㄴ, ㄷ

06 ▶ 25653-0193
2025학년도 9월 모의평가 11번 [상 중 하]

수직선 위를 움직이는 두 점 P, Q 의 시각 t $(t \geq 0)$에서의 위치가 각각

$$x_1=t^2+t-6, \ x_2=-t^3+7t^2$$

이다. 두 점 P, Q의 위치가 같아지는 순간 두 점 P, Q의 가속도를 각각 p, q라 할 때, $p-q$의 값은? [4점]

① 24   ② 27   ③ 30
④ 33   ⑤ 36

07 ▶ 25653-0194
2025학년도 6월 모의평가 14번
상 중 하

다음 조건을 만족시키는 모든 자연수 k의 값의 합은? [4점]

$\log_2 \sqrt{-n^2+10n+75} - \log_4(75-kn)$의 값이 양수가 되도록 하는 자연수 n의 개수가 12이다.

① 6   ② 7   ③ 8

④ 9   ⑤ 10

08 ▶ 25653-0195
2021학년도 수능 나형 21번
상 중 하

수열 $\{a_n\}$은 $0<a_1<1$이고, 모든 자연수 n에 대하여 다음 조건을 만족시킨다.

(가) $a_{2n}=a_2 \times a_n+1$
(나) $a_{2n+1}=a_2 \times a_n-2$

$a_7=2$일 때, a_{25}의 값은? [4점]

① 78   ② 80   ③ 82

④ 84   ⑤ 86

09 ▶ 25653-0196
2019학년도 6월 모의평가 나형 28번
상 중 하

이차함수 $f(x)$가 다음 조건을 만족시킨다.

(가) 함수 $\dfrac{x}{f(x)}$는 $x=1$, $x=2$에서 불연속이다.
(나) $\displaystyle\lim_{x \to 2} \dfrac{f(x)}{x-2}=4$

$f(4)$의 값을 구하시오. [4점]

10 ▶ 25653-0197
2019학년도 9월 모의평가 나형 29번

상 중 하

좌표평면에서 그림과 같이 길이가 1인 선분이 수직으로 만나도록 연결된 경로가 있다. 이 경로를 따라 원점에서 멀어지도록 움직이는 점 P의 위치를 나타내는 점 A_n을 다음과 같은 규칙으로 정한다.

(ⅰ) A_0은 원점이다.
(ⅱ) n이 자연수일 때, A_n은 점 A_{n-1}에서 점 P가 경로를 따라 $\dfrac{2n-1}{25}$만큼 이동한 위치에 있는 점이다.

예를 들어, 점 A_2와 A_6의 좌표는 각각 $\left(\dfrac{4}{25},\ 0\right)$, $\left(1,\ \dfrac{11}{25}\right)$이다. 자연수 n에 대하여 점 A_n 중 직선 $y=x$ 위에 있는 점을 원점에서 가까운 순서대로 나열할 때, 두 번째 점의 x좌표를 a라 하자. a의 값을 구하시오. [4점]

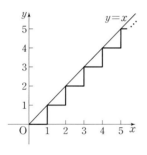

11 ▶ 25653-0198
2021학년도 3월 학력평가 22번

상 중 하

양수 a와 일차함수 $f(x)$에 대하여 실수 전체의 집합에서 정의된 함수

$$g(x)=\int_0^x (t^2-4)\{|f(t)|-a\}\,dt$$

가 다음 조건을 만족시킨다.

(가) 함수 $g(x)$는 극값을 갖지 않는다.
(나) $g(2)=5$

$g(0)-g(-4)$의 값을 구하시오. [4점]

01 ▶ 25653-0199
2019학년도 6월 모의평가 가형 14번   상 중 하

직선 $x=k$가 두 곡선 $y=\log_2 x$, $y=-\log_2(8-x)$와 만나는 점을 각각 A, B라 하자. $\overline{AB}=2$가 되도록 하는 모든 실수 k의 값의 곱은? (단, $0<k<8$) [4점]

① $\dfrac{1}{2}$ ② 1 ③ $\dfrac{3}{2}$

④ 2 ⑤ $\dfrac{5}{2}$

02 ▶ 25653-0200
2022학년도 3월 학력평가 12번   상 중 하

$a>2$인 상수 a에 대하여 함수 $f(x)$를

$$f(x)=\begin{cases} x^2-4x+3 & (x\le 2) \\ -x^2+ax & (x>2) \end{cases}$$

라 하자. 최고차항의 계수가 1인 삼차함수 $g(x)$에 대하여 실수 전체의 집합에서 연속인 함수 $h(x)$가 다음 조건을 만족시킬 때, $h(1)+h(3)$의 값은? [4점]

(가) $x\neq 1$, $x\neq a$일 때, $h(x)=\dfrac{g(x)}{f(x)}$이다.

(나) $h(1)=h(a)$

---

① $-\dfrac{15}{6}$ ② $-\dfrac{7}{3}$ ③ $-\dfrac{13}{6}$

④ -2 ⑤ $-\dfrac{11}{6}$

03 ▸ 25653-0201
2019학년도 9월 모의평가 가형 14번 상 중 하

실수 k에 대하여 함수

$$f(x) = \cos^2\left(x - \frac{3}{4}\pi\right) - \cos\left(x - \frac{\pi}{4}\right) + k$$

의 최댓값은 3, 최솟값은 m이다. $k+m$의 값은? [4점]

① 2   ② $\dfrac{9}{4}$ ③ $\dfrac{5}{2}$

④ $\dfrac{11}{4}$ ⑤ 3

04 ▸ 25653-0202
2020학년도 3월 학력평가 가형 17번 상 중 하

$0 < a < 6$인 실수 a에 대하여 원점에서 곡선

$$y = x(x-a)(x-6)$$

에 그은 두 접선의 기울기의 곱의 최솟값은? [4점]

① -54 ② -51 ③ -48

④ -45 ⑤ -42

수열 $\{a_n\}$은 등차수열이고, 수열 $\{b_n\}$은 모든 자연수 n에 대하여

$$b_n = \sum_{k=1}^{n} (-1)^{k+1} a_k$$

를 만족시킨다. $b_2 = -2$, $b_3 + b_7 = 0$일 때, 수열 $\{b_n\}$의 첫째항부터 제9항까지의 합은? [4점]

① -22 ② -20 ③ -18

④ -16 ⑤ -14

함수 $f(x) = x^3 - 3ax^2 + 3(a^2 - 1)x$의 극댓값이 4이고 $f(-2) > 0$일 때, $f(-1)$의 값은? (단, a는 상수이다.) [4점]

① 1   ② 2   ③ 3

④ 4   ⑤ 5

07 ▶ 25653-0205
2022학년도 10월 학력평가 12번
상 중 하

양수 a에 대하여 함수

$$f(x) = \left| 4 \sin\left(ax - \frac{\pi}{3}\right) + 2 \right| \left(0 \leq x < \frac{4\pi}{a} \right)$$

의 그래프가 직선 $y=2$와 만나는 서로 다른 점의 개수는 n이다. 이 n개의 점의 x좌표의 합이 39일 때, $n \times a$의 값은? [4점]

① $\dfrac{\pi}{2}$　　　　② π　　　　③ $\dfrac{3\pi}{2}$

④ 2π　　　　⑤ $\dfrac{5\pi}{2}$

08 ▶ 25653-0206
2025학년도 6월 모의평가 15번
상 중 하

최고차항의 계수가 1인 삼차함수 $f(x)$와 상수 k $(k \geq 0)$에 대하여 함수

$$g(x) = \begin{cases} 2x - k & (x \leq k) \\ f(x) & (x > k) \end{cases}$$

가 다음 조건을 만족시킨다.

(가) 함수 $g(x)$는 실수 전체의 집합에서 증가하고 미분가능하다.

(나) 모든 실수 x에 대하여

$$\int_0^x g(t) \{ |t(t-1)| + t(t-1) \} \, dt \geq 0 \text{이고}$$

$$\int_3^x g(t) \{ |(t-1)(t+2)| - (t-1)(t+2) \} \, dt \geq 0$$

이다.

$g(k+1)$의 최솟값은? [4점]

① $4 - \sqrt{6}$　　　　② $5 - \sqrt{6}$　　　　③ $6 - \sqrt{6}$

④ $7 - \sqrt{6}$　　　　⑤ $8 - \sqrt{6}$

09
▶ 25653-0207
2020학년도 9월 모의평가 나형 28번
상 중 하

네 양수 a, b, c, k가 다음 조건을 만족시킬 때, k^2의 값을 구하시오. [4점]

(가) $3^a = 5^b = k^c$

(나) $\log c = \log(2ab) - \log(2a+b)$

10
▶ 25653-0208
2023학년도 수능 22번
상 중 하

최고차항의 계수가 1인 삼차함수 $f(x)$와 실수 전체의 집합에서 연속인 함수 $g(x)$가 다음 조건을 만족시킬 때, $f(4)$의 값을 구하시오. [4점]

(가) 모든 실수 x에 대하여 $f(x) = f(1) + (x-1)f'(g(x))$이다.

(나) 함수 $g(x)$의 최솟값은 $\dfrac{5}{2}$이다.

(다) $f(0) = -3$, $f(g(1)) = 6$

11
▶ 25653-0209
2021학년도 10월 학력평가 21번
상 중 하

$\overline{AB} = 6$, $\overline{AC} = 8$인 예각삼각형 ABC에서 ∠A의 이등분선과 삼각형 ABC의 외접원이 만나는 점을 D, 점 D에서 선분 AC에 내린 수선의 발을 E라 하자. 선분 AE의 길이를 k라 할 때, $12k$의 값을 구하시오. [4점]

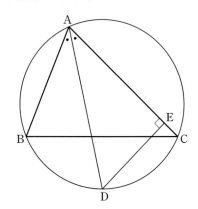

20회 미니모의고사

01 ▶ 25653-0210
2023학년도 9월 모의평가 10번   상 중 하

수직선 위의 점 A(6)과 시각 $t=0$일 때 원점을 출발하여 이 수직선 위를 움직이는 점 P가 있다. 시각 t $(t \geq 0)$에서의 점 P의 속도 $v(t)$를

$$v(t) = 3t^2 + at \ (a > 0)$$

이라 하자. 시각 $t=2$에서 점 P와 점 A 사이의 거리가 10일 때, 상수 a의 값은? [4점]

① 1   ② 2   ③ 3
④ 4   ⑤ 5

02 ▶ 25653-0211
2021학년도 3월 학력평가 13번   상 중 하

함수

$$f(x) = \begin{cases} 2^x & (x < 3) \\ \left(\dfrac{1}{4}\right)^{x+a} - \left(\dfrac{1}{4}\right)^{3+a} + 8 & (x \geq 3) \end{cases}$$

에 대하여 곡선 $y=f(x)$ 위의 점 중에서 y좌표가 정수인 점의 개수가 23일 때, 정수 a의 값은? [4점]

① -7 ② -6 ③ -5
④ -4 ⑤ -3

최고차항의 계수가 a인 이차함수 $f(x)$가 모든 실수 x에 대하여

$$|f'(x)| \leq 4x^2 + 5$$

를 만족시킨다. 함수 $y=f(x)$의 그래프의 대칭축이 직선 $x=1$일 때, 실수 a의 최댓값은? [4점]

① $\dfrac{3}{2}$　　　② 2　　　③ $\dfrac{5}{2}$

④ 3　　　⑤ $\dfrac{7}{2}$

그림과 같이

$$\overline{BC}=3,\ \overline{CD}=2,\ \cos(\angle BCD)=-\frac{1}{3},\ \angle DAB > \frac{\pi}{2}$$

인 사각형 ABCD에서 두 삼각형 ABC와 ACD는 모두 예각삼각형이다. 선분 AC를 $1:2$로 내분하는 점 E에 대하여 선분 AE를 지름으로 하는 원이 두 선분 AB, AD와 만나는 점 중 A가 아닌 점을 각각 P_1, P_2라 하고, 선분 CE를 지름으로 하는 원이 두 선분 BC, CD와 만나는 점 중 C가 아닌 점을 각각 Q_1, Q_2라 하자.

$\overline{P_1P_2} : \overline{Q_1Q_2} = 3 : 5\sqrt{2}$이고 삼각형 ABD의 넓이가 2일 때, $\overline{AB}+\overline{AD}$의 값은? (단, $\overline{AB} > \overline{AD}$) [4점]

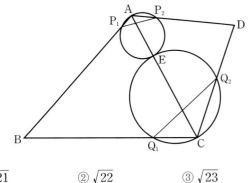

① $\sqrt{21}$　　　② $\sqrt{22}$　　　③ $\sqrt{23}$

④ $2\sqrt{6}$　　　⑤ 5

05

▶ 25653-0214
2024학년도 수능 12번

상 중 하

함수 $f(x)=\dfrac{1}{9}x(x-6)(x-9)$와 실수 t $(0<t<6)$에 대하여 함수 $g(x)$는

$$g(x)=\begin{cases} f(x) & (x<t) \\ -(x-t)+f(t) & (x\ge t) \end{cases}$$

이다. 함수 $y=g(x)$의 그래프와 x축으로 둘러싸인 영역의 넓이의 최댓값은? [4점]

① $\dfrac{125}{4}$ ② $\dfrac{127}{4}$ ③ $\dfrac{129}{4}$

④ $\dfrac{131}{4}$ ⑤ $\dfrac{133}{4}$

06

▶ 25653-0215
2021학년도 10월 학력평가 14번

상 중 하

모든 자연수 n에 대하여 직선 $l:x-2y+\sqrt{5}=0$ 위의 점 P_n과 x축 위의 점 Q_n이 다음 조건을 만족시킨다.

• 직선 P_nQ_n과 직선 l이 서로 수직이다.
• $\overline{P_nQ_n}=\overline{P_nP_{n+1}}$이고 점 P_{n+1}의 x좌표는 점 P_n의 x좌표보다 크다.

다음은 점 P_1이 원 $x^2+y^2=1$과 직선 l의 접점일 때, 2 이상의 모든 자연수 n에 대하여 삼각형 OQ_nP_n의 넓이를 구하는 과정이다. (단, O는 원점이다.)

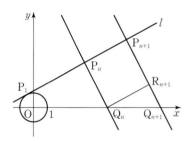

자연수 n에 대하여 점 Q_n을 지나고 직선 l과 평행한 직선이 선분 $P_{n+1}Q_{n+1}$과 만나는 점을 R_{n+1}이라 하면 사각형 $P_nQ_nR_{n+1}P_{n+1}$은 정사각형이다.

직선 l의 기울기가 $\dfrac{1}{2}$이므로

$$\overline{R_{n+1}Q_{n+1}}=\boxed{\ \text{(가)}\ }\times\overline{P_nP_{n+1}}$$

이고

$$\overline{P_{n+1}Q_{n+1}}=(1+\boxed{\ \text{(가)}\ })\times\overline{P_nQ_n}$$

이다. 이때 $\overline{P_1Q_1}=1$이므로 $\overline{P_nQ_n}=\boxed{\ \text{(나)}\ }$이다.

그러므로 2 이상의 자연수 n에 대하여

$$\overline{P_1P_n}=\sum_{k=1}^{n-1}\overline{P_kP_{k+1}}=\boxed{\ \text{(다)}\ }$$

이다. 따라서 2 이상의 자연수 n에 대하여 삼각형 OQ_nP_n의 넓이는

$$\frac{1}{2}\times\overline{P_nQ_n}\times\overline{P_1P_n}=\frac{1}{2}\times\boxed{\ \text{(나)}\ }\times(\boxed{\ \text{(다)}\ })$$

이다.

위의 (가)에 알맞은 수를 p, (나)와 (다)에 알맞은 식을 각각 $f(n)$, $g(n)$이라 할 때, $f(6p)+g(8p)$의 값은? [4점]

① 3   ② 4   ③ 5

④ 6   ⑤ 7

07

▶ 25653-0216

2024학년도 수능 11번

상 중 하

공차가 0이 아닌 등차수열 $\{a_n\}$에 대하여

$$|a_6|=a_8,\ \sum_{k=1}^{5}\frac{1}{a_k a_{k+1}}=\frac{5}{96}$$

일 때, $\sum_{k=1}^{15}a_k$의 값은? [4점]

① 60 ② 65 ③ 70 ④ 75 ⑤ 80

08

▶ 25653-0217

2020학년도 10월 학력평가 나형 18번

상 중 하

3 이상의 자연수 n에 대하여 집합

$$A_n=\{(p,\ q)\,|\,p<q\text{이고 } p,\ q\text{는 } n \text{ 이하의 자연수}\}$$

이다. 집합 A_n의 모든 원소 $(p,\ q)$에 대하여 q의 값의 평균을 a_n이라 하자. 다음은 3 이상의 자연수 n에 대하여 $a_n=\frac{2n+2}{3}$임을 수학적 귀납법을 이용하여 증명한 것이다.

(i) $n=3$일 때, $A_3=\{(1,\ 2),\ (1,\ 3),\ (2,\ 3)\}$이므로

$a_3=\frac{2+3+3}{3}=\frac{8}{3}$이고 $\frac{2\times3+2}{3}=\frac{8}{3}$이다.

그러므로 $a_n=\frac{2n+2}{3}$가 성립한다.

(ii) $n=k\ (k\geq3)$일 때, $a_k=\frac{2k+2}{3}$가 성립한다고 가정하자.

$n=k+1$일 때,

$$A_{k+1}=A_k\cup\{(1,\ k+1),\ (2,\ k+1),\ \cdots,\ (k,\ k+1)\}$$

이고 집합 A_k의 원소의 개수는 (가) 이므로

$$a_{k+1}=\frac{\boxed{\text{(가)}}\times\frac{2k+2}{3}+\boxed{\text{(나)}}}{{}_{k+1}\mathrm{C}_2}$$

$$=\frac{2k+4}{3}=\frac{2(k+1)+2}{3}$$

이다. 따라서 $n=k+1$일 때도 $a_n=\frac{2n+2}{3}$가 성립한다.

(i), (ii)에 의하여 3 이상의 자연수 n에 대하여 $a_n=\frac{2n+2}{3}$이다.

위의 (가), (나)에 알맞은 식을 각각 $f(k)$, $g(k)$라 할 때, $f(10)+g(9)$의 값은? [4점]

① 131 ② 133 ③ 135 ④ 137 ⑤ 139

09 ▶ 25653-0218
2023학년도 10월 학력평가 22번 상中하

삼차함수 $f(x)$에 대하여 구간 $(0, \infty)$에서 정의된 함수 $g(x)$를

$$g(x) = \begin{cases} x^3 - 8x^2 + 16x & (0 < x \leq 4) \\ f(x) & (x > 4) \end{cases}$$

라 하자. 함수 $g(x)$가 구간 $(0, \infty)$에서 미분가능하고 다음 조건을 만족시킬 때, $g(10) = \dfrac{q}{p}$이다. $p+q$의 값을 구하시오.

(단, p와 q는 서로소인 자연수이다.) [4점]

(가) $g\left(\dfrac{21}{2}\right) = 0$

(나) 점 $(-2, 0)$에서 곡선 $y = g(x)$에 그은 기울기가 0이 아닌 접선이 오직 하나 존재한다.

10 ▶ 25653-0219
2023학년도 3월 학력평가 21번 상中하

그림과 같이 1보다 큰 두 실수 a, k에 대하여 직선 $y = k$가 두 곡선 $y = 2\log_a x + k$, $y = a^{x-k}$과 만나는 점을 각각 A, B라 하고, 직선 $x = k$가 두 곡선 $y = 2\log_a x + k$, $y = a^{x-k}$과 만나는 점을 각각 C, D라 하자. $\overline{AB} \times \overline{CD} = 85$이고 삼각형 CAD의 넓이가 35일 때, $a+k$의 값을 구하시오. [4점]

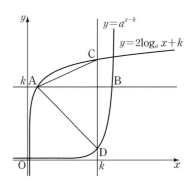

11 ▶ 25653-0220
2020학년도 6월 모의평가 나형 27번 상中하

두 함수
$$f(x) = x^3 + 3x^2 - k, \quad g(x) = 2x^2 + 3x - 10$$
에 대하여 부등식
$$f(x) \geq 3g(x)$$
가 닫힌구간 $[-1, 4]$에서 항상 성립하도록 하는 실수 k의 최댓값을 구하시오. [4점]

하루 6개
1등급
영어독해

내신과
학력평가를
모──두
책임지는

하루 6개
1등급
영어독해

매일매일 밥 먹듯이,
EBS랑 영어 1등급 완성하자!

✓ 규칙적인 일일 학습으로
영어 1등급 수준 미리 성취

✓ 최신 기출문제 + 실전 같은
문제 풀이 연습으로
내신과 학력평가 등급 UP!

✓ 대학별 최저 등급 기준 충족을 위한
변별력 높은 문항 집중 학습

EBS

하루 6개
1등급
영어독해
전국연합학력평가 기출

고1

수능 영어 절대평가 1등급 5주 완성 전략!

EBS

하루 6개
1등급
영어독해
전국연합학력평가 기출

고2

수능 영어 절대평가 1등급 5주 완성 전략!

2026학년도 수능 대비

수능
기출의 미래
미니모의고사

엄선된 기출문제로 만나는 고효율 실전 훈련

'한눈에 보는 정답'
& 정답과 풀이 바로가기

정답과 풀이

수학영역
공통(수학Ⅰ·수학Ⅱ) 4점

수 능
기출의
미 래

미니모의고사

수학영역 ︱ 공통(수학Ⅰ · 수학Ⅱ) 4점

정답과 풀이

[01]회

본문 4~8쪽

01 ③	02 ③	03 ①	04 ①	05 ③
06 ⑤	07 ②	08 ①	09 10	10 8
11 729				

01

정답률 35%

두 점 A, B의 x좌표를 a라 하면 $A(a, 1-2^{-a})$, $B(a, 2^a)$이므로
$\overline{AB}=2^a-(1-2^{-a})=2^a+2^{-a}-1$

두 점 C, D의 x좌표를 c라 하면 $C(c, 2^c)$, $D(c, 1-2^{-c})$이므로
$\overline{CD}=2^c-(1-2^{-c})=2^c+2^{-c}-1$

이때 두 점 A, C의 y좌표가 같으므로
$2^c=1-2^{-a}$

$\overline{CD}=(1-2^{-a})+\dfrac{1}{1-2^{-a}}-1=-2^{-a}+\dfrac{2^a}{2^a-1}$

주어진 조건에 의하여 $\overline{AB}=2\overline{CD}$이므로

$2^a+2^{-a}-1=-2^{-a+1}+\dfrac{2^{a+1}}{2^a-1}$

여기서 $2^a=t\ (t>1)$로 놓으면

$t+\dfrac{1}{t}-1=-\dfrac{2}{t}+\dfrac{2t}{t-1}$

양변에 $t(t-1)$을 곱하여 정리하면

$t^3-4t^2+4t-3=0$, $(t-3)(t^2-t+1)=0$

t는 실수이므로 $t=3$

즉, $2^a=3$이므로 $a=\log_2 3$

이때 $2^c=1-2^{-a}=1-\dfrac{1}{3}=\dfrac{2}{3}$이므로

$c=\log_2 \dfrac{2}{3}=1-\log_2 3$

따라서 조건을 만족시키는 사각형 ABCD의 넓이는

$\dfrac{1}{2}\times(a-c)\times(2^a-1+2^c)=\dfrac{1}{2}\times(2\log_2 3-1)\times\left(3-1+\dfrac{3}{2}\right)$

$=\dfrac{7}{4}(2\log_2 3-1)$

$=\dfrac{7}{2}\log_2 3-\dfrac{7}{4}$

답 ③

02

정답률 62.0%

조건 (가)에서 $x\to 1$일 때, (분모) $\to 0$이므로 (분자) $\to 0$이어야 한다.

즉, $f(1)=g(1)$ ...... ㉠

$\displaystyle\lim_{x\to 1}\dfrac{f(x)-g(x)}{x-1}=\lim_{x\to 1}\dfrac{\{f(x)-f(1)\}-\{g(x)-g(1)\}}{x-1}=5$

즉, $f'(1)-g'(1)=5$ ...... ㉡

조건 (나)에서

$\displaystyle\lim_{x\to 1}\dfrac{f(x)+g(x)-2f(1)}{x-1}$

$=\displaystyle\lim_{x\to 1}\dfrac{\{f(x)-f(1)\}+\{g(x)-g(1)\}}{x-1}=7$

즉, $f'(1)+g'(1)=7$ ...... ㉢

$\displaystyle\lim_{x\to 1}\dfrac{f(x)-a}{x-1}=b\times g(1)$에서 $x\to 1$일 때, (분모) $\to 0$이므로 (분자) $\to 0$이어야 한다.

즉, $a=f(1)$이고 $\displaystyle\lim_{x\to 1}\dfrac{f(x)-f(1)}{x-1}=f'(1)$

㉠에서 $f(1)=g(1)$이므로 $f'(1)=b\times f(1)=ab$

㉡, ㉢을 연립하여 풀면 $f'(1)=6$

따라서 $ab=6$

답 ③

03

정답률 29.0%

수열 $\{a_n\}$의 공차를 d라 하자. $d\geq 0$이면 수열 $\{a_n\}$의 첫째항이 양수이므로 모든 자연수 n에 대하여 $a_n>0$이 되어 조건을 만족시키지 않는다. 따라서 $d<0$이어야 한다.

(i) $S_3=S_6$인 경우

$\dfrac{3(2a_1+2d)}{2}=\dfrac{6(2a_1+5d)}{2}$에서 $a_1=-4d$이므로

$S_3=S_6=-9d>0$, $S_{11}=\dfrac{11(2a_1+10d)}{2}=11d<0$

즉, $S_3=-S_{11}-3$에서 $-9d=-11d-3$, $d=-\dfrac{3}{2}$

$a_1=-4d=6$

(ii) $S_3=-S_6$인 경우

$\dfrac{3(2a_1+2d)}{2}=-\dfrac{6(2a_1+5d)}{2}$에서 $a_1=-2d$이므로

$S_3=-S_6=-3d>0$, $S_{11}=\dfrac{11(2a_1+10d)}{2}=33d<0$

즉, $S_3=-S_{11}-3$에서 $-3d=-33d-3$, $d=-\dfrac{1}{10}$

$a_1=-2d=\dfrac{1}{5}$

(i), (ii)에서 조건을 만족시키는 모든 수열 $\{a_n\}$의 첫째항의 합은

$6+\dfrac{1}{5}=\dfrac{31}{5}$

답 ①

04

정답률 48.2%

$\displaystyle\lim_{x\to 0}\dfrac{f(x)+g(x)}{x}=3$에서

$x\to 0$일 때 (분모) $\to 0$이므로 (분자) $\to 0$이어야 한다.

즉, $\displaystyle\lim_{x\to 0}\{f(x)+g(x)\}=0$

이때 두 다항함수 $f(x)$, $g(x)$는 연속함수이므로

$f(0)+g(0)=0$ ...... ㉠

$$\lim_{x \to 0} \frac{f(x)+g(x)}{x} = \lim_{x \to 0} \frac{f(x)+g(x)-f(0)-g(0)}{x}$$
$$= \lim_{x \to 0} \left\{ \frac{f(x)-f(0)}{x} + \frac{g(x)-g(0)}{x} \right\}$$
$$= f'(0)+g'(0)=3 \quad \cdots\cdots \text{ⓛ}$$

또, $\lim_{x \to 0} \dfrac{f(x)+3}{xg(x)}=2$에서

$x \to 0$일 때 (분모) $\to 0$이므로 (분자) $\to 0$이어야 한다.

즉, $\lim_{x \to 0} \{f(x)+3\}=0$이므로 $f(0)+3=0$에서

$f(0)=-3$이므로 ㉠에서 $g(0)=3$

따라서
$$\lim_{x \to 0} \frac{f(x)+3}{xg(x)} = \lim_{x \to 0} \left\{ \frac{f(x)-f(0)}{x} \times \frac{1}{g(x)} \right\}$$
$$= \frac{f'(0)}{g(0)} = \frac{f'(0)}{3} = 2$$

에서 $f'(0)=6$

따라서 ㉠에서 $g'(0)=-3$

그러므로 곱의 미분법에 의하여
$$h'(0)=f'(0)g(0)+f(0)g'(0)$$
$$=6 \times 3 + (-3) \times (-3) = 27$$

답 ①

05
정답률 70.9%

$a_1=1$이므로 $a_4=a_1+1=2$

$a_4=2$이므로 $a_{11}=2a_4+1=2 \times 2+1=5$

$a_{12}=-a_4+2=-2+2=0$

$a_{13}=a_4+1=2+1=3$

따라서 $a_{11}+a_{12}+a_{13}=5+0+3=8$

답 ③

06
정답률 71.1%

$h(x)=f(x)-g(x)$라 하면 $h(x)=x^3-x^2-x+6-a$

이때 $x \geq 0$인 모든 실수 x에 대하여 부등식 $h(x) \geq 0$이 성립하려면 $x \geq 0$에서 함수 $h(x)$의 최솟값이 0 이상이어야 한다.

$h'(x)=3x^2-2x-1=(3x+1)(x-1)$이므로

$h'(x)=0$에서 $x=-\dfrac{1}{3}$ 또는 $x=1$

$x \geq 0$에서 함수 $h(x)$의 증가와 감소를 표로 나타내면 다음과 같다.

x	0	$\cdots$	1	$\cdots$
$h'(x)$		$-$	0	$+$
$h(x)$	$6-a$	$\searrow$	$5-a$	$\nearrow$

즉, $x \geq 0$에서 함수 $h(x)$의 최솟값이 $5-a$이므로 주어진 조건을 만족시키려면 $5-a \geq 0$이어야 한다.

따라서 $a \leq 5$이므로 구하는 실수 a의 최댓값은 5이다.

답 ⑤

07
정답률 25.5%

풀이 전략 수열의 귀납적 정의를 이용하여 항의 값을 추론한다.

조건 (나)에서 $a_3 > a_5$이므로 a_3이 4의 배수인 경우와 4의 배수가 아닌 경우로 나누어 생각하자.

(i) a_3이 4의 배수인 경우

$a_3=4k$ (k는 자연수)라 하면 $a_4=2k+6$

k가 홀수일 때 a_4는 4의 배수이고

$a_5=k+11$, $a_4+a_5=3k+17$이므로

$50<3k+17<60$, $a_3>a_5$에서 $k>\dfrac{11}{3}$

k는 홀수이므로 $k=13$이고 $a_3=52$

k가 짝수일 때 a_4는 4의 배수가 아니고

$a_5=2k+14$, $a_4+a_5=4k+20$이므로

$50<4k+20<60$, $a_3>a_5$에서 $k>7$

k는 짝수이므로 $k=8$이고 $a_3=32$

따라서 $a_3=52$ 또는 $a_3=32$

$a_3=52$인 경우 $a_2=96$이고

$a_1=94$ 또는 $a_1=188$

$a_3=32$인 경우 $a_2=56$이고

$a_1=54$ 또는 $a_1=108$

(ii) a_3이 4의 배수가 아닌 경우

$a_3=4k-1$ 또는 $a_3=4k-3$ (k는 자연수)일 때

a_3, a_4, a_5는 모두 홀수이고

$a_5=a_4+8=a_3+14>a_3$

이므로 조건 (나)를 만족시키지 못한다.

$a_3=4k-2$ (k는 자연수)일 때

$a_4=4k+4$, $a_5=2k+10$이고

$a_4+a_5=6k+14$이므로 $50<6k+14<60$

$a_3>a_5$에서 $k>6$

이때 $k=7$이므로 $a_3=26$

따라서 $a_2=22$ 또는 $a_2=44$이다.

$a_2=22$인 경우 $a_1=40$

$a_2=44$인 경우 $a_1=42$ 또는 $a_1=84$

(i), (ii)에서 $M=188$, $m=40$이므로

$M+m=228$

답 ②

08
정답률 40.6%

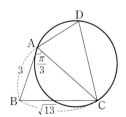

삼각형 ABC에서 $\overline{AC}=a$ ($a>0$)이라 하면 코사인법칙에 의해

$$\overline{BC}^2 = \overline{AB}^2 + \overline{AC}^2 - 2 \times \overline{AB} \times \overline{AC} \times \cos(\angle BAC)$$

$(\sqrt{13})^2=3^2+a^2-2\times3\times a\times\cos\dfrac{\pi}{3}$

$a^2-3a-4=0$, $(a+1)(a-4)=0$

$a>0$이므로 $a=4$

즉, $\overline{\mathrm{AC}}=4$

삼각형 ABC의 넓이 S_1은

$S_1=\dfrac{1}{2}\times\overline{\mathrm{AB}}\times\overline{\mathrm{AC}}\times\sin(\angle\mathrm{BAC})$

$\quad=\dfrac{1}{2}\times3\times4\times\sin\dfrac{\pi}{3}=\dfrac{1}{2}\times3\times4\times\dfrac{\sqrt{3}}{2}=3\sqrt{3}$

$\overline{\mathrm{AD}}\times\overline{\mathrm{CD}}=9$이므로 삼각형 ACD의 넓이 S_2는

$S_2=\dfrac{1}{2}\times\overline{\mathrm{AD}}\times\overline{\mathrm{CD}}\times\sin(\angle\mathrm{ADC})$

$\quad=\dfrac{9}{2}\sin(\angle\mathrm{ADC})$

이때 $S_2=\dfrac{5}{6}S_1$이므로

$\dfrac{9}{2}\sin(\angle\mathrm{ADC})=\dfrac{5}{6}\times3\sqrt{3}$, $\sin(\angle\mathrm{ADC})=\dfrac{5\sqrt{3}}{9}$

삼각형 ACD에서 사인법칙에 의하여

$\dfrac{\overline{\mathrm{AC}}}{\sin(\angle\mathrm{ADC})}=2R$ 이므로 $\dfrac{4}{\dfrac{5\sqrt{3}}{9}}=2R$

$R=\dfrac{6\sqrt{3}}{5}$

따라서 $\dfrac{R}{\sin(\angle\mathrm{ADC})}=\dfrac{\dfrac{6\sqrt{3}}{5}}{\dfrac{5\sqrt{3}}{9}}=\dfrac{54}{25}$

답 ①

09 정답률 **11.7%**

풀이 전략 곱의 미분법과 부정적분을 이용하여 조건을 만족시키는 함수를 구하여 정적분을 구한다.

조건 (가)에 $x=1$을 대입하면 $0=f(1)-3$이므로

$f(1)=3$ …… ㉠ $\longrightarrow \int_1^1 f(t)\,dt=0$

조건 (가)의 양변을 x에 대하여 미분하면

$f(x)=f(x)+xf'(x)-4x$ $\longrightarrow \left\{\int_1^x f(t)\,dt\right\}'=f(x)$

곱의 미분법에 의하여
$\{xf(x)\}'=f(x)+xf'(x)$

이고, $f(x)$는 다항함수이므로

$f'(x)=4$

즉, $f(x)=\displaystyle\int f'(x)\,dx=\int 4\,dx=4x+C_1$ (C_1은 적분상수)

로 놓을 수 있다.

이때 ㉠에서 $f(1)=3$이므로

$f(1)=4+C_1=3$, $C_1=-1$

즉, $f(x)=4x-1$이므로

$F(x)=\displaystyle\int f(x)\,dx=\int(4x-1)\,dx=2x^2-x+C_2$ (C_2는 적분상수)

한편, 조건 (나)에서

$f(x)G(x)+F(x)g(x)=\{F(x)G(x)\}'$

곱의 미분법에 의하여
$\{F(x)G(x)\}'$
$=F'(x)G(x)+F(x)G'(x)$
$=f(x)G(x)+F(x)g(x)$

이므로 $\{F(x)G(x)\}'=8x^3+3x^2+1$의 양변을 x에 대하여 적분하면

$F(x)G(x)=2x^4+x^3+x+C_3$ (C_3은 적분상수)

이때 $F(x)=2x^2-x+C_2$이고, $G(x)$도 다항함수이므로 $G(x)$는 최고차항의 계수가 1인 이차함수이다. 즉,

$G(x)=x^2+ax+b$ (a, b는 상수)로 놓으면

$(2x^2-x+C_2)(x^2+ax+b)=2x^4+x^3+x+C_3$

양변의 x^3의 계수를 비교하면

$2a-1=1$, $a=1$

따라서 $G(x)=x^2+x+b$이므로

$\displaystyle\int_1^3 g(x)\,dx=\Big[G(x)\Big]_1^3=G(3)-G(1)$

$\qquad=(3^2+3+b)-(1^2+1+b)=10$

답 10

10 정답률 **25.7%**

풀이 전략 정적분의 성질을 이용하여 정적분으로 나타내어진 함수의 도함수를 구하고 함수가 극값을 하나만 갖는 경우를 파악한다.

$f(x)=x^3-12x^2+45x+3$에서

$f'(x)=3x^2-24x+45=3(x-3)(x-5)$

$g(x)=\displaystyle\int_a^x\{f(x)-f(t)\}\times\{f(t)\}^4\,dt$

$\quad=f(x)\displaystyle\int_a^x\{f(t)\}^4\,dt-\int_a^x\{f(t)\}^5\,dt$

 t에 대하여 적분하므로 $f(x)$는 상수로 생각한다.

$g'(x)=f'(x)\displaystyle\int_a^x\{f(t)\}^4\,dt+\{f(x)\}^5-\{f(x)\}^5$

$\quad=f'(x)\displaystyle\int_a^x\{f(t)\}^4\,dt$

$g'(x)=0$에서 $f'(x)=0$ 또는 $x=a$

(i) $a\ne3$, $a\ne5$일 때, $\longrightarrow$ $x=3$ 또는 $x=5$ $\longrightarrow \int_a^a f(x)\,dx=0$

$g'(x)=0$에서 $x=3$ 또는 $x=5$ 또는 $x=a$

함수 $g(x)$는 $x=3$, $x=5$, $x=a$에서 모두 극값을 갖는다.

(ii) $a=3$일 때,

$g'(x)=0$에서 $x=3$ 또는 $x=5$

함수 $g(x)$의 증가와 감소를 표로 나타내면 다음과 같다.

x	$\cdots$	3	$\cdots$	5	$\cdots$
$g'(x)$	$-$	0	$-$	0	$+$
$g(x)$	$\searrow$		$\searrow$	극소	$\nearrow$

함수 $g(x)$는 $x=5$에서만 극값을 갖는다.

(iii) $a=5$일 때,

$g'(x)=0$에서 $x=3$ 또는 $x=5$

함수 $g(x)$의 증가와 감소를 표로 나타내면 다음과 같다.

x	$\cdots$	3	$\cdots$	5	$\cdots$
$g'(x)$	$-$	0	$+$	0	$+$
$g(x)$	$\searrow$	극소	$\nearrow$		$\nearrow$

함수 $g(x)$는 $x=3$에서만 극값을 갖는다.

(ⅰ), (ⅱ), (ⅲ)에서 함수 $g(x)$가 오직 하나의 극값을 갖도록 하는 a의 값은 3 또는 5이다.

따라서 모든 a의 값의 합은 $3+5=8$

답 8

11

정답률 **4.0%**

풀이 전략 실근의 조건을 만족시키는 사차함수를 구한다.

$\lim\limits_{x \to k} \dfrac{g(x)-g(k)}{|x-k|}$ 의 값이 존재하므로

$\lim\limits_{x \to k-} \dfrac{g(x)-g(k)}{|x-k|} = \lim\limits_{x \to k+} \dfrac{g(x)-g(k)}{|x-k|}$ 이어야 한다. 즉,

$$\begin{aligned}\lim\limits_{x \to k-} \dfrac{g(x)-g(k)}{|x-k|} &= \lim\limits_{x \to k-}\left\{\dfrac{g(x)-g(k)}{x-k} \times \dfrac{x-k}{|x-k|}\right\} \\ &= \lim\limits_{x \to k-} \dfrac{g(x)-g(k)}{x-k} \times (-1) \end{aligned}$$

...... ㉠
$x \to k-$ 이므로
$|x-k|=-x+k$

$$\begin{aligned}\lim\limits_{x \to k+} \dfrac{g(x)-g(k)}{|x-k|} &= \lim\limits_{x \to k+}\left\{\dfrac{g(x)-g(k)}{x-k} \times \dfrac{x-k}{|x-k|}\right\} \\ &= \lim\limits_{x \to k+} \dfrac{g(x)-g(k)}{x-k} \times 1 \end{aligned}$$

...... ㉡
$x \to k+$ 이므로
$|x-k|=x-k$

에서 ㉠과 ㉡이 같아야 하므로

$\lim\limits_{x \to k} \dfrac{g(x)-g(k)}{|x-k|}=0$ 이거나 $\lim\limits_{x \to k-} \dfrac{g(x)-g(k)}{x-k}$ 와

$\lim\limits_{x \to k+} \dfrac{g(x)-g(k)}{x-k}$ 의 값이 절댓값이 같고 부호가 반대이어야 한다.

따라서 $g'(k)=0$ 에서 $f'(k)=0$ 이거나

$g(k)=0$ 에서 $|f(k)-t|=0$, 즉 $f(k)=t$ 이어야 한다.

방정식 $f'(x)=0$ 의 서로 다른 실근의 개수에 따라 다음과 같이 경우를 나누어 생각할 수 있다.

(ⅰ) 서로 다른 실근의 개수가 1인 경우

함수 $h(t)$가 불연속이 되는 실수 t가 오직 하나만 존재하므로 조건 (나)를 만족시키지 못한다.

[그래프: $y=f(x)$]

(ⅱ) 서로 다른 실근의 개수가 2인 경우

함수 $h(t)$가 $t=-60$과 $t=4$에서 불연속이므로 $f'(a)=0$일 때 $f(a)$의 값은 -60과 4이다.

이때 $\lim\limits_{t \to 4+} h(t)=4$가 되어 조건 (가)를 만족시키지 못한다.

[그래프: $y=f(x)$, $t=4$, $t=-60$]

(ⅲ) 서로 다른 실근의 개수가 3인 경우

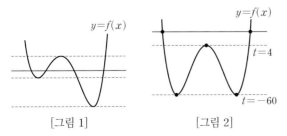

[그림 1]   [그림 2]

[그림 1]과 같이 두 극솟값의 크기가 다르면 함수 $h(t)$가 불연속이 되는 서로 다른 실수 t가 3개 존재하므로 조건 (나)를 만족시키지 못한다.

[그림 2]와 같이 두 극솟값의 크기가 같은 경우 조건 (나)를 만족시키고, 함수 $f(x)$의 극댓값이 4이면 $\lim\limits_{t \to 4+} h(t)=5$이므로 조건 (가)를 만족시킨다. 이때 $h(4)=5$

(ⅰ), (ⅱ), (ⅲ)에서 사차함수 $f(x)$는 최고차항의 계수가 1이고 두 극솟값은 모두 -60, 극댓값은 4이다.

이때 $f(2)=4$이고 $f'(2)>0$이므로 방정식 $f(x)=4$의 가장 큰 실근은 2가 된다.

함수 $y=f(x)$의 그래프를 극댓점이 원점에 오도록 평행이동한 그래프를 나타내는 함수를 $p(x)$라 하면 $p(0)=0$이고 $p'(0)=0$이므로 함수 $p(x)$는 x^2을 인수로 갖는다.

또한 함수 $y=p(x)$의 그래프는 y축에 대하여 대칭이므로 양수 a에 대하여 $p(a)=p(-a)=0$이라 하면

$p(x)=x^2(x-a)(x+a)=x^4-a^2x^2$

$p'(x)=4x^3-2a^2x=2x(2x^2-a^2)$

이므로 $p'(x)=0$에서

[그림 2]에서 $t=4$와 만나→
극댓점을 원점으로 놓으면
$y=p(x)$의 그래프는 원점을
지나고 y축에 대하여 대칭인 그
래프이다.

$x=0$ 또는 $x=\dfrac{a}{\sqrt{2}}$ 또는 $x=-\dfrac{a}{\sqrt{2}}$

또, $p\left(\dfrac{a}{\sqrt{2}}\right)=p\left(-\dfrac{a}{\sqrt{2}}\right)=-64$이므로

$p\left(\dfrac{a}{\sqrt{2}}\right)=\left(\dfrac{a}{\sqrt{2}}\right)^4-a^2\left(\dfrac{a}{\sqrt{2}}\right)^2=-\dfrac{a^4}{4}=-64$

→ 극댓점을 원점에 오도록 한
$p(x)$의 극솟값이다.

즉, $a^4=256=4^4$이므로 $a=4$이다.

이때 $p(x)=x^2(x-4)(x+4)$이고 방정식 $p(x)=0$의 가장 큰 실근이 4이므로 함수 $y=p(x)$의 그래프를 x축의 방향으로 -2만큼, y축의 방향으로 4만큼 평행이동하면 함수 $y=f(x)$의 그래프와 일치한다.

→ $y-4=p(x+2)$, 즉 $y=p(x+2)+4$

따라서 $f(x)=(x+2)^2(x-2)(x+6)+4$에서

$f(4)=724$, $h(4)=5$이므로

$f(4)+h(4)=724+5=729$

답 729

[02회]   본문 9~13쪽

01 ②	02 ②	03 ⑤	04 ④	05 ⑤
06 ②	07 ⑤	08 ②	09 6	10 231
11 380				

01

정답률 **59.3%**

주어진 두 식을 연립하면

$\log_n x = -\log_n (x+3)+1$, $\log_n x + \log_n (x+3)=1$

$\log_n x(x+3)=1$, 즉 $x(x+3)=n$

$f(x)=x(x+3)$, $g(x)=n$이라 하면 주어진 조건에 의하여

$f(1)<n<f(2)$

따라서 $4<n<10$이므로 자연수 n의 값은 5, 6, 7, 8, 9이고, 그 합은

$5+6+7+8+9=35$

답 ②

02

풀이 전략 도형의 성질을 이용하여 $f(t)$를 t에 대한 식으로 나타낸다.

직선 l이 정사각형 OABC의 넓이를 이등분하므로 점 $(-1, 1)$을 지난다. 직선 l의 기울기를 m이라 하면 직선 l의 방정식은

$y=m(x+1)+1$, 즉 $y=mx+m+1$ ← 직사각형의 넓이를 이등분하는 직선은 직사각형의 두 대각선의 교점을 지난다.

직선 l과 y축이 만나는 점을 D라 하면 점 D의 좌표는 $(0, m+1)$

직선 l과 선분 AP가 만나는 점을 E라 하면

직선 AP의 방정식이 $y=-\dfrac{2}{t}x+2$이므로 ← 기울기가 $-\dfrac{2}{t}$이고 y절편이 2인 직선

$mx+m+1=-\dfrac{2}{t}x+2$에서 $x=\dfrac{(1-m)t}{mt+2}$

그러므로 점 E의 x좌표는 $\dfrac{(1-m)t}{mt+2}$이다.

삼각형 ADE의 넓이가 삼각형 AOP의 넓이의 $\dfrac{1}{2}$이므로

$\dfrac{1}{2}\times(1-m)\times\dfrac{(1-m)t}{mt+2}=\dfrac{1}{2}\times\left(\dfrac{1}{2}\times2\times t\right)$

$t\neq0$이므로 $(1-m)^2=mt+2$ → $\triangle ADE=\dfrac{1}{2}\times\overline{AD}\times(\text{점 E의 }x\text{좌표})$

$m^2-(2+t)m-1=0$에서

$m=\dfrac{t+2\pm\sqrt{(t+2)^2-4\times(-1)}}{2}=\dfrac{t+2\pm\sqrt{t^2+4t+8}}{2}$

직선 l의 y절편이 $m+1$이고 $0<m+1<2$이므로

$f(t)=m+1=\dfrac{t+4-\sqrt{t^2+4t+8}}{2}$

따라서 $\displaystyle\lim_{t\to0+}f(t)=\lim_{t\to0+}\dfrac{t+4-\sqrt{t^2+4t+8}}{2}=\dfrac{4-2\sqrt{2}}{2}=2-\sqrt{2}$

답 ②

03

함수 $f(x)$가 실수 전체의 집합에서 미분가능하므로 함수 $f(x)$는 $x=k$에서 미분가능하다.

이때 함수 $f(x)$는 $x=k$에서 연속이므로

$f(k)=\displaystyle\lim_{x\to k-}f(x)=ak$

한편, 함수 $f(x)$가 $x=k$에서 미분가능하므로

$f'(k)=\displaystyle\lim_{x\to k-}\dfrac{f(x)-f(k)}{x-k}=\lim_{x\to k-}\dfrac{ax-ak}{x-k}=a$

ㄱ. $f'(k)=a$이고 $a=1$이면 $f'(k)=1$이다. (참)

ㄴ. $g(x)=-x^2+4bx-3b^2$이라 하면 직선 $y=ax$는 원점에서 곡선 $y=g(x)$에 그은 기울기가 양수인 접선 중 하나이고, 접점의 좌표는 $(k, g(k))$이다.

$g'(x)=-2x+4b$이므로 곡선 $y=g(x)$ 위의 점 $(k, g(k))$에서의 접선의 방정식은

$y-(-k^2+4bk-3b^2)=(-2k+4b)(x-k)$

이 직선이 원점을 지나므로

$0-(-k^2+4bk-3b^2)=(-2k+4b)(0-k)$

$k^2-3b^2=0$, $k^2=3b^2$

이때 $k>0$, $b>0$이므로 $k=\sqrt{3}b$

따라서 $k=3$이면 $b=\sqrt{3}$이므로

$a=g'(k)=-2k+4b=-6+4\sqrt{3}$ (참)

ㄷ. ㄴ에서 $a=-2k+4b$, $k=\sqrt{3}b$이므로

$a=-2\sqrt{3}b+4b=(4-2\sqrt{3})b$이다. 즉

$f(x)=\begin{cases}(4-2\sqrt{3})bx & (x<\sqrt{3}b)\\ -x^2+4bx-3b^2 & (x\geq\sqrt{3}b)\end{cases}$이고,

$f'(x)=\begin{cases}(4-2\sqrt{3})b & (x<\sqrt{3}b)\\ -2x+4b & (x>\sqrt{3}b)\end{cases}$이다.

$f(k)=f'(k)$에서 $f(\sqrt{3}b)=f'(\sqrt{3}b)$이므로

$-3b^2+4\sqrt{3}b^2-3b^2=-2\sqrt{3}b+4b$, $b=\dfrac{\sqrt{3}}{3}$

따라서 $f(x)=\begin{cases}\dfrac{4\sqrt{3}-6}{3}x & (x<1)\\ -x^2+\dfrac{4\sqrt{3}}{3}x-1 & (x\geq1)\end{cases}$이고,

함수 $y=f(x)$의 그래프는 다음 그림과 같다.

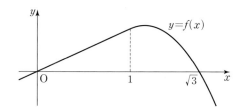

그러므로 함수 $y=f(x)$의 그래프와 x축으로 둘러싸인 부분의 넓이는

$\displaystyle\int_0^{\sqrt{3}}f(x)\,dx=\dfrac{1}{2}\times1\times\dfrac{4\sqrt{3}-6}{3}+\int_1^{\sqrt{3}}\left(-x^2+\dfrac{4\sqrt{3}}{3}x-1\right)dx$

$=\dfrac{2\sqrt{3}-3}{3}+\left[-\dfrac{x^3}{3}+\dfrac{2\sqrt{3}}{3}x^2-x\right]_1^{\sqrt{3}}=\dfrac{1}{3}$ (참)

이상에서 옳은 것은 ㄱ, ㄴ, ㄷ이다.

답 ⑤

04

원 O'에서 중심각의 크기가 $\dfrac{7}{6}\pi$인 부채꼴 AO'B의 넓이를 T_1, 원 O에서 중심각의 크기가 $\dfrac{5}{6}\pi$인 부채꼴 AOB의 넓이를 T_2라 하면

$S_1=T_1+S_2-T_2$

$=\left(\dfrac{1}{2}\times3^2\times\dfrac{7}{6}\pi\right)+S_2-\left(\dfrac{1}{2}\times3^2\times\dfrac{5}{6}\pi\right)$

$=\dfrac{3}{2}\pi+S_2$

따라서 $S_1-S_2=\dfrac{3}{2}\pi$

답 ④

05

최고차항의 계수가 1이고 $f(0)=0$, $f(1)=0$인 삼차함수 $f(x)$를 $f(x)=x(x-1)(x-a)$ (a는 상수) ……㉠ 라 하자.

ㄱ. $g(0)=\displaystyle\int_0^1 f(x)\,dx-\int_0^1|f(x)|\,dx=0$이면

$$\int_0^1 f(x)\,dx = \int_0^1 |f(x)|\,dx$$

따라서 $0 \le x \le 1$일 때 $f(x) \ge 0$이므로 함수 $y = f(x)$의 그래프의 개형은 그림과 같다.

(ⅰ) $a > 1$일 때

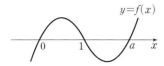

(ⅱ) $a = 1$일 때

(ⅰ), (ⅱ)에 의하여 $\displaystyle\int_{-1}^0 f(x)\,dx < 0$이므로

$$g(-1) = \int_{-1}^0 f(x)\,dx - \int_0^1 |f(x)|\,dx < 0 \ (참)$$

ㄴ. $g(-1) > 0$이면 $0 \le x \le 1$일 때 $f(x) \le 0$이므로

$$\begin{aligned}
g(-1) &= \int_{-1}^0 f(x)\,dx - \int_0^1 |f(x)|\,dx \\
&= \int_{-1}^0 f(x)\,dx + \int_0^1 f(x)\,dx \\
&= \int_{-1}^1 f(x)\,dx \\
&= \int_{-1}^1 x(x-1)(x-a)\,dx \\
&= \int_{-1}^1 \{x^3 - (a+1)x^2 + ax\}\,dx \\
&= 2\int_0^1 \{-(a+1)x^2\}\,dx \\
&= 2\left[-\frac{a+1}{3}x^3 \right]_0^1 = -\frac{2(a+1)}{3} > 0
\end{aligned}$$

즉, $a < -1$이므로 $f(k) = 0$을 만족시키는 $k < -1$인 실수 k가 존재한다. (참)

ㄷ. $g(-1) = -\dfrac{2(a+1)}{3} > 1$에서 $a < -\dfrac{5}{2}$

$0 \le x \le 1$일 때 $f(x) \le 0$이므로

$$\begin{aligned}
g(0) &= \int_0^1 f(x)\,dx - \int_0^1 |f(x)|\,dx \\
&= \int_0^1 f(x)\,dx + \int_0^1 f(x)\,dx \\
&= 2\int_0^1 f(x)\,dx \\
&= 2\int_0^1 \{x^3 - (a+1)x^2 + ax\}\,dx \\
&= 2\left[\frac{1}{4}x^4 - \frac{a+1}{3}x^3 + \frac{a}{2}x^2 \right]_0^1 \\
&= 2\left(\frac{1}{4} - \frac{a+1}{3} + \frac{a}{2} \right) \\
&= \frac{a}{3} - \frac{1}{6} < -1 \ (참)
\end{aligned}$$

따라서 옳은 것은 ㄱ, ㄴ, ㄷ이다.

답 ⑤

삼각형 ABC의 외접원의 반지름의 길이가 $2\sqrt{7}$이므로 삼각형 ABC에서 사인법칙에 의하여

$$\frac{\overline{BC}}{\sin(\angle BAC)} = 4\sqrt{7}$$

즉, $\overline{BC} = \sin\dfrac{\pi}{3} \times 4\sqrt{7} = \dfrac{\sqrt{3}}{2} \times 4\sqrt{7} = 2\sqrt{21}$

또, 삼각형 BCD의 외접원의 반지름의 길이도 $2\sqrt{7}$이므로 삼각형 BCD에서 사인법칙에 의하여

$$\frac{\overline{BD}}{\sin(\angle BCD)} = 4\sqrt{7}$$

즉, $\overline{BD} = \sin(\angle BCD) \times 4\sqrt{7} = \dfrac{2\sqrt{7}}{7} \times 4\sqrt{7} = 8$

한편, $\angle BDC = \pi - \angle BAC = \dfrac{2}{3}\pi$이므로

$\overline{CD} = x$라 하면 삼각형 BCD에서 코사인법칙에 의하여

$$(2\sqrt{21})^2 = x^2 + 8^2 - 2 \times x \times 8 \times \cos\frac{2}{3}\pi$$

$$x^2 + 8x - 20 = 0, \ (x+10)(x-2) = 0$$

$x > 0$이므로 $x = 2$, 즉 $\overline{CD} = 2$

따라서 $\overline{BD} + \overline{CD} = 8 + 2 = 10$

답 ②

$g(x) = x^3 - 12x + k$라고 하면 $f(x) = |g(x)|$

$g'(x) = 3x^2 - 12 = 3(x+2)(x-2)$

$g'(x) = 0$에서 $x = -2$ 또는 $x = 2$

함수 $g(x)$가 $x = -2$에서 극댓값 $k + 16$, $x = 2$에서 극솟값 $k - 16$을 가지므로 k의 값에 따라 다음과 같은 경우로 나누어 생각할 수 있다.

(ⅰ) $0 < k < 16$ 또는 $k > 16$인 경우

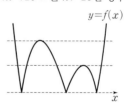

함수 $y = f(x)$의 그래프와 직선 $y = a$가 만나는 서로 다른 점의 개수가 홀수가 되는 실수 a의 값이 3개 존재하므로 조건을 만족시키지 못한다.

(ⅱ) $k = 16$인 경우

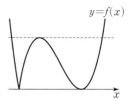

함수 $y = f(x)$의 그래프와 직선 $y = a$가 만나는 서로 다른 점의 개수가 홀수가 되는 실수 a의 값이 오직 하나이다.

(ⅰ), (ⅱ)에서 $k = 16$

답 ⑤

08

등차수열 $\{a_n\}$의 공차를 d $(d>0)$이라 하면 $a_5=5$이므로

$a_3=5-2d$, $a_4=5-d$, $a_6=5+d$, $a_7=5+2d$

$$\sum_{k=3}^{7}|2a_k-10|=|2a_3-10|+|2a_4-10|+|2a_5-10|$$
$$+|2a_6-10|+|2a_7-10|$$
$$=|-4d|+|-2d|+0+|2d|+|4d|$$
$$=12d=20$$

따라서 $d=\dfrac{5}{3}$이므로

$$a_6=a_5+d=5+\frac{5}{3}=\frac{20}{3}$$

답 ②

09

함수 $f(x)$가 실수 전체의 집합에서 연속이려면 $x=1$에서 연속이어야 하므로

$$\lim_{x \to 1-}f(x)=\lim_{x \to 1+}f(x)=f(1)$$

$\lim\limits_{x \to 1-}f(x)=-3+a$이므로

$$\lim_{x \to 1+}f(x)=\lim_{x \to 1+}\frac{x+b}{\sqrt{x+3}-2}=-3+a$$

$x \to 1+$일 때 (분모) $\to 0$이므로 (분자) $\to 0$이어야 한다.

즉, $\lim\limits_{x \to 1+}(x+b)=0$이므로 $b=-1$

$$\lim_{x \to 1+}\frac{x-1}{\sqrt{x+3}-2}=\lim_{x \to 1+}\frac{(x-1)(\sqrt{x+3}+2)}{(\sqrt{x+3}-2)(\sqrt{x+3}+2)}$$
$$=\lim_{x \to 1+}\frac{(x-1)(\sqrt{x+3}+2)}{x-1}$$
$$=\lim_{x \to 1+}(\sqrt{x+3}+2)$$
$$=4$$

즉, $-3+a=4$이므로 $a=7$

따라서 $a+b=6$

답 6

10

풀이 전략 수열의 귀납적 정의를 이용하여 수열의 첫째항의 값을 구한다.

15 이하의 자연수 n에 대하여 $\underline{n \neq 4,\ n \neq 9}$이면 $a_{n+1}=a_n+1$이므로

            └→ $\sqrt{n}$이 자연수인 경우

$a_n=a_{n+1}-1$

그러므로 $a_{15}=1$에서 $a_{14}=a_{15}-1=0$,

$a_{13}=a_{14}-1=-1$, $a_{12}=a_{13}-1=-2$

$a_{11}=a_{12}-1=-3$, $a_{10}=a_{11}-1=-4$

(i) $a_9>0$일 때

 $a_9-\sqrt{9} \times a_{\sqrt{9}}=a_{10}=-4$

 그러므로 $a_9=3a_3-4$에서 $a_5=3a_3-8$

(i-1) $a_4>0$일 때

 $a_5=a_4-\sqrt{4} \times a_{\sqrt{4}}$이므로

 $a_4-2a_2=3a_3-8$ 즉, $a_4=3a_3+2a_2-8$

 그러므로 $a_4=a_3+1$에서 $a_3=a_4-1$이므로

  $a_3=3a_3+2a_2-9$

 즉, $a_3+a_2=\dfrac{9}{2}$

 $a_3=a_2+1$이므로 $a_2=\dfrac{7}{4}$, $a_3=\dfrac{11}{4}$

 $a_9=\dfrac{33}{4}-4>0$, $a_4=\dfrac{33}{4}+\dfrac{14}{4}-8>0$

 그러므로 $a_1=-a_2=-\dfrac{7}{4}$

(i-2) $a_4 \leq 0$일 때

 $a_4+1=a_5=3a_3-8$

 그러므로 $a_4=3a_3-9$에서

 $a_3=a_4-1=3a_3-9-1=3a_3-10$

 즉, $a_3=5$

 그런데 $a_3=5$이면 $a_4=6>0$이므로 모순이다.

(ii) $a_9 \leq 0$일 때

 $a_9=a_{10}-1=-5$에서 $a_5=-9$

(ii-1) $a_4>0$일 때

 $a_5=a_4-\sqrt{4} \times a_{\sqrt{4}}=a_4-2a_2$

 즉, $a_4=a_5+2a_2$이므로 $a_4=2a_2-9$

 또, $a_3=a_4-1=2a_2-9-1=2a_2-10$

 그런데 $a_3=a_2+1$이므로

 $a_2+1=2a_2-10$, $a_2=11$

 $a_4=2 \times 11-9>0$

 그러므로 $a_1=-a_2=-11$

(ii-2) $a_4 \leq 0$일 때

 $a_5=a_4+1=-9$

 그러므로 $a_4=-10$에서

 $a_3=-11$, $a_2=-12$

 그러므로 $a_1=-a_2=12$

(i), (ii)에서 모든 a_1의 값의 곱은

$$-\frac{7}{4} \times (-11) \times 12=231$$

답 231

11

풀이 전략 함수의 그래프를 이용하여 조건을 만족시키는 미지수의 값을 구한다.

주어진 조건을 만족시키려면 열린구간 $\left(k,\ k+\dfrac{3}{2}\right)$에

두 점 $(x_1,\ f(x_1)),(x_2,\ f(x_2))$를 지나는 직선의 기울기와

두 점 $(x_2,\ f(x_2)),(x_3,\ f(x_3))$을 지나는 직선의 기울기의 부호가

다른 세 실수 x_1, x_2, x_3이 존재해야 한다. 그러려면 극대 또는 극소

가 되는 점이 열린구간 $\left(k,\ k+\dfrac{3}{2}\right)$에 존재해야 한다.

$f(x)=x^3-2ax^2$에서 $f'(x)=3x^2-4ax$이므로 함수 $y=f(x)$의 그래프의 개형을 a의 값의 범위에 따라 다음과 같이 나누어 보자.

(i) $a>0$일 때

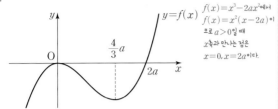

$f(x)=x^3-2ax^2$에서 $f(x)=x^2(x-2a)$이므로 $a>0$일 때 x축과 만나는 점은 $x=0, x=2a$이다.

$k=-1$일 때 $x=0$이 열린구간 $\left(-1, \dfrac{1}{2}\right)$에 존재하므로 조건을 만족시킨다.

또, $x=\dfrac{4}{3}a$가 열린구간 $\left(k, k+\dfrac{3}{2}\right)$에 존재하려면

$k<\dfrac{4}{3}a<k+\dfrac{3}{2}$이므로 $\dfrac{4}{3}a-\dfrac{3}{2}<k<\dfrac{4}{3}a$이어야 한다.

이때 조건을 만족시키는 모든 정수 k의 값의 곱이 -12가 되려면 이 구간에 $k=3$, $k=4$가 존재해야 하므로

$\dfrac{4}{3}a-\dfrac{3}{2}<3$, $\dfrac{4}{3}a>4$, $3<a<\dfrac{27}{8}$

그런데 이 부등식을 만족시키는 정수 a는 존재하지 않는다.

(ii) $a<0$일 때

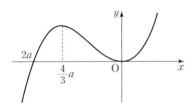

$k=-1$일 때 $x=0$이 열린구간 $\left(-1, \dfrac{1}{2}\right)$에 존재하므로 조건을 만족시킨다. ← 열린구간 $\left(k, k+\dfrac{3}{2}\right)$에 $k=-1$을 대입한다.

또, $x=\dfrac{4}{3}a$가 열린구간 $\left(k, k+\dfrac{3}{2}\right)$에 존재하려면

$k<\dfrac{4}{3}a<k+\dfrac{3}{2}$이므로 $\dfrac{4}{3}a-\dfrac{3}{2}<k<\dfrac{4}{3}a$이어야 한다.

이때 조건을 만족시키는 모든 정수 k의 값의 곱이 -12가 되려면 이 구간에 $k=-4$, $k=-3$이 존재해야 하므로

$\dfrac{4}{3}a-\dfrac{3}{2}<-4$, $\dfrac{4}{3}a>-3$, $-\dfrac{9}{4}<a<-\dfrac{15}{8}$

즉, $a=-2$

(i), (ii)에서 $a=-2$이므로

$f(x)=x^3+4x^2$, $f'(x)=3x^2+8x$

따라서 $f'(10)=3\times10^2+8\times10=380$

답 380

01
정답률 56%

함수 $y=f(x)$의 그래프는 y축에 대하여 대칭이므로 곡선 $y=f(x)$와 선분 PQ로 둘러싸인 부분의 넓이는 y축에 의하여 이등분된다.

이때 $A=2B$이므로

$$\int_0^k(-x^2+2x+6)dx=0$$

이어야 한다. 즉,

$$\left[-\dfrac{1}{3}x^3+x^2+6x\right]_0^k=0$$

$-\dfrac{1}{3}k^3+k^2+6k=0$, $-\dfrac{1}{3}k(k+3)(k-6)=0$

$k>4$이므로 $k=6$

답 ④

02
정답률 42.2%

$m=3^x$에서 $x=\log_3 m$이므로 $\mathrm{A}_m(\log_3 m, m)$

$m=\log_2 x$에서 $x=2^m$이므로 $\mathrm{B}_m(2^m, m)$

그러므로 $\overline{\mathrm{A}_m\mathrm{B}_m}=2^m-\log_3 m$

$\overline{\mathrm{A}_m\mathrm{B}_m}$이 자연수이기 위해서는 m과 2^m이 자연수이므로 $\log_3 m$이 음이 아닌 정수이다.

그러므로 $m=3^k$ (단, k는 음이 아닌 정수이다.)

$m=3^0$일 때, $a_1=2^1-\log_3 1=2$

$m=3^1$일 때, $a_2=2^3-\log_3 3=7$

$m=3^2$일 때, $a_3=2^9-\log_3 9=510$

따라서 $a_3=510$

답 ⑤

03
정답률 42.3%

삼각형 AOB의 넓이가 $\dfrac{1}{2}\times\overline{\mathrm{AB}}\times5=\dfrac{15}{2}$이므로 $\overline{\mathrm{AB}}=3$

이때 $\overline{\mathrm{BC}}=\overline{\mathrm{AB}}+6=9$

함수 $y=f(x)$의 주기가 $2b$이므로

$2b=\overline{\mathrm{AC}}=\overline{\mathrm{AB}}+\overline{\mathrm{BC}}=12$, $b=6$

선분 AB의 중점의 x좌표가 3이므로 점 A의 좌표는 $\left(\dfrac{3}{2}, 5\right)$이다.

점 A는 곡선 $y=f(x)$ 위의 점이므로

$f\left(\dfrac{3}{2}\right)=5$에서 $a\sin\dfrac{\pi}{4}+1=5$, $a=4\sqrt{2}$

따라서 $a^2+b^2=(4\sqrt{2})^2+6^2=32+36=68$

답 ①

04
정답률 49.6%

$\sin\dfrac{\pi}{7}=\cos\left(\dfrac{\pi}{2}-\dfrac{\pi}{7}\right)=\cos\dfrac{5}{14}\pi$

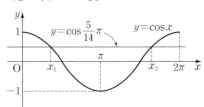

그림과 같이 곡선 $y=\cos x$ $(0 \le x \le 2\pi)$와 직선 $y=\cos \dfrac{5}{14}\pi$가 만나는 두 점의 x좌표를 각각 x_1, x_2 $(x_1 < x_2)$라 하면

$x_1 = \dfrac{5}{14}\pi$이고 $\dfrac{x_1+x_2}{2}=\pi$이므로

$x_2 = 2\pi - x_1 = \dfrac{23}{14}\pi$

따라서 $0 \le x \le 2\pi$일 때, 부등식 $\cos x \le \sin \dfrac{\pi}{7}$를 만족시키는 모든 x의 값의 범위는 $\dfrac{5}{14}\pi \le x \le \dfrac{23}{14}\pi$이므로

$\beta - \alpha = \dfrac{23}{14}\pi - \dfrac{5}{14}\pi = \dfrac{9}{7}\pi$

답 ③

05
정답률 55.4%

$\dfrac{A_3}{A_1} = \dfrac{\frac{1}{2}(a_4-a_3)(2^{a_4}-2^{a_3})}{\frac{1}{2}(a_2-a_1)(2^{a_2}-2^{a_1})} = \dfrac{\frac{1}{2} \times d \times (2^{1+3d}-2^{1+2d})}{\frac{1}{2} \times d \times (2^{1+d}-2)} = 2^{2d}$이므로

$\dfrac{A_3}{A_1}=16$에서 $2^{2d}=16$, $2^{2d}=2^4$, $d=\boxed{2}$

수열 $\{a_n\}$의 일반항은

$a_n = 1+(n-1)d = 1+(n-1)\times 2 = \boxed{2n-1}$

그러므로 모든 자연수 n에 대하여

$A_n = \dfrac{1}{2} \times 2 \times (2^{2n+1}-2^{2n-1}) = \boxed{3 \times 2^{2n-1}}$

따라서 $p=2$, $f(n)=2n-1$, $g(n)=3 \times 2^{2n-1}$이므로

$p+\dfrac{g(4)}{f(2)}=2+\dfrac{3 \times 2^7}{3}=130$

답 ⑤

06
정답률 22.8%

풀이 전략 삼차함수 $y=f(x)$의 그래프의 개형을 그려 극댓값, 극솟값을 구한다.

함수 $f(x)$의 삼차항의 계수를 a라 하면 조건 (가)에 의하여 함수 $y=f(x)$의 그래프와 x축이 서로 다른 세 점에서 만나므로 함수 $y=f(x)$의 그래프의 개형은 그림과 같다.

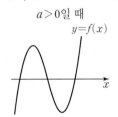 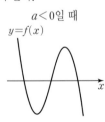

함수 $f(x)$는 삼차함수이므로 실수 전체의 집합을 치역으로 갖고, 이차함수 $g(x)=x^2-6x+10=(x-3)^2+1$은 $x=3$에서 최솟값 1을 갖는다. 그러므로 조건 (나)에서 함수

$g(f(x)) = \underbrace{\{f(x)-3\}^2+1}$ ← $\{f(x)-3\}^2 \ge 0$이므로 $f(x)=3$일 때 최솟값 1을 갖는다.

은 $f(x)=3$인 x에서 최솟값 1을 가지므로 $m=1$

한편, 방정식 $g(f(x))=1$의 서로 다른 실근의 개수가 2이므로 방정식 $f(x)=3$을 만족시키는 서로 다른 실근의 개수는 2이다.

그러므로 직선 $y=3$과 함수 $y=f(x)$의 그래프의 개형은 그림과 같다.

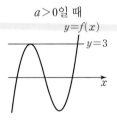 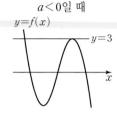

즉, 함수 $f(x)$의 극댓값은 3이다.

조건 (다)의 방정식 $g(f(x))=17$을 풀면

$\{f(x)-3\}^2+1=17$, $\{f(x)-3\}^2=16$ ← $f(x)-3=\pm 4$이므로 $f(x)=3-4=-1$, $f(x)=3+4=7$

$f(x)=-1$ 또는 $f(x)=7$

조건 (다)에서 방정식 $g(f(x))=17$은 서로 다른 세 실근을 갖고 위의 그래프에서 방정식 $f(x)=7$의 실근의 개수는 1이므로 방정식 $f(x)=-1$의 서로 다른 실근의 개수는 2이다.

그러므로 세 직선 $y=-1$, $y=3$, $y=7$과 함수 $y=f(x)$의 그래프의 개형은 그림과 같다.

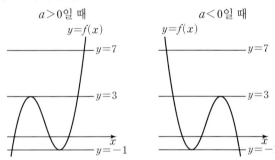

즉, 함수 $f(x)$의 극솟값은 -1이다.

따라서 함수 $f(x)$의 극댓값은 3, 극솟값은 -1이므로 그 합은

$3+(-1)=2$

답 ①

07
정답률 33.1%

조건 (가)에 의하여 $a_4=r$, $a_8=r^2$

$a_4=r$이고 $0<|r|<1$에서 $|a_4|<5$이므로

조건 (나)에 의하여 $a_5=r+3$

$|a_5|<5$이므로 $a_6=a_5+3=r+6$

$|a_6| \ge 5$이므로 $a_7=-\dfrac{1}{2}a_6=-\dfrac{r}{2}-3$

$|a_7|<5$이므로 $a_8=a_7+3=-\dfrac{r}{2}$

즉, $r^2=-\dfrac{r}{2}$이고 $r \ne 0$이므로 $r=-\dfrac{1}{2}$에서 $a_4=-\dfrac{1}{2}$

이때 $|a_3|<5$이면 $a_3=-\dfrac{1}{2}-3=-\dfrac{7}{2}$이고 이것은 조건을 만족시키며, $|a_3| \ge 5$이면 $a_3=-2 \times \left(-\dfrac{1}{2}\right)=1$인데 이것은 조건을 만족시키지 않으므로

$a_3=-\dfrac{7}{2}$

또, $|a_2|<5$이면 $a_2=-\dfrac{7}{2}-3=-\dfrac{13}{2}$인데 이것은 조건을 만족시

키지 않고, $|a_2|\geq5$이면 $a_2=-2\times\left(-\dfrac{7}{2}\right)=7$이고 이것은 조건을

만족시키므로

$a_2=7$

또, $|a_1|<5$이면 $a_1=7-3=4$이고, $|a_1|\geq5$이면

$a_1=-2\times7=-14$인데 조건 (나)에 의하여 $a_1<0$이므로

$a_1=-14$

따라서

$a_1=-14$, $a_2=7$, $a_3=-\dfrac{7}{2}$, $a_4=-\dfrac{1}{2}$,

$a_5=-\dfrac{1}{2}+3$, $a_6=-\dfrac{1}{2}+6$, $a_7=\dfrac{1}{4}-3$,

$a_8=\dfrac{1}{4}$, $a_9=\dfrac{1}{4}+3$, $a_{10}=\dfrac{1}{4}+6$,

$a_{11}=-\dfrac{1}{8}-3$, $a_{12}=-\dfrac{1}{8}$, $\cdots$

이와 같은 과정을 계속하면

$|a_1|\geq5$이고, 자연수 k에 대하여 $|a_{4k-2}|\geq5$임을 알 수 있다.

그러므로 $|a_m|\geq5$를 만족시키는 100 이하의 자연수 m은

1, 2, 6, 10, $\cdots$, 98

이고, $2=4\times1-2$, $98=4\times25-2$이므로

$p=1+25=26$

따라서 $p+a_1=26+(-14)=12$

답 ③

08

정답률 **30%**

풀이 전략 다항함수의 그래프를 이용하여 교점의 개수를 추론한다.

$x>0$에서 $f(x)=x^3-3x^2+5$이므로

$\displaystyle\lim_{x\to0+}f(x)=5$이고 $f'(x)=3x^2-6x=3x(x-2)$이다.

$f'(2)=0$이고 $x=2$의 좌우에서 $f'(x)$의 부호가 음에서 양으로 바

뀌므로 $f(x)$의 극솟값은 $f(2)=1$이다.

$x\leq0$에서

$f(x)=x^2-2ax+\dfrac{a^2}{4}+b^2=(x-a)^2-\dfrac{3}{4}a^2+b^2$

이고 $f(0)=\dfrac{a^2}{4}+b^2$

(i) $a\geq0$인 경우

① $f(0)=5$인 경우

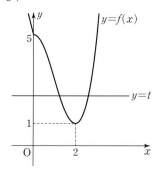

함수 $g(t)$는 $t=1$에서만 불연속이므로 함수 $g(t)$가 $t=k$에서
불연속인 실수 k의 개수는 1이다.

② $f(0)\neq5$인 경우

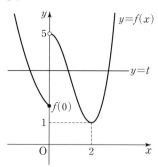

함수 $g(t)$는 $t=1$, $t=5$, $t=f(0)$에서 불연속이므로 함수
$g(t)$가 $t=k$에서 불연속인 실수 k의 개수가 2가 되려면

$f(0)=\dfrac{a^2}{4}+b^2=1$이다.

$\dfrac{a^2}{4}=0$, $b^2=1$ 또는 $\dfrac{a^2}{4}=1$, $b^2=0$

을 만족시키는 두 정수 a, b의 순서쌍 (a,b)는

$(0,1)$, $(0,-1)$, $(2,0)$

(ii) $a<0$인 경우

① $f(0)=5$인 경우

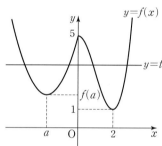

함수 $g(t)$는 $t=1$, $t=5$, $t=f(a)$에서 불연속이므로 함수
$g(t)$가 $t=k$에서 불연속인 실수 k의 개수가 2가 되려면

$f(a)=-\dfrac{3}{4}a^2+b^2=1$, $f(0)=\dfrac{a^2}{4}+b^2=5$이다.

$a^2=4$, $b^2=4$를 만족시키는 두 정수 a, b의 순서쌍 (a,b)는

$(-2,2)$, $(-2,-2)$

② $f(0)=1$인 경우

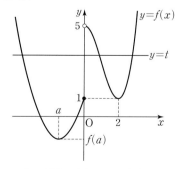

$f(a)<1<5$이고 함수 $g(t)$는 $t=f(a)$, $t=1$, $t=5$에서 불
연속이므로 함수 $g(t)$가 $t=k$에서 불연속인 실수 k의 개수가
3이다.

③ $f(0)\neq1$이고 $f(0)\neq5$인 경우

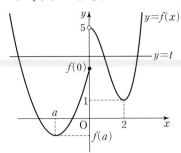

$g(t)$는 $t=1$, $t=5$, $t=f(0)$에서 불연속이므로 함수 $g(t)$가 $t=k$에서 불연속인 실수 k의 개수는 3 이상이다.

(i), (ii)에서 구하는 두 정수 a, b의 모든 순서쌍 (a, b)의 개수는 $(0, 1)$, $(0, -1)$, $(2, 0)$, $(-2, 2)$, $(-2, -2)$로 5이다.

답 ③

09 정답률 10.2%

풀이 전략 a의 n제곱근의 의미를 이해하고 문제를 해결한다.

x에 대한 방정식 $(x^n-64)f(x)=0$에서

$x^n-64=0$ 또는 $f(x)=0$

이때 이차함수 $f(x)$는 최고차항의 계수가 1이고 최솟값이 음수이므로 방정식 $f(x)=0$은 서로 다른 두 실근을 갖는다.

$x^n-64=0$에서

(i) n이 홀수일 때

방정식 $x^n=64$의 실근의 개수는 1이다.

그러므로 방정식 $(x^n-64)f(x)=0$의 근이 모두 중근일 수 없다.

(ii) n이 짝수일 때

방정식 $x^n=64$의 실근은 $x=\sqrt[n]{64}$ 또는 $x=-\sqrt[n]{64}$

즉, $x=2^{\frac{6}{n}}$ 또는 $x=-2^{\frac{6}{n}}$

이때 조건 (가)를 만족하기 위해서는

$f(x)=\left(x-2^{\frac{6}{n}}\right)\left(x+2^{\frac{6}{n}}\right)$ …… ㉠

이어야 한다.

> 조건 (가)에서 서로 다른 두 실근이 각각 중근이므로 방정식 $f(x)=0$의 근도 $x=2^{\frac{6}{n}}$ 또는 $x=-2^{\frac{6}{n}}$이어야 한다.

한편, 조건 (나)에서 함수 $f(x)$의 최솟값은 음의 정수이고, ㉠에서 함수 $f(x)$는 $x=0$에서 최솟값을 갖고 그 값은

$-2^{\frac{6}{n}}\times2^{\frac{6}{n}}=-2^{\frac{12}{n}}$

즉, 이 값이 음의 정수이기 위해서는 n의 값은 12의 약수인 1, 2, 3, 4, 6, 12이다.

그런데 n은 짝수이어야 하므로 2, 4, 6, 12이다.

따라서 모든 자연수 n의 값의 합은

$2+4+6+12=24$

답 24

10 정답률 8.0%

풀이 전략 함수의 미분가능성과 연속성의 관계를 이용한다.

조건 (가)에서 $x\neq0$, $x\neq2$일 때

$g(x)=\dfrac{x(x-2)}{|x(x-2)|}(|f(x)|-a)$

$x<0$ 또는 $x>2$일 때, $x(x-2)>0$이고

$0<x<2$일 때, $x(x-2)<0$이므로

$g(x)=\begin{cases}|f(x)|-a & (x<0 \text{ 또는 } x>2)\\a-|f(x)| & (0<x<2)\end{cases}$

조건 (나)에 의하여 함수 $g(x)$는 $x=0$, $x=2$에서 미분가능하므로 $x=0$, $x=2$에서 연속이다.

$\lim\limits_{x\to0-}g(x)=\lim\limits_{x\to0+}g(x)$에서 $|f(0)|-a=a-|f(0)|$

그러므로 $|f(0)|=a$에서 $g(0)=\lim\limits_{x\to0+}g(x)=0$

같은 방법으로 $|f(2)|=a$에서 $g(2)=0$

그러므로 $g(x)=\begin{cases}|f(x)|-a & (x<0 \text{ 또는 } x>2)\\a-|f(x)| & (0\leq x\leq2)\end{cases}$

함수 $g(x)$가 $x=0$에서 미분가능하므로

$\lim\limits_{x\to0-}\dfrac{g(x)-g(0)}{x}=\lim\limits_{x\to0+}\dfrac{g(x)-g(0)}{x}$

즉, $\lim\limits_{x\to0-}\dfrac{|f(x)|-a}{x}=\lim\limits_{x\to0+}\dfrac{a-|f(x)|}{x}$ …… ㉠

(i) $f(0)=a$인 경우

함수 $f(x)$는 $x=0$에서 연속이고 $f(0)>0$이므로 $\lim\limits_{x\to0}f(x)>0$이다. 그러므로

$\lim\limits_{x\to0-}\dfrac{|f(x)|-a}{x}=\lim\limits_{x\to0-}\dfrac{f(x)-f(0)}{x}=f'(0)$

$\lim\limits_{x\to0+}\dfrac{a-|f(x)|}{x}=\lim\limits_{x\to0+}\dfrac{f(0)-f(x)}{x}=-f'(0)$

㉠에서 $f'(0)=-f'(0)$이므로 $f'(0)=0$

(ii) $f(0)=-a$인 경우

함수 $f(x)$는 $x=0$에서 연속이고 $f(0)<0$이므로 $\lim\limits_{x\to0}f(x)<0$이다. 그러므로

$\lim\limits_{x\to0-}\dfrac{|f(x)|-a}{x}=\lim\limits_{x\to0-}\dfrac{-f(x)+f(0)}{x}=-f'(0)$

$\lim\limits_{x\to0+}\dfrac{a-|f(x)|}{x}=\lim\limits_{x\to0+}\dfrac{-f(0)+f(x)}{x}=f'(0)$

㉠에서 $-f'(0)=f'(0)$이므로 $f'(0)=0$

(i), (ii)에 의하여 $f'(0)=0$

함수 $g(x)$가 $x=2$에서도 미분가능하므로 같은 방법으로 $f'(2)=0$이다.

$f'(0)=f'(2)=0$이므로 삼차함수 $f(x)$는 $x=0$과 $x=2$에서 극값을 갖고 최고차항의 계수가 1이므로 $x=0$에서 극댓값 $f(0)=a$, $x=2$에서 극솟값 $f(2)=-a$를 갖는다.

> 주의
> 삼차함수 $f(x)$는 $x=0$과 $x=2$에서 극값을 갖고, $|f(0)|=a$, $|f(2)|=a$이므로 $f(0)=\pm a$, $f(2)=\pm a$ 중에서 될 수 있다.

$f(x)=x^3+px^2+qx+a$ (p, q는 상수)라 하면 $f'(x)=3x^2+2px+q$이고

$f'(0)=f'(2)=0$이므로

$p=-3$, $q=0$이다. 즉, $f(x)=x^3-3x^2+a$

> $f'(0)=q=0$
> $f'(2)=12+4p=0$
> 에서 $p=-3$

$f(2)=2^3-3\times2^2+a=-a$이므로 $a=2$

따라서 $f(x)=x^3-3x^2+2$이므로

$g(3a)=g(6)=|f(6)|-2$
$=|6^3-3\times6^2+2|-2=108$

답 108

11 정답률 12.3%

풀이 전략 등차수열의 일반항과 합을 이용하여 주어진 조건을 만족시키는 수열의 합을 구한다.

등차수열 $\{a_n\}$의 첫째항을 a, 공차를 d라 하자.

수열 $\{a_n\}$의 모든 항이 자연수이므로 a는 자연수이고 d는 0 이상의 정수이다.

$S_n = \dfrac{n\{2a+(n-1)d\}}{2} = \dfrac{d}{2}n^2 + \left(a-\dfrac{d}{2}\right)n$이므로

$\displaystyle\sum_{k=1}^{7} S_k = \sum_{k=1}^{7}\left\{\dfrac{d}{2}k^2 + \left(a-\dfrac{d}{2}\right)k\right\}$

$\qquad = \dfrac{d}{2}\times\displaystyle\sum_{k=1}^{7}k^2 + \left(a-\dfrac{d}{2}\right)\times\sum_{k=1}^{7}k$

$\qquad = \dfrac{d}{2}\times\dfrac{7\times8\times15}{6} + \left(a-\dfrac{d}{2}\right)\times\dfrac{7\times8}{2}$

$\qquad = 70d + 28\left(a-\dfrac{d}{2}\right)$

$\qquad = 28a + 56d$

$\displaystyle\sum_{k=1}^{n}k = \dfrac{n(n+1)}{2}$이므로 $\displaystyle\sum_{k=1}^{7}k = \dfrac{7\times8}{2}$

$\displaystyle\sum_{k=1}^{n}k^2 = \dfrac{n(n+1)(2n+1)}{6}$이므로 $\displaystyle\sum_{k=1}^{7}k^2 = \dfrac{7\times8\times15}{6}$

$28a+56d=644$에서

$a+2d=23$ ······ ㉠

a_7이 13의 배수이므로 자연수 m에 대하여

$a+6d=13m$ ······ ㉡

㉡-㉠에서 $4d=13m-23$

$4d+23+13=13m+13$

$4(d+9)=13(m+1)$

$d+9=\dfrac{13(m+1)}{4}$

이 값이 자연수가 되어야 하므로 $m+1$의 값은 4의 배수이어야 한다.

즉, m이 될 수 있는 값은

$\underline{3,\ 7,\ 11,\ 15,\ \cdots}$

한편, $d=\dfrac{13m-23}{4}$이므로 ㉡에서

$a=13m-6d$

$m+1=4,8,12,16,\cdots$이어야 하므로
$m=4-1=3$
$m=8-1=7$
$m=12-1=11$
$m=16-1=15$
⋮

$\quad =13m-6\times\left(\dfrac{13m-23}{4}\right)$

$\quad =13m-\dfrac{39}{2}m+\dfrac{69}{2}$

$\quad =-\dfrac{13}{2}m+\dfrac{69}{2}$

이고 이 값이 양수이어야 하므로

$-\dfrac{13}{2}m+\dfrac{69}{2}>0,\ m<\dfrac{69}{13}$

이를 만족하는 자연수 $m=3$이고 이때 $d=4$이므로

$\underline{a=23-2d=15}$

㉠에서 $a=23-2d$

따라서 $a_2=a+d=15+4=19$

답 19

---

01 ②	02 ②	03 ⑤	04 ④	05 ⑤
06 ③	07 ③	08 ⑤	09 226	10 678
11 41				

01 정답률 46.8%

두 점 A, B를 각각 $A(a,\ a^2)$, $B(b,\ b^2)$이라 하면 x에 대한 이차방정식 $x^2=x+t$, 즉 $x^2-x-t=0$의 두 근이 a, b이므로 이차방정식의 근과 계수의 관계에 의하여

$a+b=1,\ ab=-t$

그러므로

$\overline{AH}=a-b=\sqrt{(a-b)^2}=\sqrt{(a+b)^2-4ab}=\sqrt{1+4t}$

또, 점 $C(-a,\ a^2)$이므로

$\overline{CH}=b-(-a)=b+a=1$

따라서

$\displaystyle\lim_{t\to0+}\dfrac{\overline{AH}-\overline{CH}}{t} = \lim_{t\to0+}\dfrac{\sqrt{1+4t}-1}{t}$

$\qquad = \displaystyle\lim_{t\to0+}\dfrac{(\sqrt{1+4t}-1)(\sqrt{1+4t}+1)}{t(\sqrt{1+4t}+1)}$

$\qquad = \displaystyle\lim_{t\to0+}\dfrac{(1+4t)-1}{t(\sqrt{1+4t}+1)}$

$\qquad = \displaystyle\lim_{t\to0+}\dfrac{4t}{t(\sqrt{1+4t}+1)}$

$\qquad = \displaystyle\lim_{t\to0+}\dfrac{4}{\sqrt{1+4t}+1} = \dfrac{4}{1+1}$

$\qquad = 2$

답 ②

02 정답률 64.1%

등차수열 $\{a_n\}$의 첫째항을 a, 공차를 d라 하면

조건 (나)에서 $\displaystyle\sum_{k=1}^{9}a_k = \dfrac{9(2a+8d)}{2}=27$

$a+4d=3$, 즉 $a_5=3$ ······ ㉠

$a_5>0$이고 $d>0$이므로 $a_6>0$

(i) $a_4\geq0$인 경우

$\quad |a_4|+|a_6|=(a+3d)+(a+5d)=2a+8d=8$

$\quad a+4d=4$이므로 ㉠에 모순이다.

(ii) $a_4<0$인 경우

$\quad |a_4|+|a_6|=-(a+3d)+a+5d=2d=8$

$\quad$ 즉, $d=4$

(i), (ii)에서 $d=4$이므로

$a_{10}=a_5+5d=3+5\times4=23$

답 ②

03

삼차함수 $f(x)$의 최고차항의 계수가 1이고 $f(0)=0$이므로

$f(x)=x^3+px^2+qx$ (p, q는 상수)

로 놓을 수 있다.

이때 $f'(x)=3x^2+2px+q$이다.

삼차함수 $f(x)$는 실수 전체의 집합에서 연속이고 미분가능하므로

$\lim\limits_{x \to a} \dfrac{f(x)-1}{x-a}=3$에서 $f(a)=1$이고 $f'(a)=3$이다.

한편, 곡선 $y=f(x)$ 위의 점 $(a, f(a))$에서의 접선의 방정식은

$y-f(a)=f'(a)(x-a)$

이므로

$y=3(x-a)+1$, 즉 $y=3x-3a+1$이다.

이 접선의 y절편이 4이므로

$-3a+1=4$

에서 $a=-1$

이상에서 $f(-1)=1$, $f'(-1)=3$이므로

$f(-1)=-1+p-q=1$에서

$p-q=2$ …… ㉠

$f'(-1)=3-2p+q=3$에서

$2p-q=0$ …… ㉡

㉠, ㉡을 연립하면

$p=-2$, $q=-4$

이므로 $f(x)=x^3-2x^2-4x$이다.

따라서 $f(1)=1-2-4=-5$

답 ⑤

04

$\left(\dfrac{1}{2}\right)^{f(x)g(x)} \geq \left(\dfrac{1}{8}\right)^{g(x)}$에서

$\left(\dfrac{1}{2}\right)^{f(x)g(x)} \geq \left(\dfrac{1}{2}\right)^{3g(x)}$

$f(x)g(x) \leq 3g(x)$, $\{f(x)-3\}g(x) \leq 0$

(i) $f(x)-3 \geq 0$, $g(x) \leq 0$인 경우

주어진 그래프에서

$f(x) \geq 3$이므로 $x \leq 1$ 또는 $x \geq 5$ …… ㉠

$g(x) \leq 0$이므로 $x \leq 3$ …… ㉡

㉠, ㉡에서 $x \leq 1$

(ii) $f(x)-3 \leq 0$, $g(x) \geq 0$인 경우

주어진 그래프에서

$f(x) \leq 3$이므로 $1 \leq x \leq 5$ …… ㉢

$g(x) \geq 0$이므로 $x \geq 3$ …… ㉣

㉢, ㉣에서 $3 \leq x \leq 5$

따라서 조건을 만족시키는 모든 자연수는 1, 3, 4, 5이므로 구하는 합은

$1+3+4+5=13$

답 ④

05

두 점 A, B의 좌표를 각각 (x_1, y_1), (x_2, y_2)라 하자.

$-\log_2(-x)=\log_2(x+2a)$에서

$\log_2(x+2a)+\log_2(-x)=0$, $\log_2\{-x(x+2a)\}=0$

$-x(x+2a)=1$

$x^2+2ax+1=0$ …… ㉠

이차방정식 ㉠의 두 실근이 x_1, x_2이므로 근과 계수의 관계에 의하여

$x_1+x_2=-2a$, $x_1x_2=1$

$y_1+y_2=-\log_2(-x_1)-\log_2(-x_2)$

$\qquad =-\log_2 x_1x_2=-\log_2 1=0$

이므로 선분 AB의 중점의 좌표는 $(-a, 0)$이다.

선분 AB의 중점이 직선 $4x+3y+5=0$ 위에 있으므로

$-4a+5=0$에서 $a=\dfrac{5}{4}$

$a=\dfrac{5}{4}$를 ㉠에 대입하면

$x^2+\dfrac{5}{2}x+1=0$, $2x^2+5x+2=0$

$(x+2)(2x+1)=0$

$x=-2$ 또는 $x=-\dfrac{1}{2}$

따라서 두 교점의 좌표는 $(-2, -1)$, $\left(-\dfrac{1}{2}, 1\right)$이고

$\overline{AB}=\sqrt{\left(\dfrac{3}{2}\right)^2+2^2}=\dfrac{5}{2}$

답 ⑤

06

함수 $y=a\sin b\pi x$의 주기는 $\dfrac{2\pi}{b\pi}=\dfrac{2}{b}$이므로 두 점 A, B의 좌표는

각각 $\left(\dfrac{1}{2b}, a\right)$, $\left(\dfrac{5}{2b}, a\right)$이다.

따라서 삼각형 OAB의 넓이가 5이므로

$\dfrac{1}{2} \times a \times \left(\dfrac{5}{2b}-\dfrac{1}{2b}\right)=5$, $\dfrac{a}{b}=5$

$a=5b$ …… ㉠

직선 OA의 기울기와 직선 OB의 기울기의 곱이 $\dfrac{5}{4}$이므로

$\dfrac{a}{\dfrac{1}{2b}} \times \dfrac{a}{\dfrac{5}{2b}}=2ab \times \dfrac{2ab}{5}=\dfrac{4a^2b^2}{5}=\dfrac{5}{4}$

$a^2b^2=\dfrac{25}{16}$, $ab=\dfrac{5}{4}$ …… ㉡

㉠, ㉡에서 $a=\dfrac{5}{2}$, $b=\dfrac{1}{2}$이므로 $a+b=3$

답 ③

07

풀이 전략 수직선 위를 움직이는 점의 시각 t에 따른 위치의 변화량, 움직인 거리를 구하여 주어진 명제의 참, 거짓을 판별한다.

$x(0)=0$, $x(1)=0$이므로 점 P의 위치는 $\rightarrow$ $x(t)=t(t-1)(at+b)$에 $t=0$, $t=1$을 대입한다.
$t=0$일 때 수직선의 원점이고, $t=1$일 때도 수직선의 원점이다.

$\int_0^1 |v(t)|\,dt=2$이므로 점 P가 $t=0$에서 $t=1$까지 움직인 거리가 2이다.

ㄱ. 점 P의 $t=0$에서 $t=1$까지 위치의 변화량이 0이므로
$$\int_0^1 v(t)\,dt=0 \text{ (참)}$$

주의 $x(0)=0$, $x(1)=0$을 이용해!

ㄴ. $|x(t_1)|>1$이면 점 P와 원점 사이의 거리가 1보다 큰 시각 t_1이 존재하므로 점 P가 $t=0$에서 $t=1$까지 움직인 거리가 2보다 크다. (거짓) $\rightarrow$ $\int_0^1 |v(t)|\,dt=2$를 만족시키지 않는다.

ㄷ. $0\le t\le 1$인 모든 시각 t에서 $|x(t)|<1$이면 점 P와 원점 사이의 거리가 1보다 작고, 점 P가 $t=0$에서 $t=1$까지 움직인 거리가 2이므로 점 P는 $0<t<1$에서 적어도 한 번 원점을 지나간다. 즉, $x(t_2)=0$인 t_2가 열린구간 $(0,\ 1)$에 존재한다. (참)

따라서 옳은 것은 ㄱ, ㄷ이다.

답 ③

08

정답률 41%

삼각형 ABC에서 $\overline{BC}=a$, $\overline{CA}=b$, $\overline{AB}=c$라 하고, 삼각형 ABC의 외접원의 반지름의 길이를 R이라 하자.
삼각형 ABC의 외접원의 넓이가 9π이므로
$\pi R^2=9\pi$에서 $R=3$
삼각형 ABC에서 사인법칙에 의하여
$$\frac{a}{\sin A}=\frac{b}{\sin B}=\frac{c}{\sin C}=2R$$
조건 (가)에서 $3\sin A=2\sin B$이므로
$$3\times\frac{a}{2R}=2\times\frac{b}{2R}$$
$$b=\frac{3}{2}a \quad\cdots\cdots\ \text{㉠}$$
조건 (나)에서 $\cos B=\cos C$이므로
$$b=c \quad\cdots\cdots\ \text{㉡}$$
㉠, ㉡에서 양수 k에 대하여 $a=2k$라 하면 $b=c=3k$
삼각형 ABC에서 코사인법칙에 의하여
$$\cos A=\frac{b^2+c^2-a^2}{2bc}$$
$$=\frac{(3k)^2+(3k)^2-(2k)^2}{2\times 3k\times 3k}=\frac{7}{9}$$
$$\sin A=\sqrt{1-\cos^2 A}=\sqrt{1-\left(\frac{7}{9}\right)^2}=\frac{4}{9}\sqrt{2}$$
$\dfrac{a}{\sin A}=2R=2\times 3=6$에서
$$a=6\sin A=6\times\frac{4}{9}\sqrt{2}=\frac{8}{3}\sqrt{2}$$
$$b=c=\frac{3}{2}a=\frac{3}{2}\times\frac{8}{3}\sqrt{2}=4\sqrt{2}$$
따라서 구하는 삼각형 ABC의 넓이는
$$\frac{1}{2}bc\sin A=\frac{1}{2}\times 4\sqrt{2}\times 4\sqrt{2}\times\frac{4}{9}\sqrt{2}=\frac{64}{9}\sqrt{2}$$

답 ⑤

09

정답률 10.9%

풀이 전략 함수의 극한의 성질을 이용하여 조건을 만족시키는 함숫값의 최댓값을 구한다.

조건 (가)에 의하여
$$\lim_{x\to 0}|f(x)-1|=0$$
이므로 삼차식 $f(x)-1$은 x를 인수로 갖는다.
이차식 $g(x)$에 대하여 $f(x)-1=xg(x)$라 하자.
$$\lim_{x\to 0+}\frac{|f(x)-1|}{x}=\lim_{x\to 0+}\frac{|xg(x)|}{x}=\lim_{x\to 0+}\frac{|x||g(x)|}{x}$$
$$=\lim_{x\to 0+}|g(x)|=|g(0)|$$
$$\lim_{x\to 0-}\frac{|f(x)-1|}{x}=\lim_{x\to 0-}\frac{|xg(x)|}{x}=\lim_{x\to 0-}\frac{|x||g(x)|}{x}$$
$$=-\lim_{x\to 0-}|g(x)|=-|g(0)|$$
$|g(0)|=-|g(0)|$에서 $g(0)=0$
이차식 $g(x)$도 x를 인수로 가지므로
$f(x)-1=x^2(x+a)$ (a는 실수)
라 하면 $f(x)=x^3+ax^2+1$
$xf(x)\ge -4x^2+x$에서 $x(x^3+ax^2+1)\ge -4x^2+x$
$x^4+ax^3+4x^2\ge 0$
$x^2(x^2+ax+4)\ge 0$ $\rightarrow$ 실수 A, B에 대하여 $A^2\ge 0$일 때 $A^2B\ge 0$이므로 $B\ge 0$이다.
$x^2\ge 0$이므로 모든 실수 x에 대하여 $x^2+ax+4\ge 0$이 성립한다.
이차방정식 $x^2+ax+4=0$의 판별식을 D라 하면
$D=a^2-16\le 0$, $-4\le a\le 4$
$f(5)=25a+126$이므로 구하는 $f(5)$의 최댓값은 $\rightarrow$ a가 최대일 때, 최댓값을 갖는다.
$a=4$일 때 226이다.

답 226

10

정답률 25.5%

풀이 전략 등비수열의 합을 이용하여 수열의 합을 구한다.

조건 (가), (나)에서 수열 $\{|a_n|\}$은 첫째항이 2, 공비가 2인 등비수열이므로 $\rightarrow$ $|a_n|=2\times 2^{n-1}=2^n$
$|a_n|=2^n$
한편, $\sum\limits_{k=1}^{9}|a_k|=\sum\limits_{k=1}^{9}2^k=\dfrac{2(2^9-1)}{2-1}=2^{10}-2$
이므로 조건 (다)에서 $\sum\limits_{k=1}^{10}a_k=-14$를 만족하기 위해서는 $a_1=-2$, $a_2=-4$이어야 한다. 즉, $\rightarrow$ $a_{10}=-2^{10}=-1024$
$$\sum_{k=1}^{10}a_k=-2-4+\sum_{k=3}^{9}2^k-1024$$
$$=-6+\frac{2^3(2^7-1)}{2-1}-1024=-14$$
이므로 조건 (다)를 만족시킨다.
따라서
$$a_1+a_3+a_5+a_7+a_9=(-2)+2^3+2^5+2^7+2^9=678$$

답 678

변별력 있는 문제
11

정답률 8.5%

풀이 전략 평행이동을 이용하여 정의된 함수의 그래프를 추론한다.

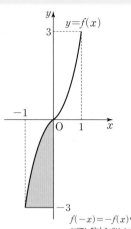

$f(1)=3$, $\int_0^1 f(x)dx=1$이고, 함수 $y=f(x)$의 그래프는 <u>원점에</u> ← $f(-x)=-f(x)$이므로 $y=f(x)$의 그래프는 원점에 대하여 대칭이다.
<u>대하여 대칭</u>이므로 위의 그림에서 색칠된 부분의 넓이는
$3-1=2$

조건 (나)에 $n=1$을 대입
조건 (나)에 의하여 닫힌구간 $[1,3]$에서 함수 $y=g(x)$의 그래프는 함수 $y=f(x)$의 그래프를 x축의 방향으로 2만큼, y축의 방향으로 6만큼 평행이동한 그래프이다.

닫힌구간 $[3,6]$에서 $\int_3^6 g(x)dx$는 곡선 $y=g(x)$와 x축 및 두 직선 $x=3$, $x=6$으로 둘러싸인 부분의 넓이이므로 함수 $y=g(x)$의 그래프와 구하는 영역을 그림으로 나타내면 다음과 같다.

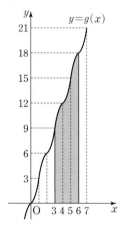

조건 (나)에 $n=2$를 대입
닫힌구간 $[3,5]$에서 함수 $y=g(x)$의 그래프는 함수 $y=f(x)$의 그래프를 x축의 방향으로 4만큼, y축의 방향으로 12만큼 평행이동한 그래프이므로

$\int_3^5 g(x)dx=2\times12=24$ ← 가로의 길이가 2이고 세로의 길이가 12인 직사각형의 넓이와 같다.

닫힌구간 $[5,7]$에서 함수 $y=g(x)$의 그래프는 함수 $y=f(x)$의 그래프를 x축의 방향으로 6만큼, y축의 방향으로 18만큼 평행이동한

조건 (나)에 $n=3$을 대입
그래프이므로 $\int_5^6 g(x)dx=15\times1+2=17$

따라서 $\int_3^6 g(x)dx=\int_3^5 g(x)dx+\int_5^6 g(x)dx=41$

답 41

05회 본문 24~28쪽

01 ②	02 ②	03 ⑤	04 ①	05 ③
06 ④	07 ①	08 ④	09 80	10 61
11 164				

01 정답률 56%

등차수열 $\{a_n\}$의 공차를 d $(d<0)$라 하자.
a_6, d가 모두 정수이므로 등차수열 $\{a_n\}$의 모든 항은 정수이다.
$d=a_6-a_5=-2-a_5$이고 $d<0$이므로 $a_5>-2$
즉, $a_5=-1$ 또는 a_5는 음이 아닌 정수이다.
(i) $a_5=-1$일 때
   $d=-2-a_5=-1$이므로 $a_n=-n+4$
   $\sum_{k=1}^8 a_k=-4$, $\sum_{k=1}^8 |a_k|=16$이므로
   $\sum_{k=1}^8 |a_k|=\sum_{k=1}^8 a_k+42$ ······ ㉠
   이 성립하지 않는다.
(ii) a_5는 음이 아닌 정수일 때
   $n\leq5$일 때 $a_n\geq0$이고 $|a_n|=a_n$
   $n\geq6$일 때 $a_n<0$이고 $|a_n|=-a_n$
   ㉠에서 $-a_6-a_7-a_8=a_6+a_7+a_8+42$
   $a_6+a_7+a_8=-21$
   $a_6+(a_6+d)+(a_6+2d)=-21$, $a_6=-2$이므로 $d=-5$
(i), (ii)에서 $d=-5$이고 $a_1=a_6-5d=-2+25=23$이다.
따라서 $\sum_{k=1}^8 a_k=\dfrac{8\times\{2\times23+7\times(-5)\}}{2}=44$

답 ②

02 정답률 69.0%

$g(x)=x^3-3x^2+p$라 하면 $f(x)=|g(x)|$
$g'(x)=3x^2-6x=3x(x-2)$
$g'(x)=0$에서 $x=0$ 또는 $x=2$
함수 $g(x)$의 증가와 감소를 표로 나타내면 다음과 같다.

x	$\cdots$	0	$\cdots$	2	$\cdots$
$g'(x)$	+	0	−	0	+
$g(x)$	↗	극대	↘	극소	↗

따라서 함수 $f(x)=|g(x)|$가 $x=a$와 $x=b$에서 극대, 즉 극대가 되는 x의 값이 2개이려면
$g(0)=p>0$, $g(2)=p-4<0$이어야 한다.
즉, $0<p<4$
따라서 $f(0)=|p|=p$, $f(2)=|p-4|=4-p$에서
$f(0)=f(2)$이므로
$p=4-p$, $p=2$

답 ②

03

점 A의 좌표는 $(k, 2^{k-1}+1)$이고 $\overline{AB}=8$이므로 점 B의 좌표는
$(k, 2^{k-1}-7)$이다.

직선 BC의 기울기가 -1이고 $\overline{BC}=2\sqrt{2}$이므로 두 점 B, C의 x좌표의 차와 y좌표의 차는 모두 2이다.

따라서 점 C의 좌표는 $(k-2, 2^{k-1}-5)$이다.

한편, 점 C는 곡선 $y=2^{x-1}+1$ 위의 점이므로

$2^{k-1}-5=2^{k-3}+1$, $2^k=16$ $\therefore k=4$

즉, A(4, 9), B(4, 1), C(2, 3)이다.

점 B가 곡선 $y=\log_2(x-a)$ 위의 점이므로

$1=\log_2(4-a)$, $4-a=2$, $a=2$

점 D의 x좌표는 $x-2=1$에서 3이다.

사각형 ACDB의 넓이는 두 삼각형 ACB, CDB의 넓이의 합이고
$\overline{BC}\perp\overline{BD}$이므로

$\dfrac{1}{2}\times 8\times 2+\dfrac{1}{2}\times 2\sqrt{2}\times\sqrt{2}=10$

답 ⑤

04

$\angle BAC=\angle CAD=\theta$라 하면

삼각형 ABC에서 코사인법칙에 의하여

$\begin{aligned}\overline{BC}^2&=\overline{AB}^2+\overline{AC}^2-2\times\overline{AB}\times\overline{AC}\times\cos\theta\\&=25+45-2\times 5\times 3\sqrt{5}\times\cos\theta\\&=70-30\sqrt{5}\cos\theta\end{aligned}$

또, 삼각형 ACD에서 코사인법칙에 의하여

$\begin{aligned}\overline{CD}^2&=\overline{AD}^2+\overline{AC}^2-2\times\overline{AD}\times\overline{AC}\times\cos\theta\\&=49+45-2\times 7\times 3\sqrt{5}\times\cos\theta\\&=94-42\sqrt{5}\cos\theta\end{aligned}$

이때 $\angle BAC=\angle CAD$이므로 $\overline{BC}^2=\overline{CD}^2$

$70-30\sqrt{5}\cos\theta=94-42\sqrt{5}\cos\theta$에서

$\cos\theta=\dfrac{2\sqrt{5}}{5}$

$\overline{BC}^2=70-30\sqrt{5}\cos\theta=70-30\sqrt{5}\times\dfrac{2\sqrt{5}}{5}=10$

즉, $\overline{BC}=\sqrt{10}$

한편, $\sin^2\theta=1-\cos^2\theta=1-\left(\dfrac{2\sqrt{5}}{5}\right)^2=\dfrac{1}{5}$이므로

$\sin\theta=\dfrac{\sqrt{5}}{5}$

따라서 구하는 원의 반지름의 길이를 R이라 하면 삼각형 ABC에서 사인법칙에 의하여

$\dfrac{\overline{BC}}{\sin\theta}=2R$, $\dfrac{\sqrt{10}}{\frac{\sqrt{5}}{5}}=2R$

$5\sqrt{2}=2R$, 즉 $R=\dfrac{5\sqrt{2}}{2}$

답 ①

05

$f(x)=\tan\dfrac{\pi x}{a}$에서 $\dfrac{\pi}{\frac{\pi}{a}}=a$이므로 함수 $f(x)$의 주기는 a이다.

삼각형 ABC는 정삼각형이므로 직선 AB는 원점을 지나고 기울기가 $\tan 60°=\sqrt{3}$인 직선이다.

양수 t에 대하여 B$(t, \sqrt{3}t)$로 놓으면 A$(-t, -\sqrt{3}t)$이고

$\overline{AB}=\sqrt{(2t)^2+(2\sqrt{3}t)^2}=4t$

이때 함수 $f(x)$의 주기가 a이므로 $\overline{AC}=4t=a$이고

C$(-t+a, -\sqrt{3}t)$, 즉 C$(3t, -\sqrt{3}t)$이다.

점 C가 곡선 $y=\tan\dfrac{\pi x}{a}=\tan\dfrac{\pi x}{4t}$ 위의 점이므로

$-\sqrt{3}t=\tan\dfrac{3}{4}\pi$에서 $t=\dfrac{1}{\sqrt{3}}$

따라서 삼각형 ABC의 넓이는

$\dfrac{\sqrt{3}}{4}\times(4t)^2=\dfrac{\sqrt{3}}{4}\times\left(\dfrac{4}{\sqrt{3}}\right)^2=\dfrac{4}{\sqrt{3}}=\dfrac{4\sqrt{3}}{3}$

답 ③

06

시각 t $(t\geq 0)$에서 두 점 P, Q의 위치를 각각 $x_1(t)$, $x_2(t)$라 하면

$x_1(t)=t^3-3t^2-2t$, $x_2(t)=-t^2+6t$

$x_1(t)-x_2(t)=t^3-2t^2-8t=t(t+2)(t-4)=0$에서

두 점 P, Q가 다시 만날 때의 시각은 $t=4$이다.

따라서 점 Q가 시각 $t=0$에서 $t=4$까지 움직인 거리는

$\begin{aligned}\int_0^4|v_2(t)|dt&=\int_0^4|-2t+6|dt\\&=\int_0^3|-2t+6|dt+\int_3^4|-2t+6|dt\\&=\int_0^3(-2t+6)dt+\int_3^4(2t-6)dt\\&=\Big[-t^2+6t\Big]_0^3+\Big[t^2-6t\Big]_3^4=9+1=10\end{aligned}$

답 ④

07

조건 (가)에서 S_n의 이차항의 계수를 a라 하자.

조건 (나), (다)에서 $S_{10}=S_{50}$이고 S_n은 $n=30$일 때 최댓값 410을 가지므로

$S_n=a(n-30)^2+410$

$S_{10}=10$이므로

$10=a(10-30)^2+410$에서 $a=-1$

따라서 $S_n=-(n-30)^2+410$

$S_m>S_{50}=S_{10}$을 만족시키는 자연수 m의 값의 범위는

$10<m<50$이므로 $p=11$, $q=49$

따라서

$\sum_{k=p}^{q}a_k=\sum_{k=11}^{49}a_k=S_{49}-S_{10}=\{-(49-30)^2+410\}-10=39$

답 ①

08

함수 $f(x)$가 실수 전체의 집합에서 연속이므로 조건 (가)와 (나)에서
$f(4)=\lim\limits_{x\to4-}f(x)=16a+4b-24$이고 $f(0)=f(4)$이므로
$-24=16a+4b-24$에서 $b=-4a$　　　　…… ㉠

$0\le x<4$에서 $f(x)=a(x-2)^2-4a-24$이므로 함수 $y=f(x)$의
그래프는 직선 $x=2$에 대하여 대칭이다.
모든 실수 x에 대하여 $f(x+4)=f(x)$이므로
$1<x<2$일 때 방정식 $f(x)=0$이 실근을 갖지 않으면 $1<x<10$일
때 방정식 $f(x)=0$의 서로 다른 실근의 개수가 4 이하이다.
$1<x<2$일 때 방정식 $f(x)=0$이 실근을 1개 가지면 $1<x<10$일
때 방정식 $f(x)=0$의 서로 다른 실근의 개수가 5이다.
함수 $f(x)$는 닫힌구간 $[1,2]$에서 연속이므로
$$f(1)f(2)=(-3a-24)(-4a-24)$$
$$=12(a+8)(a+6)<0$$
$-8<a<-6$이고 a는 정수이므로 $a=-7$
㉠에 의하여 $b=28$
따라서 $a+b=-7+28=21$

답 ④

09

원점을 중심으로 하고 반지름의 길이가 3인 원이 세 동경 OP, OQ,
OR과 만나는 점을 각각 A, B, C라 하자.

점 P가 제1사분면 위에 있고, $\sin\alpha=\dfrac{1}{3}$이므로

점 A의 좌표는 $A(2\sqrt{2},\,1)$
점 Q가 점 P와 직선 $y=x$에 대하여 대칭이므로
동경 OQ도 동경 OP와 직선 $y=x$에 대하여 대칭이다.
그러므로 점 B의 좌표는 $B(1,\,2\sqrt{2})$
점 R이 점 Q와 원점에 대하여 대칭이므로
동경 OR도 동경 OQ와 원점에 대하여 대칭이다.
그러므로 점 C의 좌표는 $C(-1,\,-2\sqrt{2})$
삼각함수의 정의에 의하여 $\sin\beta=\dfrac{2\sqrt{2}}{3}$, $\tan\gamma=\dfrac{-2\sqrt{2}}{-1}=2\sqrt{2}$
따라서 $9(\sin^2\beta+\tan^2\gamma)=9\times\left(\dfrac{8}{9}+8\right)=80$

답 80

10

풀이 전략 방정식의 실근의 개수를 이용하여 조건을 만족시키는 삼차함
수의 그래프를 찾고 식을 구한다.

조건 (가)에서 방정식 $f(x)=0$의 서로 다른 두 실근을 α, β라 하면
$\underline{f(x)=k(x-\alpha)^2(x-\beta)}$ (k는 상수)로 놓을 수 있다.
　　　　　　　　　→ 삼차함수 $f(x)$가 서로 다른 두 실근을
　　　　　　　　　　가지므로 한 근은 중근이다.
조건 (나)에서
$x-f(x)=\alpha$ 또는 $x-f(x)=\beta$
를 만족시키는 서로 다른 x의 값의 개수가 3이어야 한다.

즉, $f(x)=x-\alpha$ 또는 $f(x)=x-\beta$에서 곡선 $y=f(x)$와 두 직선
$y=x-\alpha$, $y=x-\beta$가 만나는 서로 다른 점의 개수가 3이어야 한다.
한편, 곡선 $y=f(x)$ 위의 점 $(1,\,4)$에서의 접선의 기울기가 1이므
로 접선의 방정식은 $y=x+3$
그런데 $f(0)>0$, $f'(0)>1$이므로 곡선 $y=f(x)$와 직선 $y=x+3$
은 그림과 같다.
　　　　　　　　→ 삼차함수 $y=f(x)$의 그래프 중 $f(0)>0$, $f'(0)>1$을
　　　　　　　　　만족시키는 그래프를 생각한다.

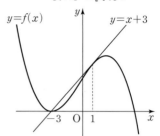

 $\underline{f(x)-(x+3)=k(x+3)(x-1)^2}$이므로
　　　　　　　→ 곡선 $y=f(x)$와 직선 $y=x+3$은 $x=-3$인
　　　　　　　　점에서 만나고 $x=1$인 점에서 접한다.
$f'(x)=k(x-1)^2+k(x+3)\times2(x-1)+1$　　　…… ㉠
이때 $f'(-3)=0$이므로 ㉠에 $x=-3$을 대입하면
$0=k\times16+1$에서 $k=-\dfrac{1}{16}$
따라서 $f(x)=-\dfrac{1}{16}(x+3)(x-1)^2+x+3$이므로
$$f(0)=-\dfrac{1}{16}\times3\times1+3=\dfrac{45}{16}$$
즉, $p=16$, $q=45$이므로
$p+q=16+45=61$

답 61

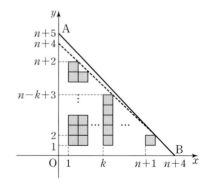 11

풀이 전략 삼각형 AOB를 좌표평면 위에 나타내고 x좌표와 y좌표가 모
두 자연수인 점의 좌표를 구하여 a_n을 구한다.

직선 $\underline{AB}$의 방정식은 $y=-\dfrac{n+5}{n+4}x+n+5$
　　　　　　　→ x절편이 a, y절편이 b인 직선의 방정식은
　　　　　　　　$y=-\dfrac{b}{a}x+b$
자연수 a에 대하여 $x=a$일 때
$$y=-\dfrac{n+5}{n+4}a+n+5$$
$$=n+5-a-\dfrac{a}{n+4}$$
$0<a<n+4$일 때, $0<\dfrac{a}{n+4}<1$이므로
$x=a$일 때, y좌표가 자연수인 점의 개수는 $n+4-a$이다.

두 자연수 a, b에 대하여 삼각형 AOB의 내부에 포함되는 한 변의 길이가 1이고 각 꼭짓점의 좌표가 자연수인 정사각형의 네 꼭짓점의 좌표를 각각 (a, b), $(a+1, b)$, $(a+1, b+1)$, $(a, b+1)$이라 하면 $a=1$일 때, $1\leq b\leq n+1$이므로 정사각형의 개수는 $(n+1)$이다. $a=2$일 때, $1\leq b\leq n$이므로 정사각형의 개수는 n이다.

$\vdots$

$a=n+1$일 때, $b=1$이므로 정사각형의 개수는 1이다. 따라서
$$a_n=(n+1)+n+(n-1)+\cdots+1$$
$$=\frac{1}{2}(n+1)(n+2)$$
$$=\frac{1}{2}(n^2+3n+2)$$
이므로
$$\sum_{n=1}^{8}a_n=\frac{1}{2}\sum_{n=1}^{8}(n^2+3n+2) \xrightarrow{} \frac{1}{2}\left(\sum_{n=1}^{8}n^2+3\sum_{n=1}^{8}n+\sum_{n=1}^{8}2\right)$$
$$=\frac{1}{2}\left(\frac{8\times 9\times 17}{6}+3\times\frac{8\times 9}{2}+2\times 8\right)$$
$$=164$$

답 164

[06회]

01 ③	02 ⑤	03 ③	04 ⑤	05 ③
06 ⑤	07 ④	08 ②	09 38	10 8
11 8				

01

정답률 47.6%

조건 (가), (나)에 의하여 다항함수 $f(x)g(x)$는 $f(x)g(x)=x^2(2x+a)$ (a는 상수)로 놓을 수 있다.
조건 (나)에 의하여 $a=-4$이므로 $f(x)g(x)=2x^2(x-2)$
이때 $f(2)$의 값이 최대가 되는 함수 $f(x)$는 $f(x)=2x^2$이므로 구하는 최댓값은 $f(2)=8$

답 ③

02

정답률 49.1%

$f(x)=2^x$, $g(x)=-2x^2+2$로 놓으면 두 함수 $y=f(x)$, $y=g(x)$의 그래프는 그림과 같다.

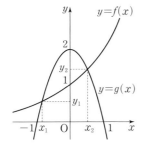

ㄱ. $f\left(\frac{1}{2}\right)=\sqrt{2}$, $g\left(\frac{1}{2}\right)=\frac{3}{2}$이므로 $f\left(\frac{1}{2}\right)<g\left(\frac{1}{2}\right)$

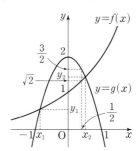

즉, $x_2>\frac{1}{2}$이다. (참)

ㄴ. 두 점 (x_1, y_1), (x_2, y_2)를 지나는 직선의 기울기는 $\frac{y_2-y_1}{x_2-x_1}$이고, 두 점 $(0, 1)$, $(1, 2)$를 지나는 직선의 기울기는 1이다.

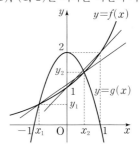

두 점 (x_1, y_1), (x_2, y_2)를 지나는 직선의 기울기가 1보다 작으므로 $\frac{y_2-y_1}{x_2-x_1}<1$에서 $y_2-y_1<x_2-x_1$ (참)

ㄷ. $f(-1)=\frac{1}{2}$이므로 $y_1>\frac{1}{2}$, $f\left(\frac{1}{2}\right)=\sqrt{2}$이므로 $y_2>\sqrt{2}$
즉, $y_1y_2>\frac{1}{2}\times\sqrt{2}=\frac{\sqrt{2}}{2}$ ...... ㉠
또, 그림과 같이 이차함수 $y=g(x)$의 그래프는 y축에 대하여 대칭이므로 $-x_1>x_2$이다.

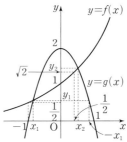

즉, $x_1+x_2<0$
이때 $y_1=2^{x_1}$, $y_2=2^{x_2}$이므로
$y_1y_2=2^{x_1}\times 2^{x_2}=2^{x_1+x_2}<2^0=1$ ...... ㉡
㉠, ㉡에서 $\frac{\sqrt{2}}{2}<y_1y_2<1$ (참)
따라서 옳은 것은 ㄱ, ㄴ, ㄷ이다.

답 ⑤

03

정답률 84%

함수 $f(x)$는 $x=0$에서만 불연속이므로 함수 $(f(x)+a)^2$이 $x=0$에서 연속이 되도록 a의 값을 정한다.

$$\lim_{x \to 0-} (f(x)+a)^2 = (f(0)+a)^2$$

$$\lim_{x \to 0-} \left(x-\frac{1}{2}+a\right)^2 = (3+a)^2$$

$$\left(-\frac{1}{2}+a\right)^2 = (3+a)^2, \quad a^2-a+\frac{1}{4}=a^2+6a+9$$

$$7a=-\frac{35}{4}$$

따라서 $a=-\dfrac{5}{4}$

답 ③

04

삼각형 CDE에서 $\angle CED = \dfrac{\pi}{4}$이므로 코사인법칙에 의하여

$$\overline{CD}^2 = \overline{CE}^2 + \overline{ED}^2 - 2 \times \overline{CE} \times \overline{ED} \times \cos\frac{\pi}{4}$$

$$= 4^2 + (3\sqrt{2})^2 - 2 \times 4 \times 3\sqrt{2} \times \frac{1}{\sqrt{2}} = 10$$

이므로 $\overline{CD}=\sqrt{10}$

$\angle CDE = \theta$라 하면 삼각형 CDE에서 코사인법칙에 의하여

$$\cos\theta = \frac{\overline{ED}^2 + \overline{CD}^2 - \overline{CE}^2}{2 \times \overline{ED} \times \overline{CD}}$$

$$= \frac{(3\sqrt{2})^2 + (\sqrt{10})^2 - 4^2}{2 \times 3\sqrt{2} \times \sqrt{10}} = \frac{1}{\sqrt{5}}$$

이므로

$$\sin\theta = \sqrt{1-\cos^2\theta} = \sqrt{1-\left(\frac{1}{\sqrt{5}}\right)^2} = \frac{2}{\sqrt{5}}$$

$\overline{AC}=x$, $\overline{AE}=y$라 하면 삼각형 ACE에서 코사인법칙에 의하여

$$x^2 = y^2 + 4^2 - 2 \times y \times 4 \times \cos\frac{3}{4}\pi$$

$$x^2 = y^2 + 16 - 2 \times y \times 4 \times \left(-\frac{\sqrt{2}}{2}\right)$$

$$x^2 = y^2 + 4\sqrt{2}y + 16 \quad \cdots\cdots \text{㉠}$$

한편, 삼각형 ACD의 외접원의 반지름의 길이를 R이라 하면 사인법칙에 의하여

$$\frac{x}{\sin\theta} = 2R, \quad \text{즉} \quad \frac{x}{\frac{2}{\sqrt{5}}} = 2R \text{에서} \quad 2R = \frac{\sqrt{5}}{2}x$$

삼각형 ABC는 직각삼각형이므로 $\angle CAB = \alpha$라 하면

$$\cos\alpha = \frac{\overline{AC}}{\overline{AB}} = \frac{x}{\frac{\sqrt{5}}{2}x} = \frac{2}{\sqrt{5}}$$

$$\sin\alpha = \sqrt{1-\cos^2\alpha} = \sqrt{1-\left(\frac{2}{\sqrt{5}}\right)^2} = \frac{1}{\sqrt{5}} = \frac{\sqrt{5}}{5}$$

이등변삼각형 AOC에서

$$\angle ACO = \angle CAO = \alpha$$

이므로 삼각형 ACE에서 사인법칙에 의하여

$$\frac{x}{\sin\frac{3}{4}\pi} = \frac{y}{\sin\alpha}, \quad \text{즉} \quad \frac{x}{\frac{\sqrt{2}}{2}} = \frac{y}{\frac{\sqrt{5}}{5}} \text{에서}$$

$$\sqrt{2}x = \sqrt{5}y \quad \cdots\cdots \text{㉡}$$

㉠, ㉡에서

$$\frac{5}{2}y^2 = y^2 + 4\sqrt{2}y + 16$$

$$\frac{3}{2}y^2 - 4\sqrt{2}y - 16 = 0$$

$$3y^2 - 8\sqrt{2}y - 32 = 0$$

$$(3y+4\sqrt{2})(y-4\sqrt{2})=0 \text{에서}$$

$y=4\sqrt{2}$이므로

$$\overline{AC} = x = \frac{\sqrt{5}}{\sqrt{2}} \times 4\sqrt{2} = 4\sqrt{5}$$

따라서 $\overline{AC} \times \overline{CD} = 4\sqrt{5} \times \sqrt{10} = 20\sqrt{2}$

답 ⑤

05

조건 (가)에서 $-1+a-b > -1$이므로 $a > b$

조건 (나)에서 $(1+a+b)-(-1+a-b) > 8$

$2+2b > 8$이므로 $b > 3$

조건 (가), (나)에서 $a > b > 3$

ㄱ. $f'(x) = 3x^2 + 2ax + b$이므로

이차방정식 $3x^2 + 2ax + b = 0$의 판별식을 D_1이라 하면

$$\frac{D_1}{4} = a^2 - 3b$$

이때 $a^2 - 3b > b^2 - 3b = b(b-3) > 0$이므로 방정식 $f'(x)=0$은 서로 다른 두 실근을 갖는다. (참)

ㄴ. $f'(-1) = 3 - 2a + b = 3 - (2a-b) = 3 - \{(a-b)+a\}$

$a-b > 0$이고 $a > 3$이므로 $f'(-1) < 0$이다.

즉, $-1 < x < 1$인 모든 실수 x에 대하여 $f'(x) \geq 0$이 성립하지 않는다. (거짓)

ㄷ. $f(x) - f'(k)x = 0$에서 $x^3 + ax^2 + bx - (3k^2+2ak+b)x = 0$

$$x(x^2 + ax - 3k^2 - 2ak) = 0$$

$x = 0$ 또는 $x^2 + ax - 3k^2 - 2ak = 0$

(i) 이차방정식 $x^2 + ax - 3k^2 - 2ak = 0$이 $x=0$을 근으로 갖는 경우

$-3k^2 - 2ak = 0$에서 $3k^2 + 2ak = k(3k+2a) = 0$

$k = 0$ 또는 $k = -\dfrac{2a}{3}$

이때 방정식 $f(x) - f'(k)x = 0$은 두 실근 $x=0$, $x=-a$를 갖는다.

(ii) 이차방정식 $x^2 + ax - 3k^2 - 2ak = 0$이 0이 아닌 중근을 갖는 경우

이차방정식 $x^2 + ax - 3k^2 - 2ak = 0$의 판별식을 D_2라 하면

$D_2 = a^2 + 12k^2 + 8ak = 0$에서

k에 대한 이차방정식 $12k^2 + 8ak + a^2 = 0$을 풀면

$$k = \frac{-4a \pm \sqrt{16a^2 - 12a^2}}{12} = \frac{-4a \pm 2|a|}{12} = \frac{-2a \pm |a|}{6}$$

이때 $a > 3$이므로 $k = -\dfrac{a}{2}$ 또는 $k = -\dfrac{a}{6}$

(i), (ii)에서 실수 k의 개수는 4이다. (참)

따라서 옳은 것은 ㄱ, ㄷ이다.

답 ③

06 정답률 **30%**

풀이 전략 지수함수와 로그함수의 그래프의 대칭성을 이용하여 문제를 해결한다.

두 점 A_n, B_n의 좌표를 각각

$A_n(a_n, 2^{a_n})$, $B_n(b_n, 2^{b_n})$ $(a_n < b_n)$

이라 하면 조건 (가)에 의하여

$\dfrac{2^{b_n} - 2^{a_n}}{b_n - a_n} = 3$ ...... ㉠

조건 (나)에 의하여

$(b_n - a_n)^2 + (2^{b_n} - 2^{a_n})^2 = 10n^2$ ...... ㉡

㉠에서 $2^{b_n} - 2^{a_n} = 3(b_n - a_n)$이므로 이것을 ㉡에 대입하여 정리하면

$(b_n - a_n)^2 = n^2$

$a_n < b_n$이므로 $b_n - a_n = n$, 즉 $a_n = b_n - n$

이것을 ㉠에 대입하여 정리하면

$2^{b_n} - 2^{b_n - n} = 3n$

이므로

$2^{b_n}\left(1 - \dfrac{1}{2^n}\right) = 3n$, $2^{b_n} = 3n \times \dfrac{2^n}{2^n - 1}$

한편, 곡선 $y = 2^x$과 곡선 $y = \log_2 x$는 직선 $y = x$에 대하여 대칭이므로 x_n은 점 B_n의 y좌표와 같다.

따라서 $x_n = 2^{b_n} = 3n \times \dfrac{2^n}{2^n - 1}$이므로

$x_1 + x_2 + x_3 = 6 + 8 + \dfrac{72}{7} = \dfrac{170}{7}$

답 ⑤

07 정답률 **61.5%**

$xf(x) = 2x^3 + ax^2 + 3a + \displaystyle\int_1^x f(t)\,dt$ ...... ㉠

㉠의 양변에 $x = 1$을 대입하면

$f(1) = 2 + a + 3a + 0$이므로

$f(1) = 2 + 4a$ ...... ㉡

㉠의 양변에 $x = 0$을 대입하면

$0 = 3a + \displaystyle\int_1^0 f(t)\,dt$

즉, $0 = 3a - \displaystyle\int_0^1 f(t)\,dt$이므로

$\displaystyle\int_0^1 f(t)\,dt = 3a$ ...... ㉢

$f(1) = \displaystyle\int_0^1 f(t)\,dt$이므로 ㉡, ㉢에서

$2 + 4a = 3a$

즉, $a = -2$, $f(1) = -6$

㉠의 양변을 x에 대하여 미분하면

$f(x) + xf'(x) = 6x^2 + 2ax + f(x)$이므로

$f'(x) = 6x + 2a = 6x - 4$

따라서

$f(x) = \displaystyle\int f'(x)\,dx = \displaystyle\int (6x - 4)\,dx$

$\qquad = 3x^2 - 4x + C$ (단, C는 적분상수)

$f(1) = 3 - 4 + C = -6$에서 $C = -5$

즉, $f(x) = 3x^2 - 4x - 5$

따라서 $f(3) = 27 - 12 - 5 = 10$이므로

$a + f(3) = -2 + 10 = 8$

답 ④

08 정답률 **45.8%**

$a_1 = -45 < 0$이고 $d > 0$이므로 조건 (가)를 만족시키기 위해서는

$a_m < 0$, $a_{m+3} > 0$

즉, $-a_m = a_{m+3}$에서 $a_m + a_{m+3} = 0$

따라서

$\{-45 + (m-1)d\} + \{-45 + (m+2)d\} = 0$

$-90 + (2m+1)d = 0$

$(2m+1)d = 90$ ...... ㉠

이고 $2m+1$은 1보다 큰 홀수이므로 d는 짝수이다.

그런데 $90 = 2 \times 3^2 \times 5$이므로 ㉠을 만족시키는 90의 약수 중에서 짝수인 d는 2, 6, 10, 18, 30이다.

또한, 조건 (나)를 만족시키기 위해서는 첫째항이 -45이고 공차 d가 18 또는 30인 경우만 해당하므로 구하는 모든 자연수 d의 값의 합은

$18 + 30 = 48$

답 ②

09 정답률 **6.7%**

풀이 전략 미분가능성을 이용하여 조건을 만족시키는 함수를 구한다.

이차함수 $f(x)$가 $x = -1$에서 극대이므로 함수 $y = f(x)$의 그래프는 직선 $x = -1$에 대하여 대칭이다. 그러므로

$f(-2) = f(0) = h(0)$

이때 $h(0) = k$라 하면 $f(x)$는

$f(x) = ax(x+2) + k = ax^2 + 2ax + k$ $(a < 0)$ → 이차함수 $f(x)$가 극댓값을 가지므로 $a < 0$

로 놓을 수 있다.

한편, $g(x)$가 삼차함수이므로 함수 $h(x)$가 실수 전체의 집합에서 미분가능하기 위해서는 $x = 0$에서의 곡선 $y = g(x)$에 접하는 접선의 기울기는 음수이어야 한다.

또, 조건 (가)에서 방정식 $h(x) = h(0)$의 모든 실근이 합이 1이어야 하므로 다음 두 가지로 나눌 수 있다.

(i) 삼차함수 $g(x)$의 최고차항의 계수가 양수인 경우

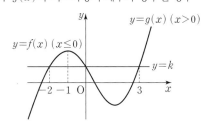

$g(x)=px(x-3)(x-q)+k$ → $h(x)=h(0)$의 모든 실근의 합이 1이고 두 근은 $x=-2, x=0$이므로 나머지 한 근은 $x=3$이다.

$\quad\quad = p\{x^3-(q+3)x^2+3qx\}+k\ (p>0)$

한편, 삼차함수 $g(x)$의 이차항의 계수가 0이므로 $q=-3$이고

$g(x)=p(x^3-9x)+k$

이때 $g'(x)=p(3x^2-9)$이므로 $g'(x)=0$에서

$x=-\sqrt{3}$ 또는 $x=\sqrt{3}$ → $p>0$이므로 함수 $g(x)$는 $x=-\sqrt{3}$에서 극대, $x=\sqrt{3}$에서 극소이다.

그러므로 함수 $h(x)$는 $x=\sqrt{3}$에서 극소이다.

이때 $x=0$에서의 곡선 $y=f(x)$의 접선의 기울기와 $x=0$에서의 곡선 $y=g(x)$의 접선의 기울기가 같아야 하므로

$f'(x)=2ax+2a,\ g'(x)=p(3x^2-9)$에서

$2a=-9p\quad\cdots\cdots\ \bigcirc$

또, 닫힌구간 $[-2, 3]$에서 함수 $h(x)$의 최댓값은 $f(-1)$, 최솟값은 $g(\sqrt{3})$이므로 $\bigcirc$을 이용하면 조건 (나)에 의하여

$f(-1)-g(\sqrt{3})=(-a+k)-(-6\sqrt{3}p+k)$

$\quad\quad\quad\quad\quad\quad = -a+6\sqrt{3}p$

$\quad\quad\quad\quad\quad\quad = \dfrac{9}{2}p+6\sqrt{3}p=\dfrac{9+12\sqrt{3}}{2}p$

$\quad\quad\quad\quad\quad\quad = 3+4\sqrt{3}$

그러므로 $p=\dfrac{2}{3}$이고 $a=-\dfrac{9}{2}p=-3$

따라서 $f'(x)=-6x-6,\ g'(x)=2x^2-6$이므로

$h'(-3)+h'(4)=f'(-3)+g'(4)=12+26=38$

(ii) 삼차함수 $g(x)$의 최고차항의 계수가 음수인 경우

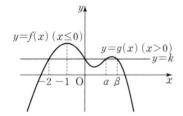

$g(x)=px(x-\alpha)(x-\beta)+k\ (\alpha+\beta=3)$로 놓으면

$g(x)=p\{x^3-(\alpha+\beta)x^2+\alpha\beta x\}+k$

$\quad\quad = p(x^3-3x^2+\alpha\beta x)+k$

이므로 이차항의 계수가 0이 아니다.

(i), (ii)에서 구하는 값은 38이다.

⬛ 38

변별력 있는 문제

10

풀이 전략 귀납적으로 정의된 수열의 특정한 항의 값을 구할 수 있는가?

조건 (나)에서

$\left(a_{n+1}-a_n+\dfrac{2}{3}k\right)(a_{n+1}+ka_n)=0$

이므로

$a_{n+1}-a_n+\dfrac{2}{3}k=0$ 또는 $a_{n+1}+ka_n=0$

즉, $a_{n+1}=a_n-\dfrac{2}{3}k$ 또는 $a_{n+1}=-ka_n$

$a_1=k$이므로

$a_2=a_1-\dfrac{2}{3}k=k-\dfrac{2}{3}k=\dfrac{k}{3}$ 또는 $a_2=-ka_1=-k\times k=-k^2$

(i) $a_2=\dfrac{k}{3}$일 때,

$a_3=a_2-\dfrac{2}{3}k=\dfrac{k}{3}-\dfrac{2}{3}k=-\dfrac{k}{3}$

또는

$a_3=-ka_2=-k\times\dfrac{k}{3}=-\dfrac{k^2}{3}$

(i-ⓐ) $a_3=-\dfrac{k}{3}$일 때

$a_2\times a_3=\dfrac{k}{3}\times\left(-\dfrac{k}{3}\right)=-\dfrac{k^2}{9}<0$

이므로 조건 (가)를 만족시킨다.

$a_4=a_3-\dfrac{2}{3}k=-\dfrac{k}{3}-\dfrac{2}{3}k=-k$

또는

$a_4=-ka_3=-k\times\left(-\dfrac{k}{3}\right)=\dfrac{k^2}{3}$

(i-ⓐ-①) $a_4=-k$일 때,

$a_5=a_4-\dfrac{2}{3}k=-k-\dfrac{2}{3}k=-\dfrac{5}{3}k$

또는

$a_5=-ka_4=-k\times(-k)=k^2$

$a_5=-\dfrac{5}{3}k$일 때, $a_5<0$이고

$a_5=k^2$일 때, $a_5>0$이므로 $a_5=0$을 만족시키는 양수 k의 값은 존재하지 않는다.

(i-ⓐ-②) $a_4=\dfrac{k^2}{3}$일 때,

$a_5=a_4-\dfrac{2}{3}k=\dfrac{k^2}{3}-\dfrac{2}{3}k$

또는

$a_5=-ka_4=-k\times\dfrac{k^2}{3}=-\dfrac{k^3}{3}$

$a_5=\dfrac{k^2}{3}-\dfrac{2}{3}k$일 때,

$a_5=0$에서 $\dfrac{k^2}{3}-\dfrac{2}{3}k=0$, $\dfrac{k(k-2)}{3}=0$

$k>0$이므로 $k=2$

$a_5=-\dfrac{k^3}{3}$일 때,

$a_5<0$이므로 $a_5=0$을 만족시키는 양수 k의 값은 존재하지 않는다.

(i-ⓑ) $a_3=-\dfrac{k^2}{3}$일 때

$a_2\times a_3=\dfrac{k}{3}\times\left(-\dfrac{k^2}{3}\right)=-\dfrac{k^3}{9}<0$

이므로 조건 (가)를 만족시킨다.

$a_4=a_3-\dfrac{2}{3}k=-\dfrac{k^2}{3}-\dfrac{2}{3}k$

또는

$a_4=-ka_3=-k\times\left(-\dfrac{k^2}{3}\right)=\dfrac{k^3}{3}$

(i-ⓑ-①) $a_4=-\dfrac{k^2}{3}-\dfrac{2}{3}k$일 때,

$a_5=a_4-\dfrac{2}{3}k=\left(-\dfrac{k^2}{3}-\dfrac{2}{3}k\right)-\dfrac{2}{3}k$

$$= -\frac{k^2}{3} - \frac{4}{3}k$$

또는

$$a_5 = -ka_4 = -k \times \left(-\frac{k^2}{3} - \frac{2}{3}k\right) = \frac{k^3}{3} + \frac{2}{3}k^2$$

$a_5 = -\dfrac{k^2}{3} - \dfrac{4}{3}k$일 때,

$$a_5 = -\frac{k(k+4)}{3} < 0 \text{이고}$$

$a_5 = \dfrac{k^3}{3} + \dfrac{2}{3}k^2$일 때,

$a_5 = \dfrac{k^2(k+2)}{3} > 0$이므로 $a_5 = 0$을 만족시키는 양수 k의 값은 존재하지 않는다.

(ⅰ-ⓑ-②) $a_4 = \dfrac{k^3}{3}$일 때,

$$a_5 = a_4 - \frac{2}{3}k = \frac{k^3}{3} - \frac{2}{3}k$$

또는

$$a_5 = -ka_4 = -k \times \frac{k^3}{3} = -\frac{k^4}{3}$$

$a_5 = \dfrac{k^3}{3} - \dfrac{2}{3}k$일 때,

$a_5 = 0$에서 $\dfrac{k^3}{3} - \dfrac{2}{3}k = 0$, $\dfrac{k(k^2-2)}{3} = 0$

$k > 0$이므로 $k = \sqrt{2}$

$a_5 = -\dfrac{k^4}{3}$일 때,

$a_5 = -\dfrac{k^4}{3} < 0$이므로 $a_5 = 0$을 만족시키는 양수 k의 값은 존재하지 않는다.

(ⅱ) $a_2 = -k^2$일 때,

$a_3 = a_2 - \dfrac{2}{3}k = -k^2 - \dfrac{2}{3}k$ 또는 $a_3 = -ka_2 = -k \times (-k^2) = k^3$

(ⅱ-ⓐ) $a_3 = -k^2 - \dfrac{2}{3}k$일 때,

$$a_2 \times a_3 = -k^2 \times \left(-k^2 - \frac{2}{3}k\right) = k^2\left(k^2 + \frac{2}{3}k\right) > 0$$

이므로 조건 (가)를 만족시키지 못한다.

(ⅱ-ⓑ) $a_3 = k^3$일 때,

$$a_2 \times a_3 = -k^2 \times k^3 = -k^5 < 0$$

이므로 조건 (가)를 만족시킨다.

$a_3 = k^3$이므로

$$a_4 = a_3 - \frac{2}{3}k = k^3 - \frac{2}{3}k$$

또는

$$a_4 = -ka_3 = -k \times k^3 = -k^4$$

(ⅱ-ⓑ-①) $a_4 = k^3 - \dfrac{2}{3}k$일 때,

$$a_5 = a_4 - \frac{2}{3}k = \left(k^3 - \frac{2}{3}k\right) - \frac{2}{3}k = k^3 - \frac{4}{3}k$$

또는

$$a_5 = -ka_4 = -k \times \left(k^3 - \frac{2}{3}k\right) = -k^4 + \frac{2}{3}k^2$$

$a_5 = k^3 - \dfrac{4}{3}k$일 때,

$a_5 = 0$에서 $k^3 - \dfrac{4}{3}k = 0$, $k\left(k^2 - \dfrac{4}{3}\right) = 0$

$k > 0$이므로 $k = \sqrt{\dfrac{4}{3}} = \dfrac{2}{\sqrt{3}}$

$a_5 = -k^4 + \dfrac{2}{3}k^2$일 때,

$a_5 = 0$에서 $-k^4 + \dfrac{2}{3}k^2 = 0$, $-k^2\left(k^2 - \dfrac{2}{3}\right) = 0$

$k > 0$이므로 $k = \sqrt{\dfrac{2}{3}}$

(ⅱ-ⓑ-②) $a_4 = -k^4$일 때,

$$a_5 = a_4 - \frac{2}{3}k = -k^4 - \frac{2}{3}k$$

또는

$$a_5 = -ka_4 = -k \times (-k^4) = k^5$$

$a_5 = -k^4 - \dfrac{2}{3}k$일 때,

$$a_5 = -k\left(k^3 + \frac{2}{3}\right) < 0 \text{이고,}$$

$a_5 = k^5$일 때,

$a_5 > 0$이므로 $a_5 = 0$을 만족시키는 양수 k의 값은 존재하지 않는다.

(ⅰ), (ⅱ)에서 k의 값은

2, $\sqrt{2}$, $\dfrac{2}{\sqrt{3}}$, $\sqrt{\dfrac{2}{3}}$

따라서 k^2의 값의 합은

$$2^2 + (\sqrt{2})^2 + \left(\frac{2}{\sqrt{3}}\right)^2 + \left(\sqrt{\frac{2}{3}}\right)^2 = 8$$

目 8

11

정답률 12.9%

[풀이 전략] 지수함수의 그래프를 활용하여 지수방정식을 푼다.

$\overline{OA} : \overline{OB} = \sqrt{3} : \sqrt{19}$이므로

$\overline{OA} = \sqrt{3}k$ $(k > 0)$라 하면 $\overline{OB} = \sqrt{19}k$이고

$\overline{AB} = \sqrt{(\sqrt{19}k)^2 - (\sqrt{3}k)^2} = 4k$

두 점 A, B의 좌표를 각각 (x_1, y_1), (x_2, y_2)라 하자.

직선 OA와 x축이 이루는 예각의 크기가 $60°$이므로

$x_1 = -\dfrac{\sqrt{3}}{2}k$, $y_1 = \dfrac{3}{2}k$

$\longrightarrow$ $\sin 60° = \dfrac{y_1}{\overline{OA}}$이므로 $\dfrac{\sqrt{3}}{2} = \dfrac{y_1}{\sqrt{3}k}$에서 $y_1 = \dfrac{3}{2}k$

$\cos 60° = \dfrac{-x_1}{\overline{OA}}$이므로 $\dfrac{1}{2} = \dfrac{-x_1}{\sqrt{3}k}$에서 $x_1 = -\dfrac{\sqrt{3}}{2}k$

따라서 $A\left(-\dfrac{\sqrt{3}}{2}k, \dfrac{3}{2}k\right)$

직선 AB의 기울기는 $\dfrac{\sqrt{3}}{3}$이므로 직선 AB와 x축이 이루는 예각의 크기가 $30°$이다.

$x_2 - x_1 = 4k\cos 30° = 2\sqrt{3}k$에서 $x_2 = x_1 + 2\sqrt{3}k = \dfrac{3\sqrt{3}}{2}k$

$y_2 - y_1 = 4k\sin 30° = 2k$에서 $y_2 = y_1 + 2k = \dfrac{7}{2}k$

따라서 $B\left(\dfrac{3\sqrt{3}}{2}k, \dfrac{7}{2}k\right)$

점 A는 곡선 $y = a^{-2x} - 1$ 위의 점이므로

$\frac{3}{2}k = a^{\sqrt{3}k} - 1$에서 $a^{\sqrt{3}k} = \frac{3k+2}{2}$ ...... ㉠

점 B는 곡선 $y = a^x - 1$ 위의 점이므로

$\frac{7}{2}k = a^{\frac{3\sqrt{3}}{2}k} - 1$에서 $a^{\frac{3\sqrt{3}}{2}k} = \frac{7k+2}{2}$ ...... ㉡

㉠, ㉡에서

$a^{\frac{3\sqrt{3}}{2}k \times \frac{2}{3}} = \left(\frac{7k+2}{2}\right)^{\frac{2}{3}}$이므로

$a^{\sqrt{3}k} = \left(\frac{7k+2}{2}\right)^{\frac{2}{3}}$

$\left(\frac{3k+2}{2}\right)^3 = \left(\frac{7k+2}{2}\right)^2$

$27k^3 - 44k^2 - 20k = 0$

$k(k-2)(27k+10) = 0$

$k > 0$이므로 $k = 2$

따라서 $\overline{AB} = 4k = 8$

답 8

회 본문 34~38쪽

01 ②	02 ①	03 ②	04 ③	05 ①
06 ①	07 ④	08 ③	09 10	10 105
11 31				

01

정답률 40.9%

$\sqrt{3^{f(n)}}$의 네제곱근 중 실수인 것은 $\sqrt[4]{\sqrt{3^{f(n)}}}$, $-\sqrt[4]{\sqrt{3^{f(n)}}}$이므로

$\sqrt[4]{\sqrt{3^{f(n)}}} \times \left(-\sqrt[4]{\sqrt{3^{f(n)}}}\right) = -3^{\frac{1}{8}f(n)} \times 3^{\frac{1}{8}f(n)}$

$= -3^{\frac{1}{8}f(n)} \times 3^{\frac{1}{8}f(n)}$

$= -3^{\frac{1}{4}f(n)} = -9$

따라서 $3^{\frac{1}{4}f(n)} = 3^2$이므로

$\frac{1}{4}f(n) = 2$, $f(n) = 8$ ...... ㉠

이때 이차함수 $f(x) = -(x-2)^2 + k$의 그래프의 대칭축은 $x = 2$이므로 ㉠을 만족시키는 자연수 n의 개수가 2이기 위해서는 이차함수 $y = f(x)$의 그래프가 점 $(1, 8)$을 지나야 한다.

즉, $f(1) = -1 + k = 8$이므로 $k = 9$

답 ②

02

정답률 45.0%

$\sum_{k=1}^{n} \frac{1}{(2k-1)a_k} = n^2 + 2n$에서

$n = 1$일 때

$\frac{1}{a_1} = 3$이므로 $a_1 = \frac{1}{3}$

$n \geq 2$일 때

$\frac{1}{(2n-1)a_n} = \sum_{k=1}^{n} \frac{1}{(2k-1)a_k} - \sum_{k=1}^{n-1} \frac{1}{(2k-1)a_k}$

$= n^2 + 2n - \{(n-1)^2 + 2(n-1)\}$

$= 2n + 1$

이므로 $(2n-1)a_n = \frac{1}{2n+1}$에서

$a_n = \frac{1}{(2n-1)(2n+1)}$

이때 $n = 1$인 경우 $a_1 = \frac{1}{3}$이므로

$a_n = \frac{1}{(2n-1)(2n+1)}$ $(n \geq 1)$

따라서

$\sum_{n=1}^{10} a_n = \sum_{n=1}^{10} \frac{1}{(2n-1)(2n+1)}$

$= \frac{1}{2} \sum_{n=1}^{10} \left(\frac{1}{2n-1} - \frac{1}{2n+1}\right)$

$= \frac{1}{2} \left\{\left(1 - \frac{1}{3}\right) + \left(\frac{1}{3} - \frac{1}{5}\right) + \left(\frac{1}{5} - \frac{1}{7}\right) + \cdots + \left(\frac{1}{19} - \frac{1}{21}\right)\right\}$

$= \frac{1}{2}\left(1 - \frac{1}{21}\right) = \frac{1}{2} \times \frac{20}{21} = \frac{10}{21}$

답 ①

03

정답률 38.4%

삼각형 ABC의 외접원의 반지름의 길이가 $3\sqrt{5}$이므로 사인법칙에 의하여

$\frac{10}{\sin C} = 2 \times 3\sqrt{5}$, $\sin C = \frac{\sqrt{5}}{3}$

삼각형 ABC는 예각삼각형이므로

$\cos C = \sqrt{1 - \sin^2 C} = \frac{2}{3}$

$\frac{a^2 + b^2 - ab \cos C}{ab} = \frac{4}{3}$에서 $\frac{a^2 + b^2 - \frac{2}{3}ab}{ab} = \frac{4}{3}$

$3a^2 + 3b^2 - 2ab = 4ab$, $3(a-b)^2 = 0$이므로 $a = b$

코사인법칙에 의하여

$10^2 = a^2 + b^2 - 2ab \cos C = a^2 + a^2 - 2a^2 \times \frac{2}{3} = \frac{2}{3}a^2$

$100 = \frac{2}{3}a^2$, $a^2 = 150$

따라서 $ab = a^2 = 150$

답 ②

04

정답률 50%

$f(x) = \frac{1}{4}x^3 + \frac{1}{2}x$, $g(x) = mx + 2$라 하고 두 곡선 $y = f(x)$, $y = g(x)$의 교점의 x좌표를 α라 하면

$A = \int_0^{\alpha} \{g(x) - f(x)\}dx$, $B = \int_{\alpha}^2 \{f(x) - g(x)\}dx$

$B - A = \int_{\alpha}^2 \{f(x) - g(x)\}dx - \int_0^{\alpha} \{g(x) - f(x)\}dx$

$= \int_{\alpha}^2 \{f(x) - g(x)\}dx + \int_0^{\alpha} \{f(x) - g(x)\}dx$

$= \int_0^2 \{f(x) - g(x)\}dx$

$= \int_0^2 \left\{\left(\frac{1}{4}x^3 + \frac{1}{2}x\right) - (mx + 2)\right\}dx$

24 EBS 수능 기출의 미래 미니모의고사 공통(수학Ⅰ·수학Ⅱ) 4점

$$=\left[\frac{1}{16}x^4+\frac{1}{4}x^2-\frac{m}{2}x^2-2x\right]_0^2=-2m-2=\frac{2}{3}$$

따라서 $m=-\frac{4}{3}$

답 ③

05

정답률 41.3%

자연수 k에 대하여

(i) $a_1=4k$일 때

a_1은 짝수이므로 $a_2=\frac{a_1}{2}=\frac{4k}{2}=2k$

a_2도 짝수이므로 $a_3=\frac{a_2}{2}=\frac{2k}{2}=k$

k가 홀수인 경우 $a_4=a_3+1=k+1$

이때 $a_2+a_4=2k+(k+1)=3k+1$이므로

$3k+1=40$에서 $k=13$이고,

$a_1=4k=4\times13=52$

k가 짝수인 경우 $a_4=\frac{a_3}{2}=\frac{k}{2}$

이때 $a_2+a_4=2k+\frac{k}{2}=\frac{5}{2}k$이므로

$\frac{5}{2}k=40$에서 $k=16$이고,

$a_1=4k=4\times16=64$

(ii) $a_1=4k-1$일 때

a_1은 홀수이므로 $a_2=a_1+1=4k$

a_2는 짝수이므로 $a_3=\frac{a_2}{2}=\frac{4k}{2}=2k$

a_3도 짝수이므로 $a_4=\frac{a_3}{2}=\frac{2k}{2}=k$

이때 $a_2+a_4=4k+k=5k$이므로

$5k=40$에서 $k=8$이고,

$a_1=4k-1=4\times8-1=31$

(iii) $a_1=4k-2$일 때

a_1은 짝수이므로 $a_2=\frac{a_1}{2}=\frac{4k-2}{2}=2k-1$

a_2는 홀수이므로 $a_3=a_2+1=(2k-1)+1=2k$

a_3은 짝수이므로 $a_4=\frac{a_3}{2}=\frac{2k}{2}=k$

이때 $a_2+a_4=(2k-1)+k=3k-1$이므로

$3k-1=40$에서 $k=\frac{41}{3}$이고, 이것은 조건을 만족시키지 않는다.

(iv) $a_1=4k-3$일 때

a_1은 홀수이므로 $a_2=a_1+1=(4k-3)+1=4k-2$

a_2는 짝수이므로 $a_3=\frac{a_2}{2}=\frac{4k-2}{2}=2k-1$

a_3은 홀수이므로 $a_4=a_3+1=(2k-1)+1=2k$

이때 $a_2+a_4=(4k-2)+2k=6k-2$이므로

$6k-2=40$에서 $k=7$이고,

$a_1=4k-3=4\times7-3=25$

(i)~(iv)에 의하여 조건을 만족시키는 모든 a_1의 값의 합은

$52+64+31+25=172$

답 ①

06

정답률 32.5%

ㄱ. 함수 $g(x)$의 역함수가 존재하고 최고차항의 계수가 양수이므로 모든 실수 x에 대하여 $g'(x)=3x^2+2ax+b\geq0$이 성립해야 한다.

이차방정식 $3x^2+2ax+b=0$의 판별식을 D_1이라 하면

$\frac{D_1}{4}=a^2-3b\leq0$, $a^2\leq3b$ (참)

ㄴ. $2f(x)=g(x)-g(-x)$에서

$f(x)=\frac{g(x)-g(-x)}{2}$

$=\frac{(x^3+ax^2+bx+c)-(-x^3+ax^2-bx+c)}{2}$

$=x^3+bx$

$f'(x)=3x^2+b$이므로 $f'(x)=0$에서

$3x^2+b=0$

이차방정식 $3x^2+b=0$의 판별식을 D_2라 하면

$D_2=0^2-4\times3\times b=-12b$

ㄱ에 의하여 $b\geq\frac{a^2}{3}\geq0$이므로 $D_2=-12b\leq0$

그러므로 이차방정식 $f'(x)=0$은 서로 다른 두 실근을 갖지 않는다. (거짓)

ㄷ. 방정식 $f'(x)=0$이 실근을 가지므로 $3x^2+b=0$의 실근이 존재한다. 즉, $b\leq0$

또한, ㄱ에 의하여 $b\geq0$이므로 $b=0$이고 ㄱ에 의하여 $a=0$이다.

$g'(x)=3x^2$이므로 $g'(1)=3$ (거짓)

따라서 옳은 것은 ㄱ뿐이다.

답 ①

07

정답률 65.1%

(i) $n=1$일 때, (좌변)$=3$, (우변)$=3$이므로 $(*)$이 성립한다.

(ii) $n=m$일 때, $(*)$이 성립한다고 가정하면

$\sum_{k=1}^{m}a_k=2^{m(m+1)}-(m+1)\times2^{-m}$

이다. $n=m+1$일 때

$\sum_{k=1}^{m+1}a_k=\sum_{k=1}^{m}a_k+a_{m+1}$

$=2^{m(m+1)}-(m+1)\times2^{-m}$

$\quad+\{2^{2(m+1)}-1\}\times2^{(m+1)m}+m\times2^{-(m+1)}$

$=2^{m(m+1)}-(m+1)\times2^{-m}$

$\quad+(2^{2m+2}-1)\times\boxed{2^{m(m+1)}}+m\times2^{-m-1}$

$=\boxed{2^{m(m+1)}}\times\boxed{2^{2m+2}}-\frac{m+2}{2}\times2^{-m}$

$=2^{(m+1)(m+2)}-(m+2)\times2^{-(m+1)}$

이다. 따라서 $n=m+1$일 때도 $(*)$이 성립한다.

즉, $f(m)=2^{m(m+1)}$, $g(m)=2^{2m+2}$이므로

$\frac{g(7)}{f(3)}=\frac{2^{16}}{2^{12}}=2^4=16$

답 ④

08

정답률 **77.8%**

점 P의 시각 t $(t>0)$에서의 가속도를 $a(t)$라 하면

$v(t)=-4t^3+12t^2$이므로 $a(t)=v'(t)=-12t^2+24t$

시각 $t=k$에서 점 P의 가속도가 12이므로

$-12k^2+24k=12$, $k^2-2k+1=0$

$(k-1)^2=0$, $k=1$

$v(t)=-4t^3+12t^2=-4t^2(t-3)$이므로 $3 \le t \le 4$일 때 $v(t) \le 0$이다.

따라서 시각 $t=3$에서 $t=4$까지 점 P가 움직인 거리는

$\displaystyle\int_3^4 |v(t)|\,dt = \int_3^4 |-4t^3+12t^2|\,dt = \int_3^4 (4t^3-12t^2)\,dt$

$\qquad = \Big[t^4-4t^3 \Big]_3^4 = 0-(-27)=27$

🔲 ③

09

정답률 **23.9%**

풀이 전략 삼각함수의 그래프와 직선의 교점의 개수를 이용한다.

함수 $y=\tan\left(nx-\dfrac{\pi}{2}\right)=\tan n\left(x-\dfrac{\pi}{2n}\right)$의 주기는 $\dfrac{\pi}{n}$이고

함수 $y=\tan\left(nx-\dfrac{\pi}{2}\right)$의 그래프는 함수 $y=\tan nx$의 그래프를 x

축의 방향으로 $\dfrac{\pi}{2n}$만큼 평행이동한 그래프이다.

아래 그림은 $n=2$, $n=3$일 때의 그래프이다.

> 주어진 문제에서 a_2, a_3의 값만 구하면 되니까 $n=2$, $n=3$일 때의 그래프만 그려 본다.

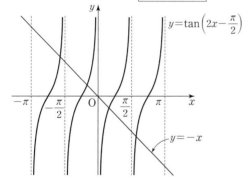

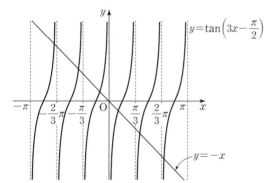

그러므로 구간 $(-\pi, \pi)$에서 직선 $y=-x$와

함수 $y=\tan\left(2x-\dfrac{\pi}{2}\right)$의 그래프의 교점의 개수는 $a_2=4$,

함수 $y=\tan\left(3x-\dfrac{\pi}{2}\right)$의 그래프의 교점의 개수는 $a_3=6$

따라서 $a_2+a_3=4+6=10$

🔲 10

10

정답률 **3.8%**

풀이 전략 절댓값이 포함된 함수의 미분가능성의 정의를 이용한다.

삼차함수 $f(x)$의 최고차항의 계수를 p $(p \ne 0)$이라 하면 조건 (가)에서

$f(x)=p(x-1)(x-3)(x-q)$ (p, q는 상수)

로 놓을 수 있고, 조건 (나)에서

$\underline{q<1}$ ──→ $q \ge 1$이면 집합 $\{x \,|\, x \ge 1$이고 $f'(x)=0\}$의 원소의 개수가 2이다.

$f(a-x)=p(a-x-1)(a-x-3)(a-x-q)$

$\qquad = -p(x-a+1)(x-a+3)(x-a+q)$

이므로

$f(x)f(a-x)=-p^2(x-1)(x-3)(x-q)$

$\qquad\qquad\qquad \times (x-a+1)(x-a+3)(x-a+q)$

따라서

$g(x)=|f(x)f(a-x)|$

$\qquad = p^2|(x-1)(x-3)(x-q)$

$\qquad\qquad\qquad \times (x-a+1)(x-a+3)(x-a+q)|$

이고 $q<1<3$에서 $\underline{a-3<a-1<a-q}$이므로 함수 $g(x)$가 실수 전체의 집합에서 미분가능하려면

──→ $q<1<3$에서 $-3<-1<-q$이고 $a-3<a-1<a-q$

$g(x)=p^2|(x-\alpha)^2(x-\beta)^2(x-\gamma)^2|$

꼴이어야 한다.

그러므로 $a-3=q$, $a-1=1$, $a-q=3$이어야 한다.

따라서 $a=2$, $q=-1$이므로

$f(x)=p(x+1)(x-1)(x-3)$

$f(a-x)=-p(x+1)(x-1)(x-3)=-f(x)$

따라서 $g(x)=|f(x)f(a-x)|=\{f(x)\}^2$이므로

$\dfrac{g(4a)}{f(0) \times f(4a)} = \dfrac{\{f(8)\}^2}{f(0) \times f(8)} = \dfrac{f(8)}{f(0)}$

$\qquad = \dfrac{p \times 9 \times 7 \times 5}{p \times 1 \times (-1) \times (-3)} = 105$

> 주의
> 함수 $y=x|x|$는 $x=0$에서 연속이고 $x \to 0-$일 때와 $x \to 0+$일 때의 이분계수가 같으므로 $x=0$에서 미분가능한 것과 비슷하다.

🔲 105

11

정답률 **9%**

풀이 전략 부등식을 만족시키는 함수의 도함수를 추론한다.

$2k-8 \le \dfrac{f(k+2)-f(k)}{2} \le 4k^2+14k$ ······ ㉠

에서 $2k-8=4k^2+14k$

$k^2+3k+2=0$, $(k+1)(k+2)=0$

$k=-1$ 또는 $k=-2$

즉, ㉠에 $k=-1$을 대입하면

$-10 \le \dfrac{f(1)-f(-1)}{2} \le -10$ ──→ $k=-1$일 때 성립한다.

이므로 $f(1)-f(-1)=-20$ ······ ㉡

또, ㉠에 $k=-2$를 대입하면

$-12 \le \dfrac{f(0)-f(-2)}{2} \le -12$ ──→ $k=-2$일 때 성립한다.

이므로 $f(0)-f(-2)=-24$ ······ ㉢

삼차함수 $f(x)$의 최고차항의 계수가 1이므로 상수 a, b, c에 대하여
$$f(x)=x^3+ax^2+bx+c$$
로 놓으면 ⓛ에서
$$f(1)-f(-1)=(1+a+b+c)-(-1+a-b+c)$$
$$=2+2b=-20$$
$$b=-11$$
ⓒ에서
$$f(0)-f(-2)=c-(-8+4a-2b+c)$$
$$=8-4a+2\times(-11)\ (\because b=-11)$$
$$=-4a-14=-24$$
$$a=\frac{5}{2}$$
즉, $f(x)=x^3+\dfrac{5}{2}x^2-11x+c$에서
$f'(x)=3x^2+5x-11$이므로
$$f'(3)=3\times3^2+5\times3-11=31$$

답 31

다른 풀이

삼차함수 $f(x)$의 최고차항의 계수가 1이므로 $f'(x)$는 최고차항의 계수가 3인 이차함수이다. 상수 α, β에 대하여
$f'(x)=3x^2+\alpha x+\beta$로 놓으면 ⓛ에서
$$f(1)-f(-1)=\int_{-1}^{1}f'(x)dx$$
$$=\int_{-1}^{1}(3x^2+\alpha x+\beta)dx$$
$$=\left[x^3+\frac{\alpha}{2}x^2+\beta x\right]_{-1}^{1}$$
$$=2+2\beta=-20$$
$$\beta=-11$$
ⓒ에서
$$f(0)-f(-2)=\int_{-2}^{0}f'(x)dx$$
$$=\int_{-2}^{0}(3x^2+\alpha x-11)dx\ (\because \beta=-11)$$
$$=\left[x^3+\frac{\alpha}{2}x^2-11x\right]_{-2}^{0}$$
$$=8-2\alpha-22=-24$$
$$\alpha=5$$
즉, $f'(x)=3x^2+5x-11$이므로
$$f'(3)=3\times3^2+5\times3-11=31$$

(08회)

01 ③	02 ①	03 ②	04 ②	05 ③
06 ⑤	07 ③	08 ③	09 17	10 13
11 19				

01

a_n이 홀수일 때, $a_{n+1}=2^{a_n}$은 자연수이고

a_n이 짝수일 때, $a_{n+1}=\dfrac{1}{2}a_n$은 자연수이다.

이때 a_1이 자연수이므로 수열 $\{a_n\}$의 모든 항은 자연수이다.

$a_6+a_7=3$에서 $a_6=1$, $a_7=2$ 또는 $a_6=2$, $a_7=1$이다.

(i) $a_6=1$일 때,

　$a_6=1$이고 a_5가 홀수인 경우

　$a_6=2^{a_5}$에서 $1=2^{a_5}$

　이 등식을 만족시키는 자연수 a_5의 값은 없다.

　$a_6=1$이고 a_5가 짝수인 경우

　$a_6=\dfrac{1}{2}a_5$에서 $1=\dfrac{1}{2}a_5$, $a_5=2$

　a_4를 구해보자.

　$a_5=2$이고 a_4가 홀수인 경우

　$a_5=2^{a_4}$에서 $2=2^{a_4}$, $a_4=1$

　$a_5=2$이고, a_4가 짝수인 경우

　$a_5=\dfrac{1}{2}a_4$에서 $2=\dfrac{1}{2}a_4$, $a_4=4$

　a_3을 구해보자.

　$a_4=1$일 때, $a_3=2$

　$a_4=4$이고 a_3이 홀수인 경우

　$a_4=2^{a_3}$에서 $4=2^{a_3}$, $a_3=2$

　이때 a_3이 짝수이므로 모순이다.

　$a_4=4$이고 a_3이 짝수인 경우

　$a_4=\dfrac{1}{2}a_3$에서 $4=\dfrac{1}{2}a_3$, $a_3=8$

　a_2를 구해보자.

　$a_3=2$일 때, $a_2=1$ 또는 $a_2=4$

　$a_3=8$이고 a_2가 홀수인 경우

　$a_3=2^{a_2}$에서 $8=2^{a_2}$, $a_2=3$

　$a_3=8$이고 a_2가 짝수인 경우

　$a_3=\dfrac{1}{2}a_2$에서 $8=\dfrac{1}{2}a_2$, $a_2=16$

　a_1을 구해보자.

　$a_2=1$일 때, $a_1=2$

　$a_2=4$일 때, $a_1=8$

　$a_2=3$이고 a_1이 홀수인 경우

　$a_2=2^{a_1}$에서 $3=2^{a_1}$

　이 등식을 만족시키는 자연수 a_1의 값은 없다.

　$a_2=3$이고, a_1이 짝수인 경우

　$a_2=\dfrac{1}{2}a_1$에서 $3=\dfrac{1}{2}a_1$, $a_1=6$

　$a_2=16$이고 a_1이 홀수인 경우

　$a_2=2^{a_1}$에서 $16=2^{a_1}$, $a_1=4$

　이때 a_1이 짝수이므로 모순이다.

　$a_2=16$이고 a_1이 짝수인 경우

　$a_2=\dfrac{1}{2}a_1$에서 $16=\dfrac{1}{2}a_1$, $a_1=32$

따라서 a_1의 값은 2 또는 6 또는 8 또는 32이다.

(ⅱ) $a_6=2$일 때,

(ⅰ)의 과정을 이용하면

$a_2=2$ 또는 $a_2=6$ 또는 $a_2=8$ 또는 $a_2=32$

a_1을 구해보자.

$a_2=2$이고 a_1이 홀수인 경우

$a_2=2^{a_1}$에서 $2=2^{a_1}$, $a_1=1$

$a_2=2$이고 a_1이 짝수인 경우

$a_2=\dfrac{1}{2}a_1$에서 $2=\dfrac{1}{2}a_1$, $a_1=4$

$a_2=6$이고 a_1이 홀수인 경우

$a_2=2^{a_1}$에서 $6=2^{a_1}$

이 등식을 만족시키는 자연수 a_1의 값은 없다.

$a_2=6$이고 a_1이 짝수인 경우

$a_2=\dfrac{1}{2}a_1$에서 $6=\dfrac{1}{2}a_1$, $a_1=12$

$a_2=8$이고 a_1이 홀수인 경우

$a_2=2^{a_1}$에서 $8=2^{a_1}$, $a_1=3$

$a_2=8$이고 a_1이 짝수인 경우

$a_2=\dfrac{1}{2}a_1$에서 $8=\dfrac{1}{2}a_1$, $a_1=16$

$a_2=32$이고 a_1이 홀수인 경우

$a_2=2^{a_1}$에서 $32=2^{a_1}$, $a_1=5$

$a_2=32$이고 a_1이 짝수인 경우

$a_2=\dfrac{1}{2}a_1$에서 $32=\dfrac{1}{2}a_1$, $a_1=64$

따라서 a_1의 값은 1 또는 3 또는 4 또는 5 또는 12 또는 16 또는 64이다.

(ⅰ), (ⅱ)에서 모든 a_1의 값의 합은

$(2+6+8+32)+(1+3+4+5+12+16+64)=153$

답 ③

02

정답률 **40%**

$\overline{AB}:\overline{AC}=\sqrt{2}:1$이므로 $\overline{AC}=x$라 하면 $\overline{AB}=\sqrt{2}x$

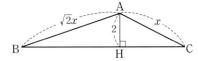

삼각형 ABC의 외접원의 반지름의 길이를 R이라 하면 이 외접원의 넓이가 50π이므로 $\pi R^2=50\pi$에서 $R=5\sqrt{2}$

직각삼각형 AHC에서

$\sin(\angle ACH)=\dfrac{2}{x}$, 즉 $\sin C=\dfrac{2}{x}$

삼각형 ABC에서 사인법칙에 의하여

$\dfrac{\overline{AB}}{\sin C}=2R$, 즉 $\overline{AB}=2R\sin C$

$\sqrt{2}x=2\times5\sqrt{2}\times\dfrac{2}{x}$, $x^2=20$, $x=2\sqrt{5}$

따라서 $\overline{AB}=\sqrt{2}x=2\sqrt{10}$이므로 직각삼각형 ABH에서

$\overline{BH}=\sqrt{\overline{AB}^2-\overline{AH}^2}=\sqrt{(2\sqrt{10})^2-2^2}=6$

답 ①

03

정답률 **32.9%**

$x\le-8$과 $x>-8$에서 함수 $y=f(x)$의 그래프는 그림과 같다.

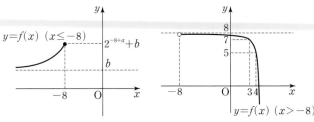

또한 주어진 조건에서 $3\le k<4$이므로 $x>-8$인 경우에 정수 $f(x)$는

$f(x)=6$ 또는 $f(x)=7$

따라서 주어진 조건을 만족시키기 위해서는 $x\le-8$인 경우에 정수 $f(x)$는 6뿐이어야 한다.

즉, $b=5$이고 $6\le f(-8)<7$이어야 하므로

$6\le2^{-8+a}+5<7$, $1\le2^{-8+a}<2$

$0\le-8+a<1$이므로 $8\le a<9$

이때 a는 자연수이므로 $a=8$

따라서 $a+b=8+5=13$

답 ②

04

정답률 **35.9%**

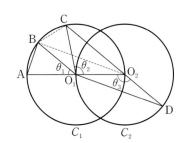

$\angle CO_2O_1+\angle O_1O_2D=\pi$이므로 $\theta_3=\dfrac{\pi}{2}+\dfrac{\theta_2}{2}$이고

$\theta_3=\theta_1+\theta_2$에서 $2\theta_1+\theta_2=\pi$이므로 $\angle CO_1B=\theta_1$이다.

이때 $\angle O_2O_1B=\theta_1+\theta_2=\theta_3$이므로

삼각형 O_1O_2B와 삼각형 O_2O_1D는 합동이다.

$\overline{AB}=k$라 할 때, $\overline{BO_2}=\overline{O_1D}=2\sqrt{2}k$이므로

직각삼각형 AO_2B에서

$\overline{AO_2}=\sqrt{k^2+(2\sqrt{2}k)^2}=\boxed{3k}$이고,

$\angle BO_2A=\dfrac{\theta_1}{2}$이므로 $\cos\dfrac{\theta_1}{2}=\dfrac{2\sqrt{2}k}{3k}=\boxed{\dfrac{2\sqrt{2}}{3}}$이다.

삼각형 O_2BC에서

$\overline{BC}=k$, $\overline{BO_2}=2\sqrt{2}k$, $\angle CO_2B=\dfrac{\theta_1}{2}$이므로

삼각형 BO_2C에서 $\overline{O_2C}=x$ $(0<x<3k)$라 하면

코사인법칙에 의하여

$k^2=x^2+(2\sqrt{2}k)^2-2\times x\times2\sqrt{2}k\times\cos\dfrac{\theta_1}{2}$

$k^2=x^2+(2\sqrt{2}k)^2-2\times x\times2\sqrt{2}k\times\dfrac{2\sqrt{2}}{3}$

$3x^2-16kx+21k^2=0$, $(3x-7k)(x-3k)=0$

$0<x<3k$이므로 $x=\dfrac{7}{3}k$

즉, $\overline{O_2C}=\boxed{\dfrac{7}{3}k}$이다.

$\overline{CD}=\overline{O_2D}+\overline{O_2C}=\overline{O_1O_2}+\overline{O_2C}$이므로

$\overline{AB}:\overline{CD}=k:\left(\boxed{\dfrac{3k}{2}}+\boxed{\dfrac{7}{3}k}\right)$

따라서 $f(k)=3k$, $g(k)=\dfrac{7}{3}k$, $p=\dfrac{2\sqrt{2}}{3}$이므로

$f(p)\times g(p)=\left(3\times\dfrac{2\sqrt{2}}{3}\right)\times\left(\dfrac{7}{3}\times\dfrac{2\sqrt{2}}{3}\right)=\dfrac{56}{9}$

답 ②

05

정답률 30%

풀이 전략 정적분의 성질을 이용하여 함수를 추론한다.

$f'(2)=0$이므로 실수 k에 대하여 $f(x)=x^2-4x+k$라 하자.

ㄱ. 만약 $f(2)\geq0$이면 $x>2$일 때 $f(x)>0$이므로 정적분과 넓이의 관계에 의하여 $\displaystyle\int_2^4 f(x)\,dx>0$

즉, $\displaystyle\int_4^2 f(x)\,dx=-\int_2^4 f(x)\,dx<0$이므로 주어진 조건을 만족시키지 못한다. 즉 $f(2)<0$ (참)

ㄴ. $\displaystyle\int_4^3 f(x)\,dx=\left[\dfrac{1}{3}x^3-2x^2+kx\right]_4^3=-k+\dfrac{5}{3}$

$-k+\dfrac{5}{3}\geq0$이므로 $k\leq\dfrac{5}{3}$

$\displaystyle\int_4^2 f(x)\,dx=\left[\dfrac{1}{3}x^3-2x^2+kx\right]_4^2=-2k+\dfrac{16}{3}$

$\displaystyle\int_4^3 f(x)\,dx-\int_4^2 f(x)\,dx=k-\dfrac{11}{3}$

$k\leq\dfrac{5}{3}$에서 $k-\dfrac{11}{3}\leq-2<0$이므로

$\displaystyle\int_4^3 f(x)\,dx<\int_4^2 f(x)\,dx$ (거짓)

ㄷ. ㄴ에서 $k\leq\dfrac{5}{3}$이므로 $f(3)=k-3\leq-\dfrac{4}{3}<0$

$f(3)=f(1)<0$이므로 구간 $[1,\ 3]$에서 $f(x)<0$이고, $n=1$ 또는 $n=2$일 때 곡선 $y=f(x)$와 x축 및 두 직선 $x=n$, $x=3$으로 둘러싸인 부분의 넓이가 $-\displaystyle\int_n^3 f(x)\,dx$와 같다.

즉, $\displaystyle\int_3^n f(x)\,dx=-\int_n^3 f(x)\,dx>0$ ······ ㉠

$\displaystyle\int_4^5 f(x)\,dx=\left[\dfrac{1}{3}x^3-2x^2+kx\right]_4^5=k+\dfrac{7}{3}$

$k+\dfrac{7}{3}\geq0$, 즉 $k\geq-\dfrac{7}{3}$이므로 $f(5)=5+k\geq\dfrac{8}{3}>0$

구간 $[5,\ \infty)$에서 $f(x)>0$이다.

그러므로 6 이상의 모든 자연수 n에 대하여 곡선 $y=f(x)$와 x축 및 두 직선 $x=5$, $x=n$으로 둘러싸인 부분의 넓이가 $\displaystyle\int_5^n f(x)\,dx$와 같다.

즉, $\displaystyle\int_5^n f(x)\,dx>0$ ······ ㉡

㉠, ㉡에서 $\displaystyle\int_4^3 f(x)\,dx\geq0$, $\displaystyle\int_4^5 f(x)\,dx\geq0$이면 함수 $f(x)$가 주어진 조건을 만족시킨다.

따라서 $-\dfrac{7}{3}\leq k\leq\dfrac{5}{3}$ ······ ㉢

$\displaystyle\int_4^6 f(x)\,dx=2k+\dfrac{32}{3}$이므로 ㉢에서

$6\leq\displaystyle\int_4^6 f(x)\,dx\leq14$ (참)

이상에서 옳은 것은 ㄱ, ㄷ이다.

답 ③

06

정답률 70.4%

$a_{12}=\dfrac{1}{2}$이고 $a_{12}=\dfrac{1}{a_{11}}$이므로 $a_{11}=2$

$a_{11}=8a_{10}$이므로 $a_{10}=\dfrac{1}{4}$, $a_{10}=\dfrac{1}{a_9}$이므로 $a_9=4$

$a_9=8a_8$이므로 $a_8=\dfrac{1}{2}$, $a_8=\dfrac{1}{a_7}$이므로 $a_7=2$

$a_7=8a_6$이므로 $a_6=\dfrac{1}{4}$, $a_6=\dfrac{1}{a_5}$이므로 $a_5=4$

$a_5=8a_4$이므로 $a_4=\dfrac{1}{2}$, $a_4=\dfrac{1}{a_3}$이므로 $a_3=2$

$a_3=8a_2$이므로 $a_2=\dfrac{1}{4}$, $a_2=\dfrac{1}{a_1}$이므로 $a_1=4$

따라서 $a_1+a_4=4+\dfrac{1}{2}=\dfrac{9}{2}$

답 ⑤

07

정답률 61.7%

구하고자 하는 도형의 넓이를 S라 하면

$S=\displaystyle\int_0^2 |f(x)-g(x)|\,dx=\int_0^2 \{g(x)-f(x)\}\,dx$

$g(x)-f(x)$는 최고차항의 계수가 3이고 삼차방정식 $g(x)-f(x)=0$은 한 실근 0과 중근 2를 가지므로

$g(x)-f(x)=3x(x-2)^2$

따라서

$S=\displaystyle\int_0^2 3x(x-2)^2\,dx=\int_0^2 (3x^3-12x^2+12x)\,dx$

$=\left[\dfrac{3}{4}x^4-4x^3+6x^2\right]_0^2=12-32+24=4$

답 ③

08

정답률 36.9%

(i) $n=1$일 때

$\displaystyle\lim_{x\to\infty}\dfrac{f(x)-4x^3+3x^2}{x^2+1}=6$, $\displaystyle\lim_{x\to0}\dfrac{f(x)}{x}=4$

를 만족시키려면 $f(x)=4x^3+3x^2+ax$ (a는 상수)의 꼴이어야 한다.

이때 $\displaystyle\lim_{x\to0}\dfrac{f(x)}{x}=\lim_{x\to0}(4x^2+3x+a)=a$이므로 $a=4$

즉, $f(x)=4x^3+3x^2+4x$이므로

$f(1)=4+3+4=11$

(ii) $n=2$일 때

$$\lim_{x \to \infty} \frac{f(x)-4x^3+3x^2}{x^3+1}=6, \quad \lim_{x \to 0} \frac{f(x)}{x^2}=4$$

를 만족시키려면 $f(x)=10x^3+bx^2$ (b는 상수)의 꼴이어야 한다.

이때 $\lim_{x \to 0} \dfrac{f(x)}{x^2}=\lim_{x \to 0}(10x+b)=b$이므로 $b=4$

즉, $f(x)=10x^3+4x^2$이므로 $f(1)=10+4=14$

(iii) $n \geq 3$일 때

$$\lim_{x \to \infty} \frac{f(x)-4x^3+3x^2}{x^{n+1}+1}=6, \quad \lim_{x \to 0} \frac{f(x)}{x^n}=4$$

를 만족시키려면 $f(x)=6x^{n+1}+cx^n$ (c는 상수)의 꼴이어야 한다.

이때 $\lim_{x \to 0} \dfrac{f(x)}{x^n}=\lim_{x \to 0}(6x+c)=c$이므로 $c=4$

즉, $f(x)=6x^{n+1}+4x^n$이므로 $f(1)=6+4=10$

(i), (ii), (iii)에 의하여 구하는 $f(1)$의 최댓값은 14이다.

답 ③

09

정답률 31.2%

$t \geq 2$일 때, $v(t)=3t^2+4t+C$ (단, C는 적분상수)

이때 $v(2)=0$이므로

$12+8+C=0$에서 $C=-20$

즉, $0 \leq t \leq 3$에서 $v(t)=\begin{cases} 2t^3-8t & (0 \leq t \leq 2) \\ 3t^2+4t-20 & (2 \leq t \leq 3) \end{cases}$

따라서 시각 $t=0$에서 $t=3$까지 점 P가 움직인 거리는

$$\int_0^3 |v(t)|\,dt = \int_0^2 |v(t)|\,dt + \int_2^3 |v(t)|\,dt$$

$$= -\int_0^2 v(t)\,dt + \int_2^3 v(t)\,dt$$

$$= -\int_0^2 (2t^3-8t)\,dt + \int_2^3 (3t^2+4t-20)\,dt$$

$$= -\left[\frac{1}{2}t^4-4t^2\right]_0^2 + \left[t^3+2t^2-20t\right]_2^3$$

$$= -(-8)+9=17$$

답 17

 변별력 있는 문제
10

정답률 24.4%

풀이 전략 로그의 성질과 거듭제곱근의 성질을 이용한다.

$\log_4 2n^2 - \dfrac{1}{2}\log_2 \sqrt{n} = \log_4 2n^2 - \log_4 \sqrt{n} = \log_4 \dfrac{2n^2}{\sqrt{n}} = \log_4 \left(2n^{\frac{3}{2}}\right)$

이 값이 40 이하의 자연수가 되려면

$2n^{\frac{3}{2}}=4^k$ ($k=1, 2, 3, \cdots, 40$)이어야 한다.

즉, $n=4^{\frac{2k-1}{3}}$에서 $\dfrac{2k-1}{3}$이 자연수가 되어야 하므로

$k=2, 5, 8, \cdots, 38$ ⟶ $\frac{2k-1}{3}$에서 $2k-1$은 3의 배수의 꼴, 즉 $2k-1=3, 9, 15, \cdots, 75$

따라서 조건을 만족시키는 자연수 n의 개수는 13이다.

답 13

 변별력 있는 문제
11

정답률 6.0%

풀이 전략 실근 조건을 만족시키는 삼차함수를 구한다.

$x<1$일 때, 함수 $g(x)$는

$y=\dfrac{ax-9}{x-1}=\dfrac{a(x-1)+a-9}{x-1}=\dfrac{a-9}{x-1}+a$ ⟶ $y=\dfrac{a-9}{x-1}+a$의 그래프는 점근선이 $x=1$, $y=a$인 유리함수의 그래프이다.

이 그래프는 함수 $y=\dfrac{a-9}{x}$의 그래프를 x축의 방향으로 1만큼, y축의 방향으로 a만큼 평행이동시킨 것이다. 그러므로 $a-9$의 부호에 따라 함수 $y=g(x)$의 그래프의 개형을 그리면 다음과 같다.

(i) $a-9>0$, 즉 $a>9$일 때

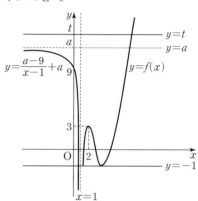

직선 $y=t$가 $t>a$일 때는 곡선 $y=\dfrac{a-9}{x-1}+a$와 만나지 않는다.

또, 실수 t의 값이 충분히 크면 삼차함수 $y=f(x)$의 그래프와는 직선 $y=t$와 한 점에서 만난다.

그러므로 조건을 만족시키지 못한다.

(ii) $a-9=0$, 즉 $a=9$일 때

$y=\dfrac{a-9}{x-1}+a=9$ ⟶ $a=9$를 대입하면 $y=\dfrac{9-9}{x-1}+9=9$

이 경우에도 직선 $y=t$가 $t>9$이고 충분히 크면 직선 $y=t$와 삼차함수 $y=f(x)$의 그래프와 한 점에서만 만난다.

그러므로 조건을 만족시키지 못한다.

(iii) $a-9<0$, 즉 $a<9$일 때

조건을 만족시키려면 함수 $y=\dfrac{a-9}{x-1}+a$의 그래프의 점근선은 $y=3$이어야 한다. 즉, $a=3$

또, 삼차함수 $y=f(x)$의 그래프는 두 직선 $y=3$, $y=-1$에 접하고 $f(1) \leq -1$이어야 한다.

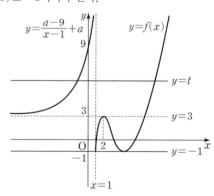

삼차함수 $f(x)$의 최고차항의 계수가 1이므로

$f(x)=(x-2)^2(x-k)+3 \ (k>2)$로 놓으면

$f'(x)=2(x-2)(x-k)+(x-2)^2$

$\qquad =(x-2)(3x-2k-2)=3(x-2)\left(x-\dfrac{2k+2}{3}\right)$

$f'(x)=0$에서 $x=2$ 또는 $x=\dfrac{2k+2}{3}$

이때 함수 $f(x)$는 $x=\dfrac{2k+2}{3}$에서 <u>극솟값 -1</u>을 가져야 하므로

$f\left(\dfrac{2k+2}{3}\right)=\left(\dfrac{2k+2}{3}-2\right)^2\left(\dfrac{2k+2}{3}-k\right)+3$  함수 $y=g(x)$의 그래프와
직선 $y=-1$이 서로 다른
두 점에서 만나려면 극솟값
이 -1이어야 한다.

$\qquad\qquad =-\dfrac{4}{27}(k-2)^3+3=-1$

$(k-2)^3=27,\ k=5$

즉, $f(x)=(x-2)^2(x-5)+3$

따라서 $g(x)=\begin{cases}\dfrac{3x-9}{x-1} & (x<1)\\ (x-2)^2(x-5)+3 & (x\geq1)\end{cases}$ 이므로

$(g\circ g)(-1)=g(g(-1))=g(6)=19$

$\underset{\tiny \dfrac{3\times(-1)-9}{-1-1}=\dfrac{-12}{-2}=6}{\Big\downarrow}$ $\qquad\qquad\qquad\underset{\tiny (6-2)^2\times(6-5)+3=4^2+3}{\Big\downarrow}$ **답** 19

[09회] 본문 44~48쪽

01 ⑤	02 ⑤	03 ④	04 ③	05 ②
06 ⑤	07 ①	08 ②	09 110	10 51
11 63				

01 정답률 60.2%

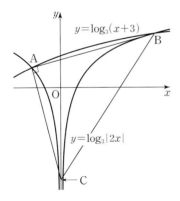

$x<0$일 때의 교점 A의 x좌표는 방정식

$\log_3(-2x)=\log_3(x+3)$의 근이므로

$-2x=x+3,\ 3x=-3,\ x=-1$

따라서 점 A의 좌표는 $(-1,\ \log_3 2)$이다.

$x>0$일 때의 교점 B의 x좌표는 방정식

$\log_3 2x=\log_3(x+3)$의 근이므로

$2x=x+3,\ x=3$

따라서 점 B의 좌표는 $(3,\ \log_3 6)$이다.

직선 AB의 기울기는 $\dfrac{\log_3 6-\log_3 2}{3-(-1)}=\dfrac{\log_3\frac{6}{2}}{4}=\dfrac{1}{4}$이므로

점 A를 지나고 직선 AB와 수직인 직선의 방정식은

$y-\log_3 2=-4(x+1)$

$y=-4x-4+\log_3 2$ ······ ㉠

직선 ㉠이 y축과 만나는 점 C의 좌표는 $C(0,\ -4+\log_3 2)$이다.

$\overline{AB}=\sqrt{4^2+(\log_3 6-\log_3 2)^2}=\sqrt{17}$

$\overline{AC}=\sqrt{(-1)^2+4^2}=\sqrt{17}$

직각삼각형 ABC의 넓이를 S라 하면

$S=\dfrac{1}{2}\times\overline{AB}\times\overline{AC}=\dfrac{1}{2}\times\sqrt{17}\times\sqrt{17}=\dfrac{17}{2}$

답 ⑤

02 정답률 70.2%

자연수 k에 대하여

(ⅰ) $n=2k-1$일 때

$a_{2k-1}+a_{2k}=2(2k-1)=4k-2$이므로

$\displaystyle\sum_{n=1}^{22}a_n=\sum_{k=1}^{11}(a_{2k-1}+a_{2k})=\sum_{k=1}^{11}(4k-2)$

$\qquad\quad =4\times\dfrac{11\times12}{2}-2\times11=242$

(ⅱ) $n=2k$일 때

$a_{2k}+a_{2k+1}=2\times2k=4k$이므로

$\displaystyle\sum_{n=2}^{21}a_n=\sum_{k=1}^{10}(a_{2k}+a_{2k+1})=\sum_{k=1}^{10}4k=4\times\dfrac{10\times11}{2}=220$

(ⅰ), (ⅱ)에서

$a_1+a_{22}=\displaystyle\sum_{n=1}^{22}a_n-\sum_{n=2}^{21}a_n=242-220=22$

답 ⑤

03 정답률 57.2%

두 점 A, B의 x좌표를 각각 $\alpha,\ \beta\ (\alpha<\beta)$라 하면

$\alpha,\ \beta$는 이차방정식 $x^2-tx-1=tx+t+1$,

즉 $x^2-2tx-2-t=0$의 두 실근이므로

$\alpha=t-\sqrt{t^2+t+2},\ \beta=t+\sqrt{t^2+t+2}$에서

$\beta-\alpha=2\sqrt{t^2+t+2}$

직선 AB의 기울기가 t이므로

$\overline{AB}=2\sqrt{t^2+t+2}\sqrt{t^2+1}$

$\displaystyle\lim_{t\to\infty}\dfrac{\overline{AB}}{t^2}=\lim_{t\to\infty}\dfrac{2\sqrt{(t^2+t+2)(t^2+1)}}{t^2}$

$\qquad\quad =2\lim_{t\to\infty}\sqrt{\left(1+\dfrac{1}{t}+\dfrac{2}{t^2}\right)\left(1+\dfrac{1}{t^2}\right)}=2$

답 ④

04 정답률 53.0%

곡선 $y=f(x)$ 위의 점 $(2, 3)$에서의 접선의 방정식은

$y-3=f'(2)(x-2)$

이고, 이 접선이 점 $(1, 3)$을 지나므로

$3-3=f'(2)(1-2)$, $f'(2)=0$

이때 삼차함수 $f(x)$는 $f'(2)=0$이고 최고차항의 계수가 1인 삼차

함수이므로

$f(x)-3=(x-a)(x-2)^2$ (단, a는 상수)

즉, $f(x)=(x-a)(x-2)^2+3$이므로

$f'(x)=(x-2)^2+2(x-a)(x-2)$

한편, 곡선 $y=f(x)$ 위의 점 $(-2, f(-2))$에서의 접선의 방정식은

$y-f(-2)=f'(-2)\{x-(-2)\}$

이고, 이 접선이 점 $(1, 3)$을 지나므로

$3-f(-2)=f'(-2)\times(1+2)$

$3-16(-2-a)-3=\{16-8(-2-a)\}\times3$

$8a=-64$, $a=-8$

따라서 $f(x)=(x+8)(x-2)^2+3$이므로

$f(0)=8\times(-2)^2+3=35$

답 ③

05

정답률 24.2%

ㄱ. 방정식 $\left(\sin\dfrac{\pi x}{2}-t\right)\left(\cos\dfrac{\pi x}{2}-t\right)=0$에서

$\sin\dfrac{\pi x}{2}=t$ 또는 $\cos\dfrac{\pi x}{2}=t$

이 방정식의 실근은 두 함수 $y=\sin\dfrac{\pi x}{2}$, $y=\cos\dfrac{\pi x}{2}$의 그래

프와 직선 $y=t$의 교점의 x좌표이다.

한편, 두 함수 $y=\sin\dfrac{\pi x}{2}$, $y=\cos\dfrac{\pi x}{2}$의 주기가 모두

$\dfrac{2\pi}{\frac{\pi}{2}}=4$이므로 그래프는 다음과 같다.

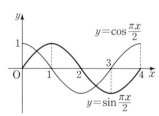

$-1\le t<0$이면 직선 $y=t$와 $\alpha(t)$, $\beta(t)$는 다음 그림과 같다.

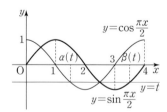

이때 함수 $y=\cos\dfrac{\pi x}{2}$의 그래프는 함수 $y=\sin\dfrac{\pi x}{2}$의 그래프

를 평행이동시키면 겹쳐질 수 있고 함수 $y=\sin\dfrac{\pi x}{2}$의 그래프

는 직선 $x=1$, $x=3$에 대하여 대칭이고 점 $(2, 0)$에 대하여 대

칭이다.

그러므로 $\alpha(t)=1+k$ $(0<k\le1)$로 놓으면 $\beta(t)=4-k$

따라서 $\alpha(t)+\beta(t)=1+k+4-k=5$ (참)

ㄴ. 실근 $\alpha(t)$, $\beta(t)$는 집합 $\{x|0\le x<4\}$의 원소이므로

$\beta(0)=3$, $\alpha(0)=0$

그러므로 주어진 식은

$\{t|\beta(t)-\alpha(t)=\beta(0)-\alpha(0)\}=\{t|\beta(t)-\alpha(t)=3\}$

(i) $0\le t\le\dfrac{\sqrt{2}}{2}$일 때, $t=0$이면 $\beta(0)-\alpha(0)=3-0=3$

$t\ne0$이면 다음 그림과 같다.

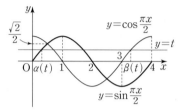

이때 $\alpha(t)=k\left(0<k\le\dfrac{1}{2}\right)$이라 하면 $\beta(t)=3+k$

그러므로 $\beta(t)-\alpha(t)=3$

(ii) $\dfrac{\sqrt{2}}{2}<t<1$일 때

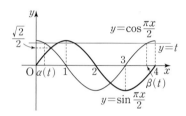

이때 $\alpha(t)=k\left(0<k<\dfrac{1}{2}\right)$이라 하면 $\beta(t)=4-k$

그러므로 $\beta(t)-\alpha(t)=4-2k$ $(0<2k<1)$

(iii) $t=1$일 때

$\alpha(1)=0$, $\beta(1)=1$이므로 $\beta(1)-\alpha(1)=1$

(iv) $-1\le t<0$일 때

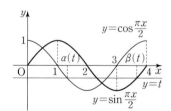

$1<\alpha(t)\le2$, $3\le\beta(t)<4$이므로 $\beta(t)-\alpha(t)<3$

따라서 (i)~(iv)에서

$\{t|\beta(t)-\alpha(t)=3\}=\left\{t\,\middle|\,0\le t\le\dfrac{\sqrt{2}}{2}\right\}$ (참)

ㄷ. $\alpha(t_1)=\alpha(t_2)$이기 위해서는 $0<t_1<\dfrac{\sqrt{2}}{2}<t_2$

이때 $\alpha(t_1)=\alpha(t_2)=\alpha$라 하면 $t_1=\sin\dfrac{\pi}{2}\alpha$, $t_2=\cos\dfrac{\pi}{2}\alpha$

이때 $t_2=t_1+\dfrac{1}{2}$이므로 $\cos\dfrac{\pi}{2}\alpha=\sin\dfrac{\pi}{2}\alpha+\dfrac{1}{2}$

이 식을 $\cos^2\dfrac{\pi}{2}\alpha+\sin^2\dfrac{\pi}{2}\alpha=1$에 대입하면

$2\sin^2\dfrac{\pi}{2}\alpha+\sin\dfrac{\pi}{2}\alpha+\dfrac{1}{4}=1$

$8\sin^2\dfrac{\pi}{2}\alpha+4\sin\dfrac{\pi}{2}\alpha-3=0$

$\sin\dfrac{\pi}{2}\alpha=\dfrac{-2\pm\sqrt{28}}{8}=\dfrac{-1+\sqrt{7}}{4}$

이때 $\sin\frac{\pi}{2}\alpha>0$이므로

$\sin\frac{\pi}{2}\alpha=\dfrac{-1+\sqrt{7}}{4}$

그러므로

$t_1=\dfrac{-1+\sqrt{7}}{4},\ t_2=t_1+\dfrac{1}{2}=\dfrac{1+\sqrt{7}}{4}$

따라서

$t_1\times t_2=\dfrac{(-1+\sqrt{7})(1+\sqrt{7})}{16}=\dfrac{3}{8}$ (거짓)

따라서 옳은 것은 ㄱ, ㄴ이다.

답 ②

06
정답률 36.8%

$f(x)=2x^3-8x=2x(x+2)(x-2)$

함수 $y=f(x)$의 그래프는 그림과 같이 원점에 대하여 대칭이다.

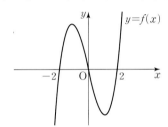

ㄱ. $m=-1$일 때

$f\left(\dfrac{1}{2}\right)=-\dfrac{15}{4},\ g\left(\dfrac{1}{2}\right)=-5$

$g\left(\dfrac{1}{2}\right)\le f\left(\dfrac{1}{2}\right)$이므로

$h\left(\dfrac{1}{2}\right)=g\left(\dfrac{1}{2}\right)=-5$ (참)

ㄴ. $m=-1$일 때

$g(x)=\begin{cases}47x-4 & (x<0)\\ -2x-4 & (x\ge 0)\end{cases}$

(ⅰ) $x<0$일 때

함수 $y=g(x)$의 그래프는 기울기가 양수이고 y절편이 음수인 직선의 일부이므로 두 함수 $y=f(x)$, $y=g(x)$의 그래프는 단 하나의 교점을 갖는다.

그 교점의 x좌표를 $x_1\ (x_1<0)$이라 하면 $x<0$에서 함수 $h(x)$는 $x=x_1$에서만 미분가능하지 않다.

(ⅱ) $x=0$일 때

$g(0)=-4<0=f(0)$이므로 $x=0$에서 함수 $h(x)$의 미분가능성은 함수 $g(x)$의 미분가능성과 같다.

즉, 함수 $h(x)$는 $x=0$에서 미분가능하지 않다.

(ⅲ) $x>0$일 때

$f(x)-g(x)=2x^3-6x+4=(x-1)^2(x+2)\ge 0$

즉, $f(x)\ge g(x)$

$x>0$에서 $h(x)=g(x)$이므로 함수 $h(x)$의 미분가능성은 함수 $g(x)$의 미분가능성과 같다.

따라서 $x>0$에서 함수 $h(x)$는 미분가능하다.

(ⅰ), (ⅱ), (ⅲ)에서 함수 $h(x)$가 미분가능하지 않은 x의 개수는 2이다. (참)

ㄷ. 양수 m에 대하여

$x=0$일 때, $g(0)=\dfrac{4}{m^3}>0=f(0)$이므로 $x=0$에서 함수 $h(x)$의 미분가능성은 함수 $f(x)$의 미분가능성과 같다.

즉, 함수 $h(x)$는 $x=0$에서 미분가능하다.

$x>0$일 때, 함수 $y=g(x)$의 그래프는 기울기가 양수이고 y절편도 양수인 직선의 일부이므로 두 함수 $y=f(x)$, $y=g(x)$의 그래프는 단 하나의 교점을 갖는다. 그 교점의 x좌표를 $x_2\ (x_2>0)$이라 하면 $x>0$에서 함수 $h(x)$는 $x=x_2$에서만 미분가능하지 않다.

그러므로 함수 $h(x)$가 미분가능하지 않은 x의 개수가 1이려면 $x<0$에서 함수 $h(x)$는 미분가능해야 한다.

$x<0$에서 두 함수 $y=f(x)$, $y=g(x)$의 그래프가 접한다고 할 때, 접점의 x좌표를 t라 하자.

$f(t)=g(t),\ f'(t)=g'(t)$에서

$2t^3-8t=-\dfrac{47}{m}t+\dfrac{4}{m^3}$ ····· ㉠

$6t^2-8=-\dfrac{47}{m}$ ····· ㉡

$t\times$㉡$-$㉠에서

$4t^3=-\dfrac{4}{m^3}$, 즉 $t=-\dfrac{1}{m}$ ····· ㉢

㉢을 ㉡에 대입하면

$\dfrac{6}{m^2}-8=-\dfrac{47}{m}$, $8m^2-47m-6=0$

$(8m+1)(m-6)=0$

m은 양수이므로 $m=6$

$m=6$일 때 두 함수 $y=f(x)$, $y=g(x)$의 그래프는 $x=-\dfrac{1}{6}$인 점에서 접한다.

(ⅰ) $m=6$일 때

함수 $x<0$인 모든 실수 x에 대하여 $g(x)\ge f(x)$이므로 $h(x)=f(x)$이다.

그러므로 $x<0$에서 함수 $h(x)$는 미분가능하다.

(ⅱ) $0<m<6$일 때

$x<0$에서 m의 값이 작아질수록 함수 $y=g(x)$의 그래프는 $m=6$일 때보다 기울기의 절댓값이 커지고 y절편도 커지므로 $x<0$에서 두 함수 $y=f(x)$, $y=g(x)$의 그래프는 만나지 않는다. 그러므로 $x<0$인 모든 실수 x에 대하여 $g(x)\ge f(x)$이므로 $h(x)=f(x)$이다.

따라서 $x<0$에서 함수 $h(x)$는 미분가능하다.

(ⅲ) $m>6$일 때

$x<0$에서 m의 값이 커질수록 함수 $y=g(x)$의 그래프는 $m=6$일 때보다 기울기의 절댓값이 작아지고 y절편도 작아지므로 $x<0$에서 두 함수 $y=f(x)$, $y=g(x)$의 그래프는 서로 다른 두 점에서 만난다. 이때 두 점의 x좌표를 각각 x_3, x_4라 하면 함수 $h(x)$는 $x=x_3$, $x=x_4$에서 미분가능하지 않다.

(ⅰ), (ⅱ), (ⅲ)에서 함수 $h(x)$가 미분가능하지 않은 x의 개수가 1인 양수 m의 최댓값은 6이다. (참)

따라서 옳은 것은 ㄱ, ㄴ, ㄷ이다.

답 ⑤

먼저 a_5의 값을 구해 보자.

(ⅰ) $-1 \le a_5 < -\dfrac{1}{2}$이면 $a_6 = -2a_5 - 2$이므로

$a_5 + a_6 = 0$에서 $-a_5 - 2 = 0$

즉, $a_5 = -2$이고 이것은 조건을 만족시키지 않는다.

(ⅱ) $-\dfrac{1}{2} \le a_5 \le \dfrac{1}{2}$이면 $a_6 = 2a_5$이므로

$a_5 + a_6 = 0$에서 $3a_5 = 0$, 즉 $a_5 = 0$

(ⅲ) $\dfrac{1}{2} < a_5 \le 1$이면 $a_6 = -2a_5 + 2$이므로

$a_5 + a_6 = 0$에서 $-a_5 + 2 = 0$

즉, $a_5 = 2$이고 이것은 조건을 만족시키지 않는다.

그러므로 $a_5 = 0$이고 $a_5 = 0$일 때 $a_6 = 2a_5 = 0$에서 $a_6 = 0$

$a_5 = 0$이면 주어진 관계식에 의하여

$-2a_4 - 2 = 0$에서 $a_4 = -1$ 또는 $2a_4 = 0$에서 $a_4 = 0$

또는 $-2a_4 + 2 = 0$에서 $a_4 = 1$

한편, $0 \le a_{n+1} \le 1$일 때

$a_{n+1} = 2a_n$ 또는 $a_{n+1} = -2a_n + 2$에서

$a_n = \dfrac{1}{2}a_{n+1}$ 또는 $a_n = 1 - \dfrac{1}{2}a_{n+1}$

① $a_4 = -1$인 경우

$a_3 < 0$, $a_2 < 0$, $a_1 < 0$이므로 조건을 만족시키지 않는다.

② $a_4 = 0$인 경우

㉠ $a_3 = -1$인 경우

$a_2 < 0$, $a_1 < 0$이므로 조건을 만족시키지 않는다.

㉡ $a_3 = 0$인 경우

$a_2 = -1$ 또는 $a_2 = 0$ 또는 $a_2 = 1$이고, $a_2 = -1$이면 $a_1 < 0$ 또는 $a_1 = \dfrac{3}{2}$이므로 조건을 만족시키지 않는다. $(\because |a_1| \le 1)$

$a_2 = 0$일 때

$a_1 = 1$이면 조건을 만족시키고, $a_2 = 1$일 때 $a_1 = \dfrac{1}{2}$이고 이 경우도 조건을 만족시킨다.

㉢ $a_3 = 1$인 경우

$a_2 = \dfrac{1}{2}$이고, 이때 $a_1 = \dfrac{1}{4}$ 또는 $a_1 = \dfrac{3}{4}$이며, 이것은 조건을 만족시킨다.

③ $a_4 = 1$인 경우

$a_3 = \dfrac{1}{2}$이고, 이때 $a_2 = \dfrac{1}{4}$ 또는 $a_2 = \dfrac{3}{4}$

㉠ $a_2 = \dfrac{1}{4}$인 경우

$a_1 = \dfrac{1}{8}$ 또는 $a_1 = \dfrac{7}{8}$이고 이것은 조건을 만족시킨다.

㉡ $a_2 = \dfrac{3}{4}$인 경우

$a_1 = \dfrac{3}{8}$ 또는 $a_1 = \dfrac{5}{8}$이고 이것은 조건을 만족시킨다.

따라서 조건을 만족시키는 모든 a_1의 값의 합은

$1 + \dfrac{1}{2} + \dfrac{1}{4} + \dfrac{3}{4} + \dfrac{1}{8} + \dfrac{7}{8} + \dfrac{3}{8} + \dfrac{5}{8} = \dfrac{9}{2}$

답 ①

시각 t에서의 두 점 P, Q의 위치를 각각 $x_1(t)$, $x_2(t)$라 하면

$x_1(t) = 0 + \displaystyle\int_0^t (t^2 - 6t + 5)\, dt = \dfrac{1}{3}t^3 - 3t^2 + 5t$,

$x_2(t) = 0 + \displaystyle\int_0^t (2t - 7)\, dt = t^2 - 7t$

$f(t) = |x_1(t) - x_2(t)| = \left| \dfrac{1}{3}t^3 - 4t^2 + 12t \right|$

이다. 함수 $g(t)$를 $g(t) = \dfrac{1}{3}t^3 - 4t^2 + 12t$라 하면

$g'(t) = t^2 - 8t + 12 = (t-2)(t-6)$

$g'(t) = 0$에서 $t = 2$ 또는 $t = 6$

$t \ge 0$에서 함수 $g(t)$의 증가와 감소를 표로 나타내면 다음과 같다.

t	0	$\cdots$	2	$\cdots$	6	$\cdots$
$g'(t)$		$+$	0	$-$	0	$+$
$g(t)$	0	↗	$\dfrac{32}{3}$	↘	0	↗

$t \ge 0$인 모든 실수 t에 대하여 $g(t) \ge 0$이므로 $f(t) = g(t)$이고 함수 $y = f(t)$의 그래프는 다음 그림과 같다.

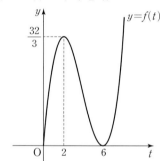

함수 $f(t)$는 구간 $[0, 2]$에서 증가하고, 구간 $[2, 6]$에서 감소하고, 구간 $[6, \infty)$에서 증가하므로 $a = 2$, $b = 6$이다.

따라서 시각 $t = 2$에서 $t = 6$까지 점 Q가 움직인 거리는

$\displaystyle\int_2^6 |v_2(t)|\, dt = \int_2^6 |2t - 7|\, dt = \int_2^{\frac{7}{2}} (7 - 2t)\, dt + \int_{\frac{7}{2}}^6 (2t - 7)\, dt$

$= \left[7t - t^2 \right]_2^{\frac{7}{2}} + \left[t^2 - 7t \right]_{\frac{7}{2}}^6 = \dfrac{9}{4} + \dfrac{25}{4} = \dfrac{17}{2}$

답 ②

풀이 전략   지수·로그함수의 그래프를 활용하여 참, 거짓을 판별한다.

ㄱ. 곡선 $y = t - \log_2 x$는 곡선 $y = \log_2 x$를 x축에 대하여 대칭이동한 후 y축의 방향으로 t만큼 평행이동한 것이므로 x의 값이 증가하면 y의 값은 감소한다.

또, 곡선 $y = 2^{x-t}$은 곡선 $y = 2^x$을 x축의 방향으로 t만큼 평행이동한 것이므로 x의 값이 증가하면 y의 값도 증가한다.

그러므로 두 곡선 $y = t - \log_2 x$, $y = 2^{x-t}$은 한 점에서 만난다.

$t = 1$일 때, 곡선 $y = 1 - \log_2 x$는 $x = 1$일 때 $y = 1$이므로 점 $(1, 1)$을 지난다.

또, 곡선 $y = 2^{x-1}$은 $x = 1$일 때 $y = 1$이므로 점 $(1, 1)$을 지난다.

$\underset{\underset{y = 2^{1-1} = 2^0 = 1}{\uparrow}}{}$

그러므로 $f(1)=1$

$t=2$일 때, 곡선 $y=2-\log_2 x$는 $x=2$일 때 $y=1$이므로 점 $(2, 1)$을 지난다.

또 곡선 $y=2^{x-2}$은 $x=2$일 때 $y=1$이므로 점 $(2, 1)$을 지난다.

그러므로 $f(2)=2$

이 명제가 참이므로 $A=100$

ㄴ. 곡선 $y=t-\log_2 x$는 곡선 $y=-\log_2 x$를 y축의 방향으로 t만큼 평행이동한 것이다. 이때 t의 값이 증가하면 두 곡선 $y=t-\log_2 x$, $y=2^x$의 교점의 x좌표는 증가한다.

이때 곡선 $y=2^{x-t}$은 곡선 $y=2^x$을 x축의 방향으로 t만큼 평행이동한 것이므로 t의 값이 증가하면 두 곡선 $y=t-\log_2 x$, $y=2^{x-t}$의 교점의 x좌표는 두 곡선 $y=t-\log_2 x$, $y=2^x$의 교점의 x좌표보다 커진다.

그러므로 t의 값이 증가하면 $f(t)$의 값도 증가한다.

이 명제가 참이므로 $B=10$

ㄷ. $g(x)=t-\log_2 x$, $h(x)=2^{x-t}$이라 하면 함수 $g(x)$는 감소함수이고, 함수 $h(x)$는 증가함수이므로 $f(t)\geq t$이기 위해서는 $g(t)\geq h(t)$이어야 한다. 즉,

$t-\log_2 t\geq 2^{t-t}$ ⟶ $g(x)=t-\log_2 x$이므로
$g(t)=t-\log_2 t$
$t-1\geq \log_2 t$ ...... ㉠ $h(x)=2^{x-t}$이므로
$h(t)=2^{t-t}=2^0=1$

이때 두 함수 $y=\log_2 t$, $y=t-1$의 그래프는 두 점 $(1, 0)$, $(2, 1)$에서 만나고 다음 그림과 같다.

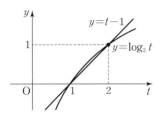

위에서 $1<t<2$일 때는 함수 $y=\log_2 t$의 그래프가 직선 $y=t-1$보다 위쪽에 있으므로 ㉠을 만족시키지 못한다.   ⟶ $\log_2 t>t-1$

즉, $1<t<2$일 때는 부등식 $f(t)\geq t$를 만족시키지 못한다.

이 명제가 거짓이므로 $C=0$

이상에서 $A=100$, $B=10$, $C=0$이므로

$A+B+C=100+10+0=110$

답 110

정답률 2.6%

풀이 전략 주어진 조건을 이용하여 삼차함수의 그래프를 추론한다.

$f(x)=ax^3+bx^2+cx+d$ (a, b, c, d는 상수)로 놓을 수 있다.

$f(0)=0$이므로 $d=0$

$f'(x)=3ax^2+2bx+c$에서 $f'(1)=1$이므로

$3a+2b+c=1$ ...... ㉠

조건 (가)와 조건 (나)에서 곡선 $y=f(x)$는 두 직선 $y=x$, $y=-x$와 각각 두 점에서 만나야 한다.

이때 $f(0)=0$, $f'(1)=1$이므로 곡선 $y=f(x)$는 직선 $y=x$와 원점에서 접하고, 직선 $y=-x$와 점 $(a, f(a))$ $(a>0)$에서 접한다.

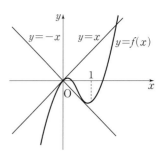

즉, $f'(0)=1$이므로 $c=1$ ⟶ $x=0$에서 곡선 $y=f(x)$와 직선 $y=x$가 접한다.

이때 ㉠에서 $3a+2b=0$이므로 $b=-\dfrac{3}{2}a$

따라서 $f(x)=ax^3-\dfrac{3}{2}ax^2+x$이다.

곡선 $y=f(x)$와 직선 $y=-x$의 접점의 x좌표가 a이므로

$f(a)=-a$에서 $aa^3-\dfrac{3}{2}aa^2+a=-a$

이때 $a>0$이므로 $2aa^2-3aa+4=0$ ...... ㉡

$f'(a)=-1$이므로   ⟶ 곡선 $y=f(x)$와 직선 $y=-x$의 접점의 x좌표 a에서의 접선의 기울기 $f'(a)=-1$

$f'(x)=3ax^2-3ax+1$에서

$3aa^2-3aa+1=-1$, $3aa^2-3aa+2=0$ ...... ㉢

㉡, ㉢에서 $a=\dfrac{3}{4}$, $a=\dfrac{32}{9}$

따라서 $f(x)=\dfrac{32}{9}x^3-\dfrac{16}{3}x^2+x$이므로

$f(3)=32\times 3-16\times 3+3=51$

답 51

정답률 6.9%

풀이 전략 코사인법칙을 이용하여 삼각형의 넓이 구하는 문제를 해결한다.

∠BAD와 ∠BCD는 같은 호에 대한 원주각이므로 그 크기가 같다.

∠BAD=∠BCD=θ, $\overline{AD}=a$, $\overline{CB}=b$라 하면

삼각형 ABD의 넓이 S_1은

$S_1=\dfrac{1}{2}\times \overline{AB}\times \overline{AD}\times \sin\theta=\dfrac{1}{2}\times 6\times a\times \sin\theta=3a\sin\theta$

삼각형 CBD의 넓이 S_2는

$S_2=\dfrac{1}{2}\times \overline{CB}\times \overline{CD}\times \sin\theta=\dfrac{1}{2}\times b\times 4\times \sin\theta=2b\sin\theta$

$S_1:S_2=9:5$이므로 $3a:2b=9:5$

$a:b=6:5$이므로 $a=6k$, $b=5k$ $(k>0)$이라 하자.

삼각형 ABC에서 코사인법칙에 의하여

$\overline{AC}^2=6^2+(5k)^2-2\times 6\times 5k\times \cos\alpha=36+25k^2-45k$ ...... ㉠

∠ABC와 ∠ADC는 같은 호에 대한 원주각이므로

∠ABC=∠ADC=α ⟶ 같은 호에 대한 원주각의 크기는 같다.

삼각형 ADC에서 코사인법칙에 의하여

$\overline{AC}^2=(6k)^2+4^2-2\times 6k\times 4\times \cos\alpha$
$=36k^2+16-36k$ ...... ㉡

㉠, ㉡을 연립하면

$11k^2+9k-20=0$, $(11k+20)(k-1)=0$

$k>0$이므로 $k=1$이고 $a=6k=6$

$\underline{\sin \alpha = \sqrt{1-\cos^2 \alpha}} = \sqrt{1-\left(\dfrac{3}{4}\right)^2} = \dfrac{\sqrt{7}}{4}$이므로

삼각형 ADC의 넓이 S는 $\longrightarrow$ $\sin^2 \alpha + \cos^2 \alpha = 1$에서 $\sin \alpha > 0$이므로 $\sin^2 \alpha = 1-\cos^2 \alpha,\ \sin \alpha = \sqrt{1-\cos^2 \alpha}$

$S = \dfrac{1}{2} \times \overline{\text{AD}} \times \overline{\text{CD}} \times \sin \alpha = \dfrac{1}{2} \times 6 \times 4 \times \dfrac{\sqrt{7}}{4} = 3\sqrt{7}$

따라서 $S^2 = (3\sqrt{7})^2 = 63$

답 63

01 ④	02 ③	03 ②	04 ②	05 ⑤
06 ⑤	07 ④	08 ②	09 34	10 15
11 9				

01

정답률 54.5%

수직선 위의 두 점 $\text{P}(\log_5 3)$, $\text{Q}(\log_5 12)$에 대하여 선분 PQ를 $m : (1-m)$으로 내분하는 점의 좌표가 1이므로

$\dfrac{m\log_5 12 + (1-m)\log_5 3}{m+(1-m)} = 1$

$m\log_5 12 + (1-m)\log_5 3 = 1,\ m(\log_5 12 - \log_5 3) = 1 - \log_5 3$

$m\log_5 \dfrac{12}{3} = \log_5 \dfrac{5}{3},\ m\log_5 4 = \log_5 \dfrac{5}{3}$

이때, $m = \dfrac{\log_5 \dfrac{5}{3}}{\log_5 4} = \log_4 \dfrac{5}{3}$

따라서 $4^m = 4^{\log_4 \frac{5}{3}} = \dfrac{5}{3}$

답 ④

02

정답률 42.1%

$a_5 + a_4$가 홀수이면 a_6이 홀수이므로 $a_6 = 34$에 모순이다.

따라서 $a_5 + a_4$는 짝수이고 a_4, a_5는 모두 짝수이거나 모두 홀수이다.

a_4, a_5가 모두 짝수이면 a_3도 짝수이고 마찬가지로 a_2, a_1도 모두 짝수이다. 이는 $a_1 = 1$에 모순이므로 a_4, a_5는 모두 홀수이다.

따라서 a_1, a_4는 모두 홀수이므로 가능한 a_2, a_3의 값은 다음과 같다.

(i) a_2, a_3이 모두 홀수인 경우

$a_2 = 2l - 1$ (l은 자연수)라 하자.

$a_3 = \dfrac{1}{2}(a_2 + a_1) = l,\ a_4 = \dfrac{1}{2}(a_3 + a_2) = \dfrac{3}{2}l - \dfrac{1}{2}$

$a_5 = \dfrac{1}{2}(a_4 + a_3) = \dfrac{5}{4}l - \dfrac{1}{4},\ a_6 = \dfrac{1}{2}(a_5 + a_4) = \dfrac{11}{8}l - \dfrac{3}{8} = 34$

이므로 $l = 25$이다.

따라서 $a_2 = 2 \times 25 - 1 = 49$

(ii) a_2는 짝수, a_3은 홀수인 경우

$a_2 = 2m$ (m은 자연수)라 하자.

$a_3 = a_2 + a_1 = 2m + 1,\ a_4 = a_3 + a_2 = 4m + 1$

$a_5 = \dfrac{1}{2}(a_4 + a_3) = 3m + 1,\ a_6 = \dfrac{1}{2}(a_5 + a_4) = \dfrac{7}{2}m + 1 = 34$

이므로 m은 자연수가 아니다.

(iii) a_2는 홀수, a_3은 짝수인 경우

$a_2 = 2n - 1$ (n은 자연수)라 하자.

$a_3 = \dfrac{1}{2}(a_2 + a_1) = n,\ a_4 = a_3 + a_2 = 3n - 1$

$a_5 = a_4 + a_3 = 4n - 1,\ a_6 = \dfrac{1}{2}(a_5 + a_4) = \dfrac{7}{2}n - 1 = 34$

이므로 $n = 10$이다.

따라서 $a_2 = 2 \times 10 - 1 = 19$

(i), (ii), (iii)에서 모든 a_2의 값의 합은

$49 + 19 = 68$

답 ③

변별력 있는 문제 03

정답률 23.6%

풀이 전략 정적분의 성질을 이용하여 함수를 추론한다.

함수 $f(x)$의 한 부정적분을 $F(x)$라 하면 주어진 방정식은

$\displaystyle\int_t^x f(s)\,ds = F(x) - F(t) = 0$이므로 $F(x) = F(t)$이다.

따라서 $g(t)$는 곡선 $y = F(x)$와 직선 $y = F(t)$의 서로 다른 교점의 개수와 같다.

ㄱ. $F'(x) = f(x) = \underline{x^2(x-1)}$이다. $\longrightarrow$ $x^2 \ge 0$이므로 $x > 1$, $x < 1$인 경우로 생각한다.

함수 $F(x)$는 $x < 1$에서 감소, $x > 1$에서 증가하므로 $x = 1$에서 극소이면서 최소이다.

따라서 곡선 $y = F(x)$와 직선 $y = F(1)$은 오직 한 점에서 만나므로 $g(1) = 1$이다. (참) $\longrightarrow$ 곡선 $y = F(x)$와 직선 $y = F(t)$의 교점의 개수는

ㄴ. 방정식 $f(x) = 0$의 서로 다른 실근의 개수가 3일 때, 함수 $F(x)$의 두 극솟값이 같은 경우와 두 극솟값이 다른 경우가 있다. 각 경우 곡선 $y = F(x)$와 직선 $y = F(a)$가 서로 다른 세 점에서 만나는 실수 a가 존재한다.

 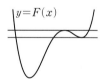

따라서 $g(a) = 3$인 실수 a가 존재한다. (참)

ㄷ. 함수 $F(x)$가 극댓값을 갖지 않거나, 극댓값을 갖지만 두 극솟값의 크기가 다른 경우에는 $\displaystyle\lim_{t \to b} g(t) + g(b) = 6$인 실수 b가 존재하지 않는다.

따라서 곡선 $y = F(x)$의 개형은 다음과 같고, $F(0) = F(3)$이다.

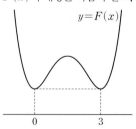

$f(0) = F'(0) = 0$이고 $f(3) = F'(3) = 0$이므로

$F(x) - F(0) = \dfrac{x^2(x-3)^2}{4} = \dfrac{x^4 - 6x^3 + 9x^2}{4}$

양변을 x에 대하여 미분하면

$$f(x) = x^3 - \frac{9}{2}x^2 + \frac{9}{2}x$$

이므로 $f(4) = 64 - 72 + 18 = 10$ (거짓)

이상에서 옳은 것은 ㄱ, ㄴ이다.

답 ②

04
정답률 61.4%

$a^x = \sqrt{3}$에서 $x = \log_a \sqrt{3}$이므로 점 A의 좌표는 $(\log_a \sqrt{3}, \sqrt{3})$이다.

직선 OA의 기울기는 $\dfrac{\sqrt{3}}{\log_a \sqrt{3}}$

직선 AB의 기울기는 $\dfrac{\sqrt{3}}{\log_a \sqrt{3} - 4}$

직선 OA와 직선 AB가 서로 수직이므로

$$\frac{\sqrt{3}}{\log_a \sqrt{3}} \times \frac{\sqrt{3}}{\log_a \sqrt{3} - 4} = -1$$

$(\log_a \sqrt{3})^2 - 4\log_a \sqrt{3} + 3 = 0$에서

$(\log_a \sqrt{3} - 1)(\log_a \sqrt{3} - 3) = 0$

$\log_a \sqrt{3} = 1$ 또는 $\log_a \sqrt{3} = 3$

$a = \sqrt{3}$ 또는 $a^3 = \sqrt{3}$

따라서 $a = 3^{\frac{1}{2}}$ 또는 $a = 3^{\frac{1}{6}}$이므로

모든 a의 값의 곱은

$3^{\frac{1}{2}} \times 3^{\frac{1}{6}} = 3^{\frac{1}{2} + \frac{1}{6}} = 3^{\frac{2}{3}}$

답 ②

05
정답률 45.7%

$f(x) = x^2 + 2x + k = (x+1)^2 + k - 1$

이므로 함수 $f(x)$는 모든 실수 x에 대하여 $f(x) \geq k - 1$이다.

함수 $g(f(x))$에서 $f(x) = t$라 하면 $t \geq k - 1$이므로

함수 $g(t)$는 구간 $[k-1, \infty)$에서 정의된 함수이다.

한편, $g(x) = 2x^3 - 9x^2 + 12x - 2$에서

$g'(x) = 6x^2 - 18x + 12 = 6(x-1)(x-2)$이므로

$g'(x) = 0$에서 $x = 1$ 또는 $x = 2$

함수 $g(x)$는 $x = 1$에서 극대, $x = 2$에서 극소이다.

$g(t) = 2$에서 $2t^3 - 9t^2 + 12t - 2 = 2$, $(2t-1)(t-2)^2 = 0$

즉, 함수 $y = g(t)$의 그래프와 직선 $y = 2$는 그림과 같다.

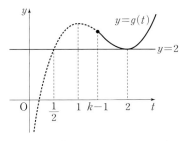

따라서 $\dfrac{1}{2} \leq k-1 \leq 2$, 즉 $\dfrac{3}{2} \leq k \leq 3$이므로 조건을 만족시키는 실수

k의 최솟값은 $\dfrac{3}{2}$이다.

답 ⑤

06
정답률 40.1%

등차수열 $\{a_n\}$의 공차를 d $(d \neq 0)$이라 하자.

$b_n = a_n + a_{n+1}$이므로

$b_{n+1} - b_n = (a_{n+1} + a_{n+2}) - (a_n + a_{n+1}) = a_{n+2} - a_n = 2d$

수열 $\{b_n\}$은 공차가 $2d$인 등차수열이다.

(i) $d > 0$일 때

$a_1 = a_2 - d = -4 - d < 0$, $a_2 = -4 < 0$이므로

$b_1 = a_1 + a_2 = -8 - d < a_1$

$n(A \cap B) = 3$이려면 $b_2 = a_1$ 또는 $b_3 = a_1$이어야 한다.

① $b_2 = a_1$일 때

$b_3 = a_3$, $b_4 = a_5$이므로 $n(A \cap B) = 3$

한편, $b_2 = b_1 + 2d = -8 + d$이므로

$b_2 = a_1$에서

$-8 + d = -4 - d$, $2d = 4$, $d = 2$

따라서 $a_{20} = a_2 + 18d = -4 + 18 \times 2 = 32$

② $b_3 = a_1$일 때

$b_4 = a_3$, $b_5 = a_5$이므로 $n(A \cap B) = 3$

한편, $b_3 = b_1 + 4d = -8 + 3d$이므로

$b_3 = a_1$에서

$-8 + 3d = -4 - d$, $4d = 4$, $d = 1$

따라서 $a_{20} = a_2 + 18d = -4 + 18 \times 1 = 14$

(ii) $d < 0$일 때

③ $a_1 > 0$이면 $a_2 < b_1 < a_1$이므로

$n(A \cap B) = 0$

④ $a_1 = 0$이면 $b_1 = a_2$, $b_2 = a_4$이므로

$n(A \cap B) = 2$

⑤ $a_1 < 0$이면 $b_1 < a_2$이므로 $n(A \cap B) \leq 2$

③, ④, ⑤에서 $d < 0$이면 주어진 조건을 만족하지 못한다.

(i), (ii)에서 $a_{20} = 32$ 또는 $a_{20} = 14$

따라서 a_{20}의 값의 합은 $32 + 14 = 46$

답 ⑤

07
정답률 38.7%

풀이전략 함수의 그래프를 이해하고 명제의 참, 거짓을 판단한다.

ㄱ. $x < 0$일 때 $g'(x) = -f(x)$, $x > 0$일 때, $g'(x) = f(x)$

그런데 함수 $g(x)$는 $x = 0$에서 미분가능하고 함수 $f(x)$는 실수

전체의 집합에서 연속이므로

$$\lim_{x \to 0-} \{-f(x)\} = \lim_{x \to 0+} f(x)$$에서

$-f(0) = f(0)$, $2f(0) = 0$, $f(0) = 0$ (참)

ㄴ. ㄱ에서 $g'(0) = 0$, $g(0) = \displaystyle\int_0^0 f(t)dt = 0$이고 함수 $g(x)$는 최고

차항의 계수가 1인 삼차함수이므로

$g(x) = x^2(x-a)$ (a는 상수)로 놓으면

$g'(x) = 2x(x-a) + x^2 = x(3x-2a)$

(i) $a > 0$일 때

$$f(x)=\begin{cases}-x(3x-2a) & (x<0)\\ x(3x-2a) & (x\geq0)\end{cases}$$

이므로 함수 $y=f(x)$의 그래프

는 오른쪽 그림과 같고 $x=0$에

서 극댓값을 갖는다.

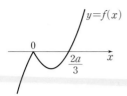

(ii) $a<0$일 때

$$f(x)=\begin{cases}-x(3x-2a) & (x<0)\\ x(3x-2a) & (x\geq0)\end{cases}$$

이므로 함수 $y=f(x)$의 그래프는

오른쪽 그림과 같고 $x=\dfrac{a}{3}$에서

극댓값을 갖는다.

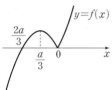

(iii) $a=0$일 때

$$f(x)=\begin{cases}-3x^2 & (x<0)\\ 3x^2 & (x\geq0)\end{cases}$$

이므로 함수 $y=f(x)$의 그래프

는 극댓값이 존재하지 않는다. (거짓)

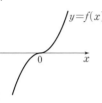

ㄷ. (i) ㄴ. (i)의 경우

$f(1)=3-2a$이므로 $2<3-2a<4$에서 $0<a<\dfrac{1}{2}$

또한, $x<0$일 때

$f'(x)=-(3x-2a)-3x=-6x+2a$이므로

$\displaystyle\lim_{x\to0-}f'(x)=2a$

$\quad\quad 0<a<\dfrac{1}{2}$에서 $0<2a<1$

이때 $0<2a<1$이므로 함수

$y=f(x)$의 그래프와 직선

$y=x$는 오른쪽 그림과 같이 세

점에서 만난다.

따라서 $2<f(1)<4$일 때, 방정

식 $f(x)=x$의 서로 다른 실근

의 개수는 3이다.

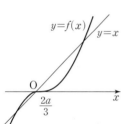

(ii) ㄴ. (ii)의 경우

$f(1)=3-2a$이므로 $2<3-2a<4$에서 $-\dfrac{1}{2}<a<0$

또한, $x>0$일 때

$f'(x)=(3x-2a)+3x=6x-2a$이므로

$\displaystyle\lim_{x\to0+}f'(x)=-2a$

$\quad\quad -\dfrac{1}{2}<a<0$에서 $0<-2a<1$

이때 $0<-2a<1$이므로 함수 $y=f(x)$의 그래프와 직선

$y=x$는 오른쪽 그림과 같이 세

점에서 만난다.

따라서 $2<f(1)<4$일 때,

방정식 $f(x)=x$의 서로 다른

실근의 개수는 3이다.

(iii) ㄴ. (iii)의 경우

$f(1)=3$이고 함수 $y=f(x)$의

그래프와 직선 $y=x$는 오른쪽

그림과 같이 세 점에서 만난다.

따라서 $2<f(1)<4$일 때, 방

정식 $f(x)=x$의 서로 다른 실

근의 개수는 3이다. (참)

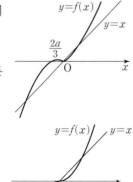

따라서 옳은 것은 ㄱ, ㄷ이다.

답 ④

08
정답률 36%

점 B를 포함하지 않는 호 AC와 선분 AC의 수직이등분선의 교점

을 R이라 하자. P=R일 때, 삼각형 PAC의 넓이가 최대가 되므로

Q=R이다.

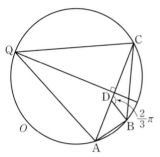

$\cos(\angle ABC)=-\dfrac{5}{8}$이므로

$\cos(\angle CQA)=\cos(\pi-\angle ABC)=-\cos(\angle ABC)=\dfrac{5}{8}$

$\overline{QA}=\overline{QC}=6\sqrt{10}$이므로

삼각형 QAC에서 코사인법칙에 의하여

$\overline{AC}^2=\overline{QA}^2+\overline{QC}^2-2\times\overline{QA}\times\overline{QC}\times\cos(\angle CQA)$

$\quad=(6\sqrt{10})^2+(6\sqrt{10})^2-2\times6\sqrt{10}\times6\sqrt{10}\times\dfrac{5}{8}=270$

$\overline{AB}=a\ (a>0)$이라 하면 $2\overline{AB}=\overline{BC}$에서 $\overline{BC}=2a$이다.

삼각형 ABC에서 코사인법칙에 의하여

$\overline{AC}^2=\overline{AB}^2+\overline{BC}^2-2\times\overline{AB}\times\overline{BC}\times\cos(\angle ABC)$

$\quad=a^2+(2a)^2-2\times a\times2a\times\left(-\dfrac{5}{8}\right)=\dfrac{15}{2}a^2$

$\dfrac{15}{2}a^2=270$에서 $a=6$

삼각형 CDB의 외접원의 반지름의 길이를 R이라 하면

삼각형 CDB에서 사인법칙에 의하여

$2R=\dfrac{\overline{BC}}{\sin(\angle CDB)}=\dfrac{2a}{\sin\dfrac{2}{3}\pi}=\dfrac{12}{\dfrac{\sqrt{3}}{2}}=8\sqrt{3}$

따라서 $R=4\sqrt{3}$

답 ②

09
정답률 11.4%

풀이 전략 도함수를 이용하여 부등식과 관련된 문제를 해결한다.

모든 실수 x에 대하여 부등식 $f(x)\leq12x+k\leq g(x)$를 만족시키는

자연수 k의 값의 범위를 구하여 보자.

(i) $f(x)\leq12x+k$일 때

모든 실수 x에 대하여 부등식 $f(x)\leq12x+k$를 만족시키는 k

의 값의 범위를 구하면 다음과 같다.

$h(x)=f(x)-12x$라 하면

$h(x)=-x^4-2x^3-x^2-12x$

$h'(x)=-4x^3-6x^2-2x-12=-2(x+2)(2x^2-x+3)$

$h'(x)=0$에서 $x=-2$ $\quad 2x^2-x+3=2\left(x-\frac{1}{4}\right)^2+\frac{23}{8}>0$ ←

함수 $h(x)$의 증가와 감소를 표로 나타내면 다음과 같다.

x	$\cdots$	-2	$\cdots$
$h'(x)$	$+$	0	$-$
$h(x)$	↗	20	↘

함수 $h(x)$는 $x=-2$에서 최대이고 최댓값은 20이다.

그러므로 모든 실수 x에 대하여 부등식 $f(x)\leq 12x+k$를 만족시키는 k의 값의 범위는

$k\geq 20$

(ii) $g(x)\geq 12x+k$일 때

모든 실수 x에 대하여 부등식 $g(x)\geq 12x+k$를 만족시키는 k의 값의 범위를 구하면 다음과 같다.

부등식 $3x^2-12x+a-k\geq 0$이 모든 실수 x에 대하여 성립해야 하므로 이차방정식 $3x^2-12x+a-k=0$의 판별식을 D라 하면

$\dfrac{D}{4}=(-6)^2-3\times(a-k)\leq 0$, $k\leq a-12$

그러므로 모든 실수 x에 대하여 부등식 $g(x)\geq 12x+k$를 만족시키는 k의 값의 범위는

$k\leq a-12$

(i), (ii)에 의하여 $20\leq k\leq a-12$이고 이를 만족시키는 자연수 k의 개수는 3이므로 ⌐→ $20, 21, 22$

$22\leq a-12<23$

따라서 $34\leq a<35$이므로 자연수 a의 값은 34이다.

🔖 34

10

정답률 **32%**

$0\leq x<\pi$에서 함수 $y=\sin x-1$의 그래프는 이 구간에서 함수 $y=\sin x$의 그래프를 y축의 방향으로 -1만큼 평행이동시킨 것이다. 이때, 이 구간에서 함수 $y=\sin x-1$의 최댓값은 0이고, 최솟값은 -1이다.

$\pi\leq x\leq 2\pi$에서 함수 $y=-\sqrt{2}\sin x-1$의 그래프는 이 구간에서 함수 $y=-\sqrt{2}\sin x$의 그래프를 y축의 방향으로 -1만큼 평행이동시킨 것이다. 이때, 이 구간에서 함수 $y=-\sqrt{2}\sin x-1$의 최댓값은 $\sqrt{2}-1$, 최솟값은 -1이다.

그러므로 닫힌구간 $[0,\,2\pi]$에서 정의된 함수

$$f(x)=\begin{cases} \sin x-1 & (0\leq x<\pi) \\ -\sqrt{2}\sin x-1 & (\pi\leq x\leq 2\pi)\end{cases}$$

의 그래프는 그림과 같다.

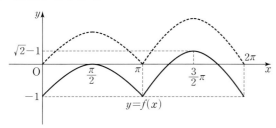

방정식 $f(x)=f(t)$의 서로 다른 실근의 개수가 3이므로 함수

$y=f(x)$의 그래프와 직선 $y=f(t)$가 만나는 서로 다른 점의 개수가 3이다.

그러므로 $f(t)=-1$ 또는 $f(t)=0$이다.

(i) $f(t)=-1$일 때,

$t=0$ 또는 $t=\pi$ 또는 $t=2\pi$

(ii) $f(t)=0$일 때,

$t=\dfrac{\pi}{2}$ 또는 $-\sqrt{2}\sin t-1=0$ $(\pi\leq t\leq 2\pi)$

$-\sqrt{2}\sin t-1=0$에서 $\sin t=-\dfrac{\sqrt{2}}{2}$

$\pi\leq t\leq 2\pi$이므로 $t=\dfrac{5}{4}\pi$ 또는 $t=\dfrac{7}{4}\pi$

(i), (ii)에서 모든 t의 값의 합은

$0+\pi+2\pi+\dfrac{\pi}{2}+\dfrac{5}{4}\pi+\dfrac{7}{4}\pi=\dfrac{13}{2}\pi$

따라서 $p=2$, $q=13$이므로

$p+q=15$

🔖 15

[참고]

함수 $y=-\sqrt{2}\sin x-1$ $(\pi\leq x\leq 2\pi)$의 그래프와 x축이 만나는 두 점은 직선 $x=\dfrac{3}{2}\pi$에 대하여 대칭이므로 방정식

$-\sqrt{2}\sin x-1=0$ $(\pi\leq x\leq 2\pi)$의 두 실근의 합은 3π이다.

변별력 있는 문제
11

정답률 6.5%

풀이 전략 함수의 극한을 이용하여 도함수의 특징을 찾고 조건을 만족시키는 함수를 구한다.

이차방정식 $f'(x)=0$이 실근을 갖지 않거나 중근을 갖는 경우에는 조건 (나)에서 함수 $g(t)$가 함숫값 1과 2를 모두 갖는다는 조건에 모순이다. 그러므로 이차방정식 $f'(x)=0$은 서로 다른 두 실근 α, β $(\alpha<\beta)$를 갖는다.

(i) $\beta=\alpha+2$일 때

함수 $y=g(t)$의 그래프는 다음과 같다.

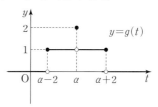

이는 조건 (가)를 만족시킨다.

(ii) $\beta>\alpha+2$일 때

함수 $y=g(t)$의 그래프는 다음과 같다.

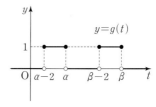

이는 조건 (나)에서 $g(t)$가 함숫값 2를 갖는 것에 모순이다.

(iii) $\beta < \alpha + 2$일 때

함수 $y = g(t)$의 그래프는 다음과 같다.

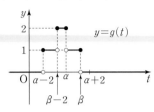

이때 $\beta - 2 \le a \le \alpha$인 a에 대하여 조건 (가)를 만족시키지 못한다.

따라서 위에서 조건을 만족시키는 것은 (i)의 경우이다.

한편, 함수 $f(x)$의 최고차항의 계수가 $\dfrac{1}{2}$이므로 함수 $f'(x)$의 최

고차항의 계수는 $\dfrac{3}{2}$이다. 그러므로

> 이차방정식 $f'(x) = 0$ 은 서로 다른 두 실근 α, $\alpha+2$를 갖는다.

$$f'(x) = \frac{3}{2}(x-\alpha)\{x-(\alpha+2)\} = \frac{3}{2}\{x^2 - (2\alpha+2)x + \alpha^2 + 2\alpha\}$$

로 놓을 수 있다. 이때

$$f(x) = \frac{1}{2}x^3 - \frac{3}{2}(\alpha+1)x^2 + \frac{3}{2}(\alpha^2+2\alpha)x + C \text{ (단, } C \text{는 적분상수)}$$

$$\cdots\cdots \ \ \bigcirc$$

한편, 조건 (나)에서

$$g(f(1)) = g(f(4)) = 2$$

이고 $g(t)$의 함숫값이 2인 t의 값의 개수는 1이므로

$$f(1) = f(4)$$

$\bigcirc$에서

$$\frac{1}{2} - \frac{3}{2}(\alpha+1) + \frac{3}{2}(\alpha^2+2\alpha) + C = 32 - 24(\alpha+1) + 6(\alpha^2+2\alpha) + C$$

이 식을 정리하면

$$\underbrace{3\alpha^2 + 3\alpha - 2 = 12\alpha^2 - 24\alpha + 16} \longrightarrow 9\alpha^2 - 27\alpha + 18 = 0$$

$$\alpha^2 - 3\alpha + 2 = 0, \ (\alpha-1)(\alpha-2) = 0$$

$\alpha = 1$ 또는 $\alpha = 2$

((i)-①) $\alpha = 1$일 때, $f(x) = \dfrac{1}{2}x^3 - 3x^2 + \dfrac{9}{2}x + C$

이때 $\underline{f(1) = \alpha}$에서 $f(1) = 1$이어야 하므로

> $g(t) = 2$일 때 $t = \alpha$이고 조건 (나)에서 $t = f(1)$일 때이므로 $f(1) = \alpha$

$$\frac{1}{2} - 3 + \frac{9}{2} + C = 1, \ 2 + C = 1$$

$$C = -1$$

이때 $f(0) = -1$이므로 $g(f(0)) = g(-1) = 1$

그러므로 조건을 만족시킨다.

((i)-②) $\alpha = 2$일 때, $f(x) = \dfrac{1}{2}x^3 - \dfrac{9}{2}x^2 + 12x + C$

이때 $f(1) = \alpha$에서 $f(1) = 2$이어야 하므로

$$\frac{1}{2} - \frac{9}{2} + 12 + C = 2, \ 8 + C = 2$$

$$C = -6$$

이때 $f(0) = -6$이므로 $g(f(0)) = g(-6) = 0$

그러므로 조건을 만족시키지 못한다.

따라서 ((i)-①)에서

$$f(x) = \frac{1}{2}x^3 - 3x^2 + \frac{9}{2}x - 1$$이므로

$$f(5) = \frac{1}{2} \times 5^3 - 3 \times 5^2 + \frac{9}{2} \times 5 - 1 = 9$$

답 9

01 ①	02 ②	03 ③	04 ①	05 ③
06 ①	07 ①	08 ③	09 36	10 108
11 13				

01
정답률 65.9%

2 이상의 자연수 n에 대하여 $5\log_n 2$의 값이 자연수가 되려면

$\log_n 2 = 1$ 또는 $\log_n 2 = \dfrac{1}{5}$이어야 한다.

$\log_n 2 = 1$에서 $n = 2$

$\log_n 2 = \dfrac{1}{5}$에서 $n^{\frac{1}{5}} = 2$, $n = 2^5 = 32$

따라서 구하는 모든 n의 값의 합은

$2 + 32 = 34$

답 ①

02
정답률 31.2%

$\angle ABC = \theta$라 하자.

ㄱ. 삼각형 ABC에서 코사인법칙을 이용하면

$\overline{AC}^2 = \overline{AB}^2 + \overline{BC}^2 - 2 \times \overline{AB} \times \overline{BC} \times \cos\theta$이므로

$\overline{AC}^2 = 5^2 + 4^2 - 2 \times 5 \times 4 \times \dfrac{1}{8} = 36$

그러므로 $\overline{AC} = 6$ (참)

ㄴ. 호 EA에 대한 원주각의 크기는 서로 같으므로

$\angle ACE = \angle ABE$

호 CE에 대한 원주각의 크기는 서로 같으므로

$\angle EAC = \angle EBC$

한편, $\angle ABE = \angle EBC$이므로 $\angle ACE = \angle EAC$

그러므로 삼각형 EAC는 $\overline{EA} = \overline{EC}$인 이등변삼각형이다. (참)

ㄷ. 삼각형 ABD에서 $\angle ADE = \angle DAB + \angle ABD$

한편, $\angle DAB = \angle CAD$, $\angle ABD = \angle EBC$이므로

$\angle ADE = \angle CAD + \angle EBC = \angle CAD + \angle EAC = \angle EAD$

즉, 삼각형 EAD는 $\overline{EA} = \overline{ED}$인 이등변삼각형이다.

삼각형 EAC에서 코사인법칙을 이용하면

$\overline{AC}^2 = \overline{EA}^2 + \overline{EC}^2 - 2 \times \overline{EA} \times \overline{EC} \times \cos(\pi - \theta)$

이고 ㄴ에서 $\overline{EA} = \overline{EC}$이므로

$36 = 2 \times \overline{EA}^2 - 2 \times \overline{EA}^2 \times \left(-\dfrac{1}{8}\right)$, $\overline{EA} = 4$

그러므로 $\overline{EA} = \overline{ED}$에서 $\overline{ED} = 4$ (거짓)

따라서 옳은 것은 ㄱ, ㄴ이다.

답 ②

03
정답률 51.1%

$f(x) = 2x^3 + 6x^2 + a$라 하면 $f'(x) = 6x^2 + 12x = 6x(x+2)$

이때 $f'(x) = 0$에서 $x = -2$ 또는 $x = 0$

이고, 함수 $f(x)$의 증가와 감소를 표로 나타내면 다음과 같다.

x	$\cdots$	-2	$\cdots$	0	$\cdots$
$f'(x)$	$+$	0	$-$	0	$+$
$f(x)$	↗	$8+a$	↘	a	↗

그러므로 방정식 $f(x)=0$이 $-2 \le x \le 2$에서 서로 다른 두 실근을 갖기 위해서는 함수 $y=f(x)$의 그래프가 다음 그림과 같아야 한다.

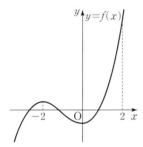

이때 $f(2)=40+a$이므로 $f(2)>f(-2)$이다.
그러므로 조건을 만족시키기 위해서는 $f(-2) \ge 0$이고 $f(0)<0$이어야 한다.

$f(-2) \ge 0$에서 $8+a \ge 0$, $a \ge -8$ $\qquad \cdots\cdots$ ㉠
또, $f(0)<0$에서 $a<0$ $\qquad \cdots\cdots$ ㉡

따라서 ㉠, ㉡에서 $-8 \le a < 0$이므로 구하는 정수 a의 개수는 8이다.

답 ③

04

정답률 13.3%

[풀이 전략] 극한으로 표현된 함수에 대하여 주어진 명제의 참, 거짓을 판별한다.

ㄱ. $x>1$에서 $g(x)=x$이므로
$$h(1)=\lim_{t \to 0+} g(1+t) \times \lim_{t \to 2+} g(1+t)$$
$$= \lim_{t \to 0+}(1+t) \times \lim_{t \to 2+}(1+t)$$
$1+t>1$이므로 $g(1+t)=1+t$
$$=1 \times 3 = 3 \text{ (참)}$$

ㄴ. $h(x)=\lim_{t \to 0+} g(x+t) \times \lim_{t \to 2+} g(x+t)$이므로
$x<-3$일 때, $h(x)=x \times (x+2)$
$x=-3$일 때, $h(-3)=-3 \times f(-1)$
$-3<x<-1$일 때, $h(x)=x \times f(x+2)$
$x=-1$일 때, $h(-1)=f(-1) \times 1$
$-1<x<1$일 때, $h(x)=f(x) \times (x+2)$
$x=1$일 때, $h(1)=1 \times 3$
$x>1$일 때, $h(x)=x \times (x+2)$
즉, $x<-3$ 또는 $x \ge 1$일 때,
함수 $y=h(x)$의 그래프는 오른쪽 그림과 같다.
$f(-3) \ne 3$이면 함수 $h(x)$는 $x=-3$에서 불연속이다.
즉, 함수 $h(x)$는 실수 전체의 집합에서 연속이라 할 수 없다.
(거짓)

ㄷ. 함수 $g(x)$가 닫힌구간 $[-1, 1]$에서 감소하고 $g(-1)=-2$일 때, 함수 $y=g(x)$의 그래프의 개형은 오른쪽 그림과 같다.
이때
$$h(-3)=-3 \times f(-1)$$
$$=-3 \times (-2)=6$$
$$h(-1)=f(-1) \times 1$$
$$=-2 \times 1=-2$$
$-3<x<-1$에서 $h(x)>0$
또 $-1<x<1$에서 $h(x)=f(x) \times (x+2)$이므로
$$h'(x)=f'(x) \times (x+2)+f(x)$$
$f'(x)<0$, $x+2>0$, $f(x)<0$이므로
$$h'(x)<0 \quad \longrightarrow \text{(음수)}+\text{(음수)}<0$$
즉, $-1<x<1$에서 함수 $h(x)$는 감소하고, $h(1)=3$이므로 함수 $h(x)$는 최솟값을 갖지 않는다. (거짓)

이상에서 옳은 것은 ㄱ이다.

답 ①

05

정답률 47.8%

(i) $n=1$일 때 (좌변)$=1$, (우변)$=1$이므로 (*)이 성립한다.
(ii) $n=m$일 때 (*)이 성립한다고 가정하면
$$\sum_{k=1}^{m} \frac{(-1)^{k-1} \times {}_m C_k}{k} = \sum_{k=1}^{m} \frac{1}{k}$$
이다. $n=m+1$일 때,
$$\sum_{k=1}^{m+1} \frac{(-1)^{k-1} \times {}_{m+1} C_k}{k}$$
$$= \sum_{k=1}^{m} \frac{(-1)^{k-1} \times {}_{m+1} C_k}{k} + \boxed{\frac{(-1)^m}{m+1}}$$
$$= \sum_{k=1}^{m} \frac{(-1)^{k-1} \times ({}_m C_k + {}_m C_{k-1})}{k} + \boxed{\frac{(-1)^m}{m+1}}$$
$$= \sum_{k=1}^{m} \frac{1}{k} + \sum_{k=1}^{m+1} \left\{ \frac{(-1)^{k-1}}{k} \times \frac{\boxed{m!}}{(m-k+1)!(k-1)!} \right\}$$
$$= \sum_{k=1}^{m} \frac{1}{k} + \sum_{k=1}^{m+1} \left\{ \frac{(-1)^{k-1}}{\boxed{m+1}} \times \frac{(m+1)!}{(m-k+1)!k!} \right\}$$
$$= \sum_{k=1}^{m} \frac{1}{k} + \frac{1}{m+1} = \sum_{k=1}^{m+1} \frac{1}{k}$$
이다. 따라서 $n=m+1$일 때도 (*)이 성립한다.

(i), (ii)에 의하여 모든 자연수 n에 대하여 (*)이 성립한다.

따라서 $f(m)=\dfrac{(-1)^m}{m+1}$, $g(m)=m!$, $h(m)=m+1$이므로
$$\frac{g(3)+h(3)}{f(4)}=(3!+4) \times 5=50$$

답 ③

06

정답률 47.6%

시각 $t=0$에서의 점 P의 위치와 시각 $t=6$에서의 점 P의 위치가 서로 같으므로 시각 $t=0$에서 $t=6$까지 점 P의 위치의 변화량이 0이다. 점 P의 시각 $t(t \ge 0)$에서의 속도 $v(t)$가 $v(t)=3t^2+at$이므로

$$\int_0^6 v(t)\,dt = \int_0^6 (3t^2+at)\,dt = \left[t^3+\frac{a}{2}t^2\right]_0^6 = 36\left(6+\frac{a}{2}\right)=0$$

$a=-12$

$v(t)=3t^2-12t$이므로 점 P가 시각 $t=0$에서 $t=6$까지 움직인 거리는

$$\int_0^6 |v(t)|\,dt = \int_0^6 |3t^2-12t|\,dt$$

$$= \int_0^4 (-3t^2+12t)\,dt + \int_4^6 (3t^2-12t)\,dt$$

$$= \left[-t^3+6t^2\right]_0^4 + \left[t^3-6t^2\right]_4^6$$

$$= 32+32 = 64 \qquad \text{답 ①}$$

07
정답률 **37.7%**

36의 양의 약수는 1, 2, 3, 4, 6, 9, 12, 18, 36이고, $f(1)$, $f(4)$, $f(9)$, $f(36)$은 홀수, $f(2)$, $f(3)$, $f(6)$, $f(12)$, $f(18)$은 짝수이다.

$$\sum_{k=1}^{9}\left\{(-1)^{f(a_k)}\times \log a_k\right\}$$

$$= -\log 1 + \log 2 + \log 3 - \log 4 + \log 6 - \log 9$$
$$+ \log 12 + \log 18 - \log 36$$

$$= \log \frac{2\times 3\times 6\times 12\times 18}{1\times 4\times 9\times 36} = \log 6 = \log 2 + \log 3$$

답 ①

08
정답률 **25.1%**

풀이 전략 **구간별로 만족시키는 함수를 구한 후 정적분의 값을 구한다.**

조건 (나), (다)에 의하여 $x^2+3x=(x^2+1)+(3x-1)$이고 두 함수 $y=x^2+1$, $y=3x-1$의 그래프의 교점의 x좌표는
$x^2+1=3x-1$에서 $x^2-3x+2=0$, $(x-1)(x-2)=0$
$x=1$ 또는 $x=2$
따라서 두 함수 $y=x^2+1$, $y=3x-1$의 그래프는 그림과 같다.

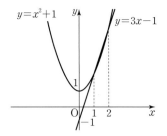

즉, $x\leq 1$ 또는 $x\geq 2$일 때, $x^2+1\geq 3x-1$
$1<x<2$일 때, $x^2+1<3x-1$ ──→ 두 함수의 그래프를 그리면 함수의 대소 관계를 알 수 있다.
이므로 조건 (가)를 만족시키는 함수 $f(x)$, $g(x)$는 각각

$$f(x)=\begin{cases} x^2+1 & (x\leq 1) \\ 3x-1 & (1<x<2) \\ x^2+1 & (x\geq 2) \end{cases}$$

두 함수 $y=x^2+1$, $y=3x-1$은
$x\leq 1$에서 $x^2+1\geq 3x-1$
$1<x<2$에서 $3x-1>x^2+1$
$x\geq 2$에서 $x^2+1\geq 3x-1$

$$g(x)=\begin{cases} 3x-1 & (x\leq 1) \\ x^2+1 & (1<x<2) \\ 3x-1 & (x\geq 2) \end{cases}$$

$$\int_0^2 f(x)\,dx = \int_0^1 (x^2+1)\,dx + \int_1^2 (3x-1)\,dx$$

$$= \left[\frac{1}{3}x^3+x\right]_0^1 + \left[\frac{3}{2}x^2-x\right]_1^2$$

$$= \frac{4}{3} + \left(4-\frac{1}{2}\right) = \frac{29}{6}$$

답 ③

09
정답률 **35%**

$f(g(x))=g(x)$에서 $g(x)=t$ $(-1\leq t\leq 1)$이라 하면
$f(t)=t$에서 $2t^2+2t-1=t$, $(2t-1)(t+1)=0$
$t=\dfrac{1}{2}$ 또는 $t=-1$이므로 $g(x)=\dfrac{1}{2}$ 또는 $g(x)=-1$

함수 $g(x)=\cos\dfrac{\pi}{3}x$의 주기는 6이고, $g(1)=g(5)=\dfrac{1}{2}$,
$g(3)=-1$이다.

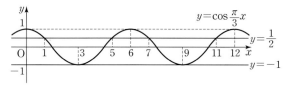

그러므로 $0\leq x<12$에서 $g(7)=g(11)=\dfrac{1}{2}$, $g(9)=-1$이다.
따라서 구하는 모든 실수 x의 값의 합은
$1+3+5+7+9+11=36$

답 36

10
정답률 **3.9%**

풀이 전략 **함수의 연속성, 미분가능성과 삼차함수의 그래프를 이용하여 주어진 조건을 만족시키는 함수를 구한다.**

다항함수는 모든 실수 x에 대하여 연속이고 미분가능하다.

$i(x)=|f(x)|$로 놓으면 함수 $f(x)$는 다항함수이므로 모든 x의 값에 대하여 $\displaystyle\lim_{h\to 0+}\frac{i(x+h)-i(x)}{h}$, $\displaystyle\lim_{h\to 0-}\frac{i(x+h)-i(x)}{h}$의 값이 항상 존재한다. 따라서

$$\lim_{h\to 0+}\frac{|f(x+h)|-|f(x-h)|}{h}$$

$$= \lim_{h\to 0+}\frac{|f(x+h)|-|f(x)|-|f(x-h)|+|f(x)|}{h}$$

$$= \lim_{h\to 0+}\frac{i(x+h)-i(x)}{h} + \lim_{h\to 0+}\frac{i(x-h)-i(x)}{-h}$$

이므로

$$g(x)=f(x-3)\times \lim_{h\to 0+}\frac{|f(x+h)|-|f(x-h)|}{h}$$

$$= f(x-3)\times \left\{\lim_{h\to 0+}\frac{i(x+h)-i(x)}{h} + \lim_{h\to 0+}\frac{i(x-h)-i(x)}{-h}\right\}$$

(i) 함수 $f(x)$의 극값이 존재하지 않고 $f(\alpha)=0$, $f'(\alpha)\neq 0$인 경우

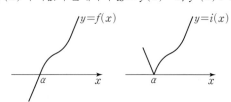

$$g(x)=\begin{cases} f(x-3)\times\{-2f'(x)\} & (x<\alpha) \\ 0 & (x=\alpha) \\ f(x-3)\times 2f'(x) & (x>\alpha) \end{cases}$$

→ x의 값의 범위에 따라 $|f(x)|$의 부호가 달라진다.

이때 조건 (가)를 만족시키기 위해서는
$$\lim_{x\to\alpha-}g(x)=\lim_{x\to\alpha+}g(x)=g(\alpha)$$

→ 함수 $g(x)$가 모든 실수에서 연속이려면 $x=\alpha$에서 연속이어야 한다.

이어야 하므로
$$f(\alpha-3)\times\{-2f'(\alpha)\}=f(\alpha-3)\times 2f'(\alpha)=0$$
그런데 $f'(\alpha)\neq 0$, $f(\alpha-3)\neq 0$이므로 성립하지 않는다.

(ii) 함수 $f(x)$의 극값이 존재하지 않고 $f(\alpha)=0$, $f'(\alpha)=0$인 경우

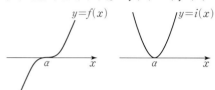

$$g(x)=\begin{cases} f(x-3)\times\{-2f'(x)\} & (x<\alpha) \\ 0 & (x=\alpha) \\ f(x-3)\times 2f'(x) & (x>\alpha) \end{cases}$$

이때 조건 (가)를 만족시키기 위해서는
$$\lim_{x\to\alpha-}g(x)=\lim_{x\to\alpha+}g(x)=g(\alpha)$$
이어야 하고 $f'(\alpha)=0$이므로
$$f(\alpha-3)\times\{-2f'(\alpha)\}=f(\alpha-3)\times 2f'(\alpha)=0$$이 성립한다.
그런데 방정식 $g(x)=0$을 만족시키는 실근은 $x=\alpha$ 또는 $x=\alpha+3$으로 2개뿐이므로 조건 (나)를 만족시키지 못한다.

(iii) 함수 $f(x)$의 극값이 존재하고 $f(\alpha)\neq 0$, $f(\beta)\neq 0$, $f'(\alpha)=f'(\beta)=0$인 경우

(i)의 경우와 같이 $f(k)=0$을 만족시키는 $x=k$에서 함수 $g(x)$는 연속이 아니므로 조건 (가)를 만족시키지 못한다.

(iv) 함수 $f(x)$의 극값이 존재하고 $f(k)=0$, $f(\alpha)\neq 0$, $f(\beta)=0$, $f'(\alpha)=f'(\beta)=0$ $(k<\alpha<\beta)$인 경우

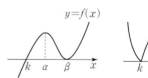

(i)의 경우와 같이 $f(k)=0$을 만족시키는 $x=k$에서 함수 $g(x)$는 연속이 아니므로 조건 (가)를 만족시키지 못한다.

(v) 함수 $f(x)$의 극값이 존재하고 $f(k)=0$, $f(l)=0$, $f(m)=0$, $f'(\alpha)=f'(\beta)=0$ $(k<\alpha<l<\beta<m)$인 경우

(i)의 경우와 같이 $f(k)=0$을 만족시키는 $x=k$에서 함수 $g(x)$는 연속이 아니므로 조건 (가)를 만족시키지 못한다.

(vi) 함수 $f(x)$의 극값이 존재하고 $f(k)=0$, $f(\alpha)=0$, $f(\beta)\neq 0$, $f'(\alpha)=f'(\beta)=0$ $(\alpha<\beta<k)$인 경우

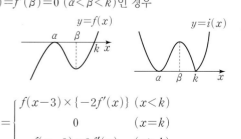

$$g(x)=\begin{cases} f(x-3)\times\{-2f'(x)\} & (x<k) \\ 0 & (x=k) \\ f(x-3)\times 2f'(x) & (x>k) \end{cases}$$

이때 조건 (가)를 만족시키기 위해서는
$$\lim_{x\to k-}g(x)=\lim_{x\to k+}g(x)=g(k)$$

→ 함수 $g(x)$가 모든 실수에서 연속이려면 $x=k$에서 연속이어야 한다.

이어야 하므로
$$f(k-3)\times\{-2f'(k)\}=f(k-3)\times 2f'(k)=0$$
그런데 $f'(k)\neq 0$이므로 $f(k-3)=0$이고
$$k-3=\alpha \qquad \cdots\cdots \ \text{㉠}$$
즉, $k=\alpha+3$이면 조건 (가)를 만족시킨다.
또한, 방정식 $g(x)=0$의 서로 다른 실근은
$$\begin{aligned} x<k\text{일 때 } & x=\alpha \text{ 또는 } x=\beta \\ x=k\text{일 때 } & x=k \\ x>k\text{일 때 } & x=k+3 \end{aligned}$$

→ x의 값의 범위에 따라 방정식 $g(x)=0$의 해를 구한다.

조건 (나)에서 서로 다른 네 실근의 합이 7이므로
$$\alpha+\beta+k+(k+3)=7,\ \alpha+\beta+2k=4 \qquad \cdots\cdots \ \text{㉡}$$
또한, $f(x)=(x-\alpha)^2(x-k)$이고
$$f'(x)=(x-\alpha)(3x-2k-\alpha)$$이므로

→ (vi)에서 $f(k)=0$, $f(\alpha)=0$, $f'(\alpha)=0$이므로 $f(x)=(x-\alpha)^2(x-k)$이다.

$f'(x)=0$에서
$$x=\alpha \text{ 또는 } x=\frac{2k+\alpha}{3}$$

→ (vi)에서 $f'(\alpha)=f'(\beta)=0$이므로 $f'(x)=0$에서 $x=\alpha$ 또는 $x=\beta$

따라서 $\beta=\dfrac{2k+\alpha}{3}$를 ㉡에 대입하여 정리하면
$$\alpha+2k=3 \qquad \cdots\cdots \ \text{㉢}$$
㉠, ㉢을 연립하여 풀면 $\alpha=-1$, $k=2$이므로
$$f(x)=(x+1)^2(x-2)$$
따라서 $f(5)=(5+1)^2\times(5-2)=36\times 3=108$

답 108

11

정답률 **24%**

선분 AB를 지름으로 하는 원의 중심을 점 $C\left(k, \dfrac{19}{2}\right)$라 할 때, 점 C는 선분 AB의 중점이다.

두 곡선 $y=a^x+2$, $y=\log_a x+2$를 y축의 방향으로 각각 -2만큼 평행이동한 두 곡선 $y=a^x$, $y=\log_a x$가 직선 $y=x$에 대하여 대칭이므로 두 점 A, B를 y축의 방향으로 각각 -2만큼 평행이동한 두 점 A′, B′도 직선 $y=x$에 대하여 대칭이다.

점 C를 y축의 방향으로 -2만큼 평행이동한 점 $C'\left(k, \dfrac{15}{2}\right)$가 선분 A′B′의 중점이므로 점 C′은 직선 $y=x$ 위에 있다.

그러므로 $k=\dfrac{15}{2}$이다.

넓이가 $\dfrac{121}{2}\pi$인 원의 반지름의 길이는 $\overline{A'C'}=\dfrac{11\sqrt{2}}{2}$이고 직선 A′B′의 기울기가 -1이므로 점 A′의 좌표는
$$\left(\frac{15}{2}-\frac{11}{2},\ \frac{15}{2}+\frac{11}{2}\right),\ \text{즉 } (2, 13)$$
점 A′$(2, 13)$이 곡선 $y=a^x$ 위의 점이므로
$$a^2=13$$

답 13

12회

본문 59~63쪽

01 ③	02 ⑤	03 ②	04 ①	05 ②
06 ⑤	07 ③	08 ③	09 2	10 98
11 2				

01

정답률 47.4%

$\{f(x)\}^3-\{f(x)\}^2-x^2f(x)+x^2=0$에서

$\{f(x)-1\}\{f(x)+x\}\{f(x)-x\}=0$이므로

$f(x)=1$ 또는 $f(x)=-x$ 또는 $f(x)=x$

이때 $f(0)=1$ 또는 $f(0)=0$이다.

(i) $f(0)=1$일 때

함수 $f(x)$가 실수 전체의 집합에서 연속이고, 최댓값이 1이므로 $f(x)=1$이다. 이때 함수 $f(x)$의 최솟값이 0이 아니므로 주어진 조건을 만족시키지 못한다.

(ii) $f(0)=0$일 때

함수 $f(x)$가 실수 전체의 집합에서 연속이고, 최댓값이 1이므로 $f(x)=\begin{cases} |x| & (|x|\le 1) \\ 1 & (|x|>1) \end{cases}$ 이다. 이때 함수 $f(x)$의 최솟값이 0 이다.

(i), (ii)에 의하여 $f(x)=\begin{cases} |x| & (|x|\le 1) \\ 1 & (|x|>1) \end{cases}$

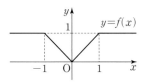

따라서 $f\left(-\dfrac{4}{3}\right)=1$, $f(0)=0$, $f\left(\dfrac{1}{2}\right)=\dfrac{1}{2}$이므로

$f\left(-\dfrac{4}{3}\right)+f(0)+f\left(\dfrac{1}{2}\right)=1+0+\dfrac{1}{2}=\dfrac{3}{2}$

답 ③

02

정답률 48.1%

$y=2^{-x}$, $y=|\log_2 x|$, $y=x$의 그래프는 그림과 같다.

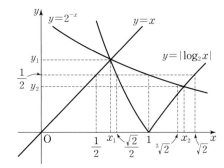

ㄱ. $0<x<1$일 때

두 곡선 $y=2^{-x}$, $y=-\log_2 x$의 교점은 직선 $y=x$ 위에 있으므로 $x_1=y_1$이고 $x_1<1$, $y_1<1$

그림에서 $y=2^{-x}$은 감소하는 함수이므로

$2^{-1}<2^{-x_1}=y_1$, 즉 $\dfrac{1}{2}<y_1=x_1$

한편, $-\log_2 \dfrac{\sqrt{2}}{2}=\dfrac{1}{2}<y_1=-\log_2 x_1$이고 $y=-\log_2 x$는 감소하는 함수이므로 $x_1<\dfrac{\sqrt{2}}{2}$

그러므로 $\dfrac{1}{2}<x_1<\dfrac{\sqrt{2}}{2}$ (참)

ㄴ. $2^{-\sqrt{2}}=\dfrac{1}{2^{\sqrt{2}}}$이고 $\log_2 \sqrt[3]{2}=\dfrac{1}{3}$

그런데 $8<9$이므로 $2^{\frac{3}{2}}<3$ ······ ㉠

$\sqrt[3]{2}$와 $\dfrac{3}{2}$을 각각 세제곱하면 $(\sqrt[3]{2})^3<\left(\dfrac{3}{2}\right)^3$이므로 $\sqrt[3]{2}<\dfrac{3}{2}$

즉, $2^{\sqrt[3]{2}}<2^{\frac{3}{2}}$ ······ ㉡

㉠, ㉡에서 $2^{\sqrt[3]{2}}<2^{\frac{3}{2}}<3$이므로 $\log_2 \sqrt[3]{2}<2^{-\sqrt{2}}$

그러므로 $\sqrt[3]{2}<x_2$

또, $\log_2 \sqrt{2}=\dfrac{1}{2}$, $2^{-\sqrt{2}}=\dfrac{1}{2^{\sqrt{2}}}$, $\dfrac{1}{2}>\dfrac{1}{2^{\sqrt{2}}}$이므로 $\log_2 \sqrt{2}>2^{-\sqrt{2}}$

그림에서 $x_2<\sqrt{2}$

그러므로 $\sqrt[3]{2}<x_2<\sqrt{2}$ (참)

ㄷ. $y_1=x_1$이므로 ㄱ에서 $\dfrac{1}{2}<y_1<\dfrac{\sqrt{2}}{2}$

$y_2=\log_2 x_2$이고 $\sqrt[3]{2}<x_2<\sqrt{2}$, $\log_2 \sqrt[3]{2}<\log_2 x_2<\log_2 \sqrt{2}$이므로 $\dfrac{1}{3}<y_2<\dfrac{1}{2}$

그러므로 $y_1-y_2<\dfrac{\sqrt{2}}{2}-\dfrac{1}{3}=\dfrac{3\sqrt{2}-2}{6}$ (참)

따라서 옳은 것은 ㄱ, ㄴ, ㄷ이다.

답 ⑤

03

정답률 26.7%

조건에서 $f(x)=(x-\alpha)^2(x-\beta)$

ㄱ. $f'(x)=(x-\alpha)(3x-\alpha-2\beta)$

그러므로 $f'(\alpha)=0$ (참)

ㄴ. 함수 $f(x)$가 $x=\dfrac{\alpha+2\beta}{3}$에서 극솟값 -4를 가지므로

$f\left(\dfrac{\alpha+2\beta}{3}\right)=\left(\dfrac{\alpha+2\beta}{3}-\alpha\right)^2\left(\dfrac{\alpha+2\beta}{3}-\beta\right)=-4$

$(\beta-\alpha)^3=3^3$에서 $\beta-\alpha=3$

그러므로 $\beta=\alpha+3$ (참)

ㄷ. $f(0)=-\alpha^2\beta=16$이고 ㄴ에서 $\beta=\alpha+3$이므로

$\alpha^3+3\alpha^2+16=(\alpha+4)(\alpha^2-\alpha+4)=0$

$\alpha=-4$이고 $\beta=-1$

그러므로 $\alpha^2+\beta^2=17$ (거짓)

따라서 옳은 것은 ㄱ, ㄴ이다.

답 ②

04

정답률 63.6%

이차방정식 $x^2-(2\sin\theta)x-3\cos^2\theta-5\sin\theta+5=0$의 판별식을 D라 하면 이 이차방정식이 실근을 가져야 하므로

$\dfrac{D}{4}=(-\sin\theta)^2-(-3\cos^2\theta-5\sin\theta+5)\geq0$이어야 한다.

즉, $\sin^2\theta+3\cos^2\theta+5\sin\theta-5\geq0$

$\sin^2\theta+3(1-\sin^2\theta)+5\sin\theta-5\geq0$

$2\sin^2\theta-5\sin\theta+2\leq0$, $(2\sin\theta-1)(\sin\theta-2)\leq0$

$\sin\theta-2<0$이므로 $2\sin\theta-1\geq0$, $\sin\theta\geq\dfrac{1}{2}$

이때 $0\leq\theta<2\pi$이므로 $\dfrac{\pi}{6}\leq\theta\leq\dfrac{5}{6}\pi$

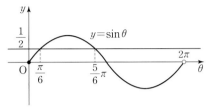

따라서 $\alpha=\dfrac{\pi}{6}$, $\beta=\dfrac{5}{6}\pi$이므로

$4\beta-2\alpha=4\times\dfrac{5}{6}\pi-2\times\dfrac{\pi}{6}=3\pi$

답 ①

05 정답률 14.8%

풀이 전략 두 함수의 곱의 연속성과 미분가능성을 이용한다.

다항함수 $p(x)$는 실수 전체의 집합에서 연속이므로

$\displaystyle\lim_{x\to0+}p(x)=\lim_{x\to0-}p(x)=p(0)$이 성립한다.

ㄱ. $f(0)=0$이고 [$x\leq0$일 때 $f(x)=-x$이므로 $f(0)=-0=0$]

$\displaystyle\lim_{x\to0-}f(x)=\lim_{x\to0-}(-x)=0$, $\displaystyle\lim_{x\to0+}f(x)=\lim_{x\to0+}(x-1)=-1$

이므로

$\displaystyle\lim_{x\to0-}p(x)f(x)=\lim_{x\to0-}p(x)\times\lim_{x\to0-}f(x)=0$ [$p(0)\times0=0$]

$\displaystyle\lim_{x\to0+}p(x)f(x)=\lim_{x\to0+}p(x)\times\lim_{x\to0+}f(x)=-p(0)$ [$p(0)\times(-1)=-p(0)$]

$p(0)f(0)=0$

이때 함수 $p(x)f(x)$가 실수 전체의 집합에서 연속이면 $x=0$에서도 연속이므로

$\displaystyle\lim_{x\to0-}p(x)f(x)=\lim_{x\to0+}p(x)f(x)=p(0)f(0)$

이 성립해야 한다.

즉, $-p(0)=0$이어야 하므로

$p(0)=0$ (참)

ㄴ. $g(x)=p(x)f(x)$라 하자.

함수 $p(x)f(x)$가 실수 전체의 집합에서 미분가능하면 $x=2$에서도 미분가능하므로 $\displaystyle\lim_{x\to2-}\dfrac{g(x)-g(2)}{x-2}$의 값이 존재해야 한다.

[$x=2$에서의 미분계수 $g'(2)$가 존재하려면 $\displaystyle\lim_{x\to2-}\dfrac{g(x)-g(2)}{x-2}=\lim_{x\to2+}\dfrac{g(x)-g(2)}{x-2}$]

$\displaystyle\lim_{x\to2-}\dfrac{g(x)-g(2)}{x-2}=\lim_{x\to2-}\dfrac{p(x)f(x)-p(2)f(2)}{x-2}$

$=\displaystyle\lim_{x\to2-}\dfrac{(x-1)p(x)-p(2)}{x-2}$ [$0<x\leq2$일 때 $f(x)=x-1$]

$=\displaystyle\lim_{x\to2-}\dfrac{(x-2)p(x)+p(x)-p(2)}{x-2}$

$=\displaystyle\lim_{x\to2-}p(x)+\lim_{x\to2-}\dfrac{p(x)-p(2)}{x-2}$

$=p(2)+p'(2)$

$\displaystyle\lim_{x\to2+}\dfrac{g(x)-g(2)}{x-2}=\lim_{x\to2+}\dfrac{p(x)f(x)-p(2)f(2)}{x-2}$

$=\displaystyle\lim_{x\to2+}\dfrac{(2x-3)p(x)-p(2)}{x-2}$ [$x>2$일 때 $f(x)=2x-3$]

$=\displaystyle\lim_{x\to2+}\dfrac{2(x-2)p(x)+p(x)-p(2)}{x-2}$

$=\displaystyle\lim_{x\to2+}2p(x)+\lim_{x\to2+}\dfrac{p(x)-p(2)}{x-2}$

$=2p(2)+p'(2)$

이므로 $\displaystyle\lim_{x\to2-}\dfrac{g(x)-g(2)}{x-2}=\lim_{x\to2+}\dfrac{g(x)-g(2)}{x-2}$가 성립하려면

$p(2)+p'(2)=2p(2)+p'(2)$ [$p(2)-2p(2)=0$, $-p(2)=0$]

즉, $p(2)=0$이어야 한다. (참)

ㄷ. (반례) $h(x)=p(x)\{f(x)\}^2$이라 하자.

$p(x)=x^2(x-2)$이면

$h(x)=\begin{cases}x^4(x-2) & (x\leq0)\\ x^2(x-1)^2(x-2) & (0<x\leq2)\\ x^2(2x-3)^2(x-2) & (x>2)\end{cases}$

이므로 함수 $h(x)$는 $x\neq0$, $x\neq2$인 실수 전체의 집합에서 미분가능하다. 한편,

$\displaystyle\lim_{x\to0-}\dfrac{h(x)-h(0)}{x}=\lim_{x\to0+}\dfrac{h(x)-h(0)}{x}=0$

이므로 함수 $h(x)$는 $x=0$에서 미분가능하다. 또,

$\displaystyle\lim_{x\to2-}\dfrac{h(x)-h(2)}{x-2}=\lim_{x\to2+}\dfrac{h(x)-h(2)}{x-2}=4$

이므로 함수 $h(x)$는 $x=2$에서 미분가능하다.

따라서 함수 $h(x)$는 실수 전체의 집합에서 미분가능하다.

하지만 $p(x)$는 $x^2(x-2)^2$으로 나누어떨어지지 않는다. (거짓)

따라서 옳은 것은 ㄱ, ㄴ이다.

답 ②

06 정답률 68.2%

모든 자연수 n에 대하여 점 P_n의 좌표를 $(a_n, 0)$이라 하자.

$\overline{OP_{n+1}}=\overline{OP_n}+\overline{P_nP_{n+1}}$이므로

$a_{n+1}=a_n+\overline{P_nP_{n+1}}$

이다. 삼각형 OP_nQ_n과 삼각형 $Q_nP_nP_{n+1}$이 닮음이므로

$\overline{OP_n}:\overline{P_nQ_n}=\overline{P_nQ_n}:\overline{P_nP_{n+1}}$

이고, 점 Q_n의 좌표는 $(a_n, \sqrt{3a_n})$이므로

$a_n:\sqrt{3a_n}=\sqrt{3a_n}:\overline{P_nP_{n+1}}$, $a_n\times\overline{P_nP_{n+1}}=3a_n$

$\overline{P_nP_{n+1}}=\boxed{3}$

이때 수열 $\{a_n\}$은 첫째항이 1이고 공차가 3인 등차수열이므로

$a_n=1+(n-1)\times3=3n-2$

따라서 삼각형 $OP_{n+1}Q_n$의 넓이 A_n은

$A_n=\dfrac{1}{2}\times\overline{OP_{n+1}}\times\overline{P_nQ_n}=\dfrac{1}{2}\times a_{n+1}\times\sqrt{3a_n}$

$=\dfrac{1}{2}\times\boxed{3n+1}\times\sqrt{9n-6}$

따라서 $p=3$, $f(n)=3n+1$이므로

$p+f(8)=3+25=28$

답 ⑤

07

정답률 59.8%

$f(x)=x^2-2x$이므로

$$-f(x-1)-1=-\{(x-1)^2-2(x-1)\}-1$$
$$=-(x^2-4x+3)-1$$
$$=-x^2+4x-4$$

두 곡선 $y=f(x)$, $y=-f(x-1)-1$의 교점의 x좌표는

$x^2-2x=-x^2+4x-4$에서

$x^2-3x+2=0$, $(x-1)(x-2)=0$

$x=1$ 또는 $x=2$

따라서 두 곡선 $y=f(x)$,
$y=-f(x-1)-1$로 둘러싸인 부분의 넓이는

$$\int_1^2 \{(-x^2+4x-4)-(x^2-2x)\}\,dx$$
$$=\int_1^2 (-2x^2+6x-4)\,dx=\left[-\frac{2}{3}x^3+3x^2-4x\right]_1^2$$
$$=\left(-\frac{16}{3}+12-8\right)-\left(-\frac{2}{3}+3-4\right)$$
$$=-\frac{4}{3}-\left(-\frac{5}{3}\right)=\frac{1}{3}$$

답 ③

08

정답률 53%

$a_4 \leq 4$이면 $a_5=10-a_4=5$에서 $a_4=5$이므로 $a_4 \leq 4$를 만족시키지 않는다. 그러므로 $a_4>4$이고 $a_4=a_5$에서 $a_4=5$이다.

$a_3>3$일 때, $a_3=a_4$에서 $a_3=5$이고

$a_3 \leq 3$일 때, $a_4=7-a_3=5$에서 $a_3=2$이다.

(i) $a_3=5$인 경우

　① $a_2>2$이면 $a_2=a_3$에서 $a_2=5$이다.

　　$a_1>1$일 때, $a_1=a_2$에서 $a_1=5$이고

　　$a_1 \leq 1$일 때, $a_2=1-a_1=5$에서 $a_1=-4$이다.

　② $a_2 \leq 2$이면 $a_3=4-a_2=5$에서 $a_2=-1$이다.

　　$a_1>1$일 때, $a_1=a_2=-1$이므로 $a_1>1$을 만족시키지 않는다.

　　$a_1 \leq 1$일 때, $a_2=1-a_1=-1$에서 $a_1=2$이므로 $a_1 \leq 1$을 만족시키지 않는다.

(ii) $a_3=2$인 경우

　① $a_2>2$이면 $a_2=a_3$에서 $a_2=2$이므로 $a_2>2$를 만족시키지 않는다.

　② $a_2 \leq 2$이면 $a_3=4-a_2=2$에서 $a_2=2$이다.

　　$a_1>1$일 때, $a_1=a_2$에서 $a_1=2$이고

　　$a_1 \leq 1$일 때, $a_2=1-a_1=2$에서 $a_1=-1$이다.

(i), (ii)에서 $a_1=5$ 또는 $a_1=-4$ 또는 $a_1=2$ 또는 $a_1=-1$이다.

따라서 구하는 모든 a_1의 값의 곱은

$5 \times (-4) \times 2 \times (-1)=40$

답 ③

09

정답률 12%

풀이 전략 함수의 그래프를 이용하여 함수를 추론한다.

$h(x)=x^3-3x+8$이라 하면 $f(x)=|h(x)|$

$h'(x)=3x^2-3=3(x+1)(x-1)$

$h'(x)=0$에서 $x=-1$ 또는 $x=1$

함수 $h(x)$의 증가와 감소를 표로 나타내면 다음과 같다.

x	$\cdots$	-1	$\cdots$	1	$\cdots$
$h'(x)$	$+$	0	$-$	0	$+$
$h(x)$	↗	극대	↘	극소	↗

극댓값은 $h(-1)=10$이고 극솟값은 $h(1)=6$이다.

함수 $y=h(x)$의 극솟값이 양수이므로 <u>$y=h(x)$의 그래프는 x축과 한 점에서 만난다.</u>

→ (극댓값)>0, (극솟값)>0이므로
x축과 한 점에서 만난다.

즉 방정식 $h(x)=0$은 한 개의 실근 $x=a$를 갖고,

$$f(x)=\begin{cases} -h(x) & (x<a) \\ h(x) & (x \geq a) \end{cases}$$
이다.

방정식 $f(t)=f(t+2)$의 해를 구하자.

$a-2<t<a$일 때, $-t^3+3t-8=(t+2)^3-3(t+2)+8$

$t^3+3t^2+3t+9=(t+3)(t^2+3)=0$에서 $t=-3$

$t \leq a-2$ 또는 $t \geq a$일 때,

$t^3-3t+8=(t+2)^3-3(t+2)+8$, $3t^2+6t+1=0$에서

$t=\dfrac{-3\pm\sqrt{6}}{3}$이다. $\dfrac{-3+\sqrt{6}}{3}=b$라 하면 $b>-1$

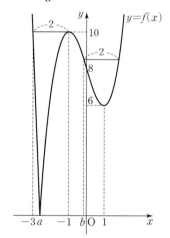

$t<-3$일 때, 닫힌구간 $[t,\ t+2]$에서의 $f(x)$의 최댓값이 $f(t)$이므로 $g(t)=f(t)$이다.

$-3 \leq t \leq -1$일 때, 닫힌구간 $[t,\ t+2]$에서의 $f(x)$의 최댓값이 $f(-1)=10$이므로 $g(t)=10$이다.

$-1<t \leq b$일 때, 닫힌구간 $[t,\ t+2]$에서의 $f(x)$의 최댓값이 $f(t)$이므로 $g(t)=f(t)$이다.

$b<t$일 때, 닫힌구간 $[t,\ t+2]$에서의 $f(x)$의 최댓값이 $f(t+2)$이므로 $g(t)=f(t+2)$이다.

$$g(t)=\begin{cases} -t^3+3t-8 & (t<-3) \\ 10 & (-3 \leq t \leq -1) \\ t^3-3t+8 & (-1<t \leq b) \\ t^3+6t^2+9t+10 & (b<t) \end{cases}$$

$$\lim_{t \to -3-} g(t) = 10 = g(-3) = \lim_{t \to -3+} g(t)$$

$$\lim_{t \to -1-} g(t) = 10 = g(-1) = \lim_{t \to -1+} g(t)$$

$$\lim_{t \to b-} g(t) = g(b) = \lim_{t \to b+} g(t)$$

이므로 $g(t)$는 실수 전체의 집합에서 연속이다.

$$\lim_{t \to -3-} \frac{g(t) - g(-3)}{t - (-3)} = \lim_{t \to -3-} \frac{(t+3)(-t^2 + 3t - 6)}{t + 3}$$
$$= \lim_{t \to -3-} (-t^2 + 3t - 6) = -24 \quad \longrightarrow \quad g(t) = -t^3 + 3t - 8$$
$$\qquad\qquad g(-3) = 10$$

$$\lim_{t \to -3+} \frac{g(t) - g(-3)}{t - (-3)} = 0 \quad \longrightarrow \quad g(t) = 10, g(-3) = 10$$

이므로 $g(t)$는 $t = -3$에서 미분가능하지 않다.

$$\lim_{t \to -1-} \frac{g(t) - g(-1)}{t - (-1)} = 0 \quad \longrightarrow \quad g(t) = 10, g(-1) = 10$$

$$\lim_{t \to -1+} \frac{g(t) - g(-1)}{t - (-1)} = \lim_{t \to -1+} \frac{(t+1)(t^2 - t - 2)}{t + 1}$$
$$= \lim_{t \to -1+} (t^2 - t - 2) = 0$$

이므로 $g(t)$는 $t = -1$에서 미분가능하다.

$$\lim_{t \to b-} \frac{g(t) - g(b)}{t - b} = \lim_{t \to b-} \frac{(t-b)(t^2 + bt + b^2 - 3)}{t - b}$$
$$= \lim_{t \to b-} (t^2 + bt + b^2 - 3) = 3b^2 - 3 \quad \longrightarrow \quad g(t) = t^3 - 3t + 8$$
$$\qquad g(b) = b^3 - 3b + 8$$

$$\lim_{t \to b+} \frac{g(t) - g(b)}{t - b} = \lim_{t \to b+} \frac{(t-b)\{t^2 + (6+b)t + b^2 + 6b + 9\}}{t - b}$$
$$= \lim_{t \to b+} \{t^2 + (6+b)t + b^2 + 6b + 9\} \quad \longrightarrow \quad g(t) = t^3 + 6t^2 + 9t + 10$$
$$\qquad\qquad g(b) = b^3 + 6b^2 + 9b + 10$$
$$= 3b^2 + 12b + 9$$

$b > -1$이므로 $3b^2 - 3 \ne 3b^2 + 12b + 9$

즉 $g(t)$는 $t = b$에서 미분가능하지 않다.

그러므로 $\alpha = -3$, $\beta = \dfrac{-3 + \sqrt{6}}{3}$이고

$$\alpha\beta = 3 - \sqrt{6}$$

따라서 $m = 3$, $n = -1$이므로 $m + n = 2$

답 2

10

정답률 **27.4%**

풀이 전략 사인법칙을 이용하여 삼각형의 외접원의 반지름의 길이를 구한다.

삼각형 BCD에서 사인법칙에 의하여

$$\frac{\overline{BD}}{\sin \frac{3}{4}\pi} = 2R_1, \quad \frac{\overline{BD}}{\frac{\sqrt{2}}{2}} = 2R_1 \quad \longrightarrow \quad \text{삼각형 BCD의 외접원의 반지름의 길이가 } R_1\text{이다.}$$

$$R_1 = \frac{\sqrt{2}}{2} \times \overline{BD}$$

이고, 삼각형 ABD에서 사인법칙에 의하여

$$\frac{\overline{BD}}{\sin \frac{2}{3}\pi} = 2R_2, \quad \frac{\overline{BD}}{\frac{\sqrt{3}}{2}} = 2R_2 \quad \longrightarrow \quad \text{삼각형 ABD의 외접원의 반지름의 길이가 } R_2\text{이다.}$$

$$R_2 = \boxed{\frac{\sqrt{3}}{3}} \times \overline{BD}$$

이다. 삼각형 ABD에서 코사인법칙에 의하여

$$\overline{BD}^2 = 2^2 + 1^2 - 2 \times 2 \times 1 \times \cos \frac{2}{3}\pi \quad \longrightarrow \quad \overline{BD}^2 = \overline{AB}^2 + \overline{AD}^2 - 2\overline{AB} \times \overline{AD} \times \cos \frac{2}{3}\pi$$
$$= 2^2 + 1 - \boxed{-2} = 7 \quad \longrightarrow \quad \cos \frac{2}{3}\pi = \cos\left(\pi - \frac{\pi}{3}\right)$$
$$\qquad\qquad\qquad\qquad = -\cos \frac{\pi}{3} = -\frac{1}{2}$$

이므로

$$R_1 \times R_2 = \left(\frac{\sqrt{2}}{2} \times \overline{BD}\right) \times \left(\frac{\sqrt{3}}{3} \times \overline{BD}\right)$$
$$= \frac{\sqrt{6}}{6} \times \overline{BD}^2 = \boxed{\frac{7\sqrt{6}}{6}}$$

따라서 $p = \dfrac{\sqrt{3}}{3}$, $q = -2$, $r = \dfrac{7\sqrt{6}}{6}$이므로

$$9 \times (p \times q \times r)^2 = 9 \times \left\{\frac{\sqrt{3}}{3} \times (-2) \times \frac{7\sqrt{6}}{6}\right\}^2 = 9 \times \frac{98}{9} = 98$$

답 98

11

정답률 **30.3%**

풀이 전략 정적분을 이용하여 두 곡선으로 둘러싸인 부분의 넓이를 구한다.

$f(1-x) = -f(1+x)$에 $x = 0$, $x = 1$을 각각 대입하면

$f(1) = -f(1)$에서 $f(1) = 0$, $f(0) = -f(2)$에서 $f(2) = 0$

삼차함수 $f(x)$는 $f(0) = f(1) = f(2) = 0$이고 최고차항의 계수가

1이므로 $f(x) = x(x-1)(x-2) = x^3 - 3x^2 + 2x$

$g(x) = -6x^2$이라 하면 두 곡선 $y = f(x)$와 $y = g(x)$의 교점의 x좌

표는 $x^3 - 3x^2 + 2x = -6x^2$에서 $x^3 + 3x^2 + 2x = 0$이므로

$x(x+1)(x+2) = 0$, $x = 0$ 또는 $x = -1$ 또는 $x = -2$

$-2 \le x \le -1$에서 $f(x) \ge g(x)$이고 $\quad \longrightarrow \quad x^3 + 3x^2 + 2x \ge 0$이므로 $x^3 - 3x^2 + 2x \ge -6x^2$

$-1 \le x \le 0$에서 $f(x) \le g(x)$이므로 $\quad \longrightarrow \quad x^3 + 3x^2 + 2x \le 0$이므로 $x^3 - 3x^2 + 2x \le -6x^2$

$$S = \int_{-2}^{0} |f(x) - g(x)| \, dx \quad \longrightarrow \quad \int_{-2}^{-1} \{x^3 - 3x^2 + 2x - (-6x^2)\} \, dx$$
$$+ \int_{-1}^{0} \{-6x^2 - (x^3 - 3x^2 + 2x)\} \, dx$$

$$= \int_{-2}^{-1} \{f(x) - g(x)\} \, dx + \int_{-1}^{0} \{g(x) - f(x)\} \, dx$$

$$= \int_{-2}^{-1} (x^3 + 3x^2 + 2x) \, dx + \int_{-1}^{0} \{-(x^3 + 3x^2 + 2x)\} \, dx$$

$$= \left[\frac{1}{4}x^4 + x^3 + x^2\right]_{-2}^{-1} + \left[-\frac{1}{4}x^4 - x^3 - x^2\right]_{-1}^{0} = \frac{1}{2}$$

따라서 $4S = 2$

답 2

13회

본문 64~68쪽

01 ⑤	02 ④	03 ③	04 ③	05 ②
06 ⑤	07 ⑤	08 ⑤	09 39	10 483
11 70				

01

정답률 **50.1%**

점 P의 좌표를 (t, a^t) $(t < 0)$이라 하면 점 P를 직선 $y = x$에 대하

여 대칭이동시킨 점 Q의 좌표는 (a^t, t)이다. $\angle PQR = 45°$이고 직선 PQ의 기울기가 -1이므로 두 점 Q, R의 x좌표는 같다. 즉, 점 R의 좌표는 $(a^t, -t)$이다.

직선 PR의 기울기는 $\dfrac{1}{7}$이므로 $\dfrac{a^t + t}{t - a^t} = \dfrac{1}{7}$에서

$a^t = -\dfrac{3}{4}t$ ...... ㉠

$\overline{PR} = \dfrac{5\sqrt{2}}{2}$이므로 $\sqrt{(t-a^t)^2 + (a^t+t)^2} = \dfrac{5\sqrt{2}}{2}$에서

$a^{2t} + t^2 = \dfrac{25}{4}$ ...... ㉡

㉠, ㉡에서 $t^2 = 4$이고 $t < 0$이므로 $t = -2$

$t = -2$를 ㉠에 대입하면 $\dfrac{1}{a^2} = \dfrac{3}{2}$이고 $a > 0$이므로 $a = \dfrac{\sqrt{6}}{3}$

답 ⑤

02

정답률 48.1%

함수 $f(x)$는 $x=0$에서만 불연속이고, 함수 $g(x)$는 $x=a$에서만 불연속이므로 함수 $f(x)g(x)$가 $x=0$, $x=a$에서만 연속이면 실수 전체의 집합에서 연속이다.

만일 $a < 0$이면 $f(0)g(0) = 2 \times (-1) = -2$

$\lim\limits_{x \to 0+} f(x)g(x) = 2 \times (-1) = -2$

$\lim\limits_{x \to 0-} f(x)g(x) = 3 \times (-1) = -3$

이므로 함수 $f(x)g(x)$가 $x=0$에서 불연속이다. 즉, $a \geq 0$이다.

이때 $x = a$ $(a \geq 0)$에서 함수 $f(x)g(x)$의 연속성을 조사하면

$f(a)g(a) = (-2a+2)(2a-1)$

$\lim\limits_{x \to a+} f(x)g(x) = (-2a+2)(2a-1)$

$\lim\limits_{x \to a-} f(x)g(x) = (-2a+2) \times 2a$

이므로 함수 $f(x)g(x)$가 $x=a$에서 연속이려면

$(-2a+2)(2a-1) = (-2a+2) \times 2a$

따라서 $a = 1$

답 ④

03

정답률 55.1%

삼각형 PBC에서

$\angle BPC = 180° - (30° + 15°) = 135°$

삼각형 PBC에서 사인법칙에 의하여

$\dfrac{2\sqrt{3}}{\sin 135°} = \dfrac{\overline{PC}}{\sin 30°}$이므로 $\overline{PC} = 2\sqrt{3} \times \dfrac{\sin 30°}{\sin 135°} = \sqrt{6}$

$\overline{AC} = b$라 하면 삼각형 ABC에서 코사인법칙에 의하여

$(2\sqrt{3})^2 = (2\sqrt{2})^2 + b^2 - 2 \times 2\sqrt{2} \times b \times \cos 60°$

$b^2 - 2\sqrt{2}b - 4 = 0$

$b > 0$이므로 $b = \sqrt{2} + \sqrt{6}$

삼각형 ABC에서 사인법칙에 의하여

$\dfrac{2\sqrt{3}}{\sin 60°} = \dfrac{2\sqrt{2}}{\sin C}$이므로 $\sin C = \dfrac{\sqrt{2}}{2}$

$A = 60°$에서 $C < 120°$이므로 $C = 45°$

$\angle PCA = 45° - 15° = 30°$이므로 삼각형 APC의 넓이는

$\dfrac{1}{2} \times \sqrt{6} \times (\sqrt{2} + \sqrt{6}) \times \sin 30° = \dfrac{3 + \sqrt{3}}{2}$

답 ③

04

정답률 65.1%

주어진 등식의 양변에 $x = 0$을 대입하면 $f(0) = 0$

다항함수 $f(x)$의 차수를 n이라 하자.

(i) $n \leq 1$일 때, 주어진 등식의 좌변의 차수는 1 이하이고, 우변의 차수는 2이므로 등식이 성립하지 않는다.

(ii) $n = 2$일 때, 주어진 등식의 좌변의 이차항의 계수는 -1이고, 우변의 이차항의 계수는 2이므로 등식이 성립하지 않는다.

(iii) $n \geq 3$일 때, 주어진 등식의 좌변의 n차항의 계수가 $n - 3$이고 우변의 차수는 2이므로 등식이 성립하기 위해서는 $n = 3$이어야 한다.

(i), (ii), (iii)에서 $f(x)$는 삼차함수이므로

$f(x) = x^3 + ax^2 + bx$ (a, b는 상수)

라 하면 $f'(x) = 3x^2 + 2ax + b$이고

$xf'(x) - 3f(x) = x(3x^2 + 2ax + b) - 3(x^3 + ax^2 + bx)$
$\qquad\qquad\qquad = -ax^2 - 2bx$

주어진 등식이 모든 실수 x에 대하여 성립하므로

$-a = 2$, $-2b = -8$

에서 $a = -2$, $b = 4$이고 $f(x) = x^3 - 2x^2 + 4x$

따라서 $f(1) = 1 - 2 + 4 = 3$

답 ③

변별력 있는 문제 05

정답률 25.3%

풀이 전략 삼각함수의 그래프의 대칭성과 주기를 이용한다.

$f(x) = \sin kx + 2$의 주기는 $\dfrac{2}{k}\pi$이고

$g(x) = 3\cos 12x$의 주기는 $\dfrac{\pi}{6}$이다.

이때 주어진 조건을 만족시키려면 직선 $y = a$와 함수 $y = f(x)$의 그래프의 교점의 x좌표 중에서 직선 $y = a$와 함수 $y = g(x)$의 그래프의 교점이 아닌 것이 있으면 안 된다.

이때 함수 $f(x)$의 주기가 함수 $g(x)$의 주기보다 작으면 직선 $y = a$와 $y = f(x)$의 그래프가 $y = g(x)$의 그래프보다 더 많이 만나므로 성립하지 않는다.

따라서 함수 $f(x)$의 주기가 함수 $g(x)$의 주기보다 더 커야 하므로

$\dfrac{2}{k}\pi > \dfrac{\pi}{6}$에서 $k < 12$

조건을 만족시키도록 함수 $f(x)$의 주기를 다르게 하여 그래프를 그려 보면 다음과 같다.

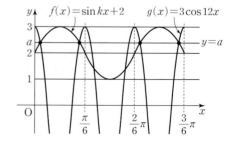

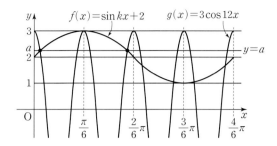

위 그림에서 보면 함수 $f(x)$의 주기의 $\dfrac{1}{2}$이 $g(x)$의 주기 $\dfrac{\pi}{6}$의 정수 배일 때 주어진 조건을 만족시킨다.

즉, $\dfrac{\pi}{k}=\dfrac{\pi}{6}\times n\ (n=1,\,2,\,3,\,\cdots)$

이때 k가 자연수이어야 하므로

$n=1$일 때 $k=6$, $n=2$일 때 $k=3$

$n=3$일 때 $k=2$, $n=6$일 때 $k=1$

따라서 만족시키는 k의 값은 1, 2, 3, 6으로 4개이다.

답 ②

06

점 P의 시각 $t\ (t\geq 0)$에서의 위치를 $x_1(t)$라 하면

$x_1(t)=\displaystyle\int_0^t (2-t)\,dt=\left[2t-\dfrac{1}{2}t^2\right]_0^t=2t-\dfrac{1}{2}t^2$

따라서 출발 후 점 P가 다시 원점으로 돌아온 시각은

$2t-\dfrac{1}{2}t^2=0$에서 $t^2-4t=0$, $t(t-4)=0$, $t=4$

이므로 출발한 시각부터 점 P가 원점으로 돌아올 때까지 점 Q가 움직인 거리는

$\displaystyle\int_0^4 |3t|\,dt=\int_0^4 3t\,dt=\left[\dfrac{3}{2}t^2\right]_0^4=24$

답 ⑤

07

정답률 52.5%

(i) $k=1,\,4,\,9,\,16$일 때 $f(1)=1$이고 $f(x+1)=f(x)$이므로

$f(1)=f(2)=f(3)=f(4)=1$에서 $f(\sqrt{k})=1$

(ii) $k\neq 1,\,4,\,9,\,16$일 때 $f(\sqrt{k})=3$

따라서 $\displaystyle\sum_{k=1}^{20}k=\dfrac{20\times 21}{2}=210$이고, $1+4+9+16=30$이므로

$\displaystyle\sum_{k=1}^{20}\dfrac{k\times f(\sqrt{k})}{3}=\sum_{k=1}^{20}\left\{k\times\dfrac{f(\sqrt{k})}{3}\right\}$

$=(1+4+9+16)\times\dfrac{1}{3}+\left\{\displaystyle\sum_{k=1}^{20}k-(1+4+9+16)\right\}\times\dfrac{3}{3}$

$=30\times\dfrac{1}{3}+(210-30)\times\dfrac{3}{3}$

$=10+180=190$

답 ⑤

08

정답률 46.3%

삼차함수 $f(x)$는 최고차항의 계수가 1이고 $f'(0)=f'(2)=0$이므로

$f'(x)=3x(x-2)=3x^2-6x$

따라서

$f(x)=\displaystyle\int f'(x)\,dx=\int (3x^2-6x)\,dx$

$\qquad=x^3-3x^2+C$ (단, C는 적분상수)

이때 $f(x)-f(0)=x^3-3x^2$이고

$f(x+p)-f(p)=(x+p)^3-3(x+p)^2+C-(p^3-3p^2+C)$

$\qquad\qquad\quad=x^3+(3p-3)x^2+(3p^2-6p)x$

이므로

$g(x)=\begin{cases} x^3-3x^2 & (x\leq 0) \\ x^3+(3p-3)x^2+(3p^2-6p)x & (x>0) \end{cases}$

ㄱ. $p=1$이면

$g(x)=\begin{cases} x^3-3x^2\ (x\leq 0) \\ x^3-3x\ (x>0) \end{cases}$ 이므로 $g'(x)=\begin{cases} 3x^2-6x\ (x<0) \\ 3x^2-3\ (x>0) \end{cases}$

따라서 $g'(1)=3-3=0$ (참)

ㄴ. $\displaystyle\lim_{x\to 0-}g(x)=\lim_{x\to 0+}g(x)=g(0)=0$이므로 함수 $g(x)$는 $x=0$에서 연속이다.

이때 $\displaystyle\lim_{x\to 0-}g'(x)=\lim_{x\to 0-}(3x^2-6x)=0$,

$\displaystyle\lim_{x\to 0+}g'(x)=\lim_{x\to 0+}\{3x^2+2(3p-3)x+(3p^2-6p)\}=3p^2-6p$

이므로 $g(x)$가 실수 전체의 집합에서 미분가능하려면

$3p^2-6p=0$이어야 한다. 따라서 양수 p의 값은 $p=2$뿐이므로 양수 p의 개수는 1이다. (참)

ㄷ. $\displaystyle\int_{-1}^0 g(x)\,dx=\int_{-1}^0 (x^3-3x^2)\,dx=\left[\dfrac{1}{4}x^4-x^3\right]_{-1}^0$

$\qquad\qquad\qquad=0-\left(\dfrac{1}{4}+1\right)=-\dfrac{5}{4}$

$\displaystyle\int_0^1 g(x)\,dx=\int_0^1 \{x^3+(3p-3)x^2+(3p^2-6p)x\}\,dx$

$\qquad\quad=\left[\dfrac{1}{4}x^4+(p-1)x^3+\dfrac{3p^2-6p}{2}x^2\right]_0^1$

$\qquad\quad=\dfrac{1}{4}+(p-1)+\dfrac{3p^2-6p}{2}$

$\qquad\quad=\dfrac{3}{2}p^2-2p-\dfrac{3}{4}$

$\displaystyle\int_{-1}^1 g(x)\,dx=\int_{-1}^0 g(x)\,dx+\int_0^1 g(x)\,dx$

$\qquad\quad=\left(-\dfrac{5}{4}\right)+\left(\dfrac{3}{2}p^2-2p-\dfrac{3}{4}\right)$

$\qquad\quad=\dfrac{3}{2}p^2-2p-2=\dfrac{1}{2}(3p+2)(p-2)$

따라서 $p\geq 2$일 때 $\displaystyle\int_{-1}^1 g(x)\,dx\geq 0$이다. (참)

따라서 옳은 것은 ㄱ, ㄴ, ㄷ이다.

답 ⑤

09

정답률 16.1%

풀이 전략 정적분의 성질을 활용하여 함숫값을 구한다.

최고차항의 계수가 1인 이차함수 $f(x)$의 부정적분 중 하나를 $F(x)$라 하면 $F'(x)=f(x)$

$g(x)=\displaystyle\int_0^x f(t)\,dt=F(x)-F(0)$이므로 $\longrightarrow$ x에 대하여 미분하면 $g'(x)=F'(x)-F'(0)=f(x)$

$g'(x) = f(x)$

즉, 함수 $g(x)$는 최고차항의 계수가 $\frac{1}{3}$인 삼차함수이다.

조건에서 $x \geq 1$인 모든 실수 x에 대하여 $g(x) \geq g(4)$이므로 삼차함수 $g(x)$는 구간 $[1, \infty)$에서 $x = 4$일 때 최소이자 극소이다.

$\cdots\cdots$ ㉠

즉, $g'(4) = f(4) = 0$이므로 [이차함수 $f(x)$의 한 근이 4이다.]

$f(x) = (x-4)(x-a)$ (a는 상수) $\cdots\cdots$ ㉡

로 놓을 수 있다.

(i) $g(4) \geq 0$인 경우

$x \geq 1$인 모든 실수 x에 대하여 $g(x) \geq g(4) \geq 0$이므로 이 범위에서 $|g(x)| = g(x)$이다.

조건에서 $x \geq 1$인 모든 실수 x에 대하여

$|g(x)| \geq |g(3)|$, 즉 $g(x) \geq g(3)$이어야 한다. $\cdots\cdots$ ㉢

그런데 ㉠에서 $g(3) > g(4)$이므로 ㉢을 만족시키지 않는다.

(ii) $g(4) < 0$인 경우

$x \geq 1$인 모든 실수 x에 대하여 $|g(x)| \geq |g(3)|$이려면

$g(3) = 0$ [$|g(x)| \geq 0$이므로 $g(3) = 0$] $\cdots\cdots$ ㉣

이어야 한다.

㉡에서 $f(x) = x^2 - (a+4)x + 4a$이므로

$F(x) = \int \{x^2 - (a+4)x + 4a\} dx$

$\qquad = \frac{1}{3}x^3 - \frac{a+4}{2}x^2 + 4ax + C$ (단, C는 적분상수)

그러므로

$g(x) = F(x) - F(0) = \frac{1}{3}x^3 - \frac{a+4}{2}x^2 + 4ax$

㉣에서 $g(3) = 9 - \frac{9}{2}(a+4) + 12a = 0$

$\frac{15}{2}a = 9$, $a = \frac{6}{5}$

따라서 $f(x) = (x-4)\left(x - \frac{6}{5}\right)$이므로

$f(9) = 5 \times \frac{39}{5} = 39$ [㉡에서 $f(x) = (x-4)(x-a)$이므로 $a = \frac{6}{5}$을 대입한다.]

답 39

정답률 1.5%

풀이 전략 미분법을 이용하여 조건을 만족시키는 삼차함수를 구한다.

문제의 조건으로부터

함수 $f(x)$가 모든 정수 k에 대하여

$f(k-1)f(k+1) \geq 0$을 만족시켜야 한다. $\cdots\cdots$ ㉠

함수 $f(x)$는 삼차함수이므로 방정식 $f(x) = 0$은 반드시 실근을 갖는다.

(i) 방정식 $f(x) = 0$의 실근의 개수가 1인 경우

방정식 $f(x) = 0$의 실근을 a라 할 때,

a보다 작은 정수 중 최댓값을 m이라 하면

$f(m) < 0 < f(m+2)$이므로

$f(m)f(m+2) < 0$이 되어 ㉠을 만족시키지 않는다.

(ii) 방정식 $f(x) = 0$의 서로 다른 실근의 개수가 2인 경우

방정식 $f(x) = 0$의 실근을 a, b ($a < b$)라 할 때,

$f(x) = (x-a)(x-b)^2$ 또는 $f(x) = (x-a)^2(x-b)$이다.

((ii)-①) $f(x) = (x-a)(x-b)^2$일 때

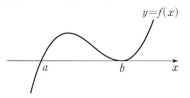

a보다 작은 정수 중 최댓값을 m이라 하면

$f(m-1) < 0$, $f(m) < 0$,

$f(m+1) \geq 0$, $f(m+2) \geq 0$

이다. 이때 ㉠을 만족시키려면

$f(m-1)f(m+1) \geq 0$, $f(m)f(m+2) \geq 0$이어야 하므로 $f(m+1) = f(m+2) = 0$이어야 한다.

그러므로 $a = m+1$, $b = m+2$이다.

$f'\left(\frac{1}{4}\right) < 0$이므로 $m+1 < \frac{1}{4} < m+2$이고

정수 m의 값은 -1이다. $\cdots\cdots$ ㉡

즉, $f(x) = x(x-1)^2$

이때 함수 $y = f(x)$의 그래프에서 $f'\left(-\frac{1}{4}\right) > 0$이므로 $f'\left(-\frac{1}{4}\right) = -\frac{1}{4}$을 만족시키지 않는다.

((ii)-②) $f(x) = (x-a)^2(x-b)$일 때

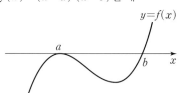

만약 $a < n < b$인 정수 n이 존재한다면 그 중 가장 큰 값을 n_1이라 하자. 그러면 $f(n_1) < 0 < f(n_1+2)$

이므로 $f(n_1)f(n_1+2) < 0$이 되어 ㉠을 만족시키지 않는다.

즉, $a < n < b$인 정수 n은 존재하지 않는다. $\cdots\cdots$ ㉢

그러므로 a보다 작은 정수 중 최댓값을 m이라 하면

$f(m-1) < 0$, $f(m) < 0$,

$f(m+1) \geq 0$, $f(m+2) \geq 0$

이고, ㉡과 마찬가지로 $a = m+1$, $b = m+2$, 정수 m의 값은 -1이다.

즉, $f(x) = x^2(x-1)$

그러나 이때 함수 $y = f(x)$의 그래프에서 $f'\left(-\frac{1}{4}\right) > 0$이므로 $f'\left(-\frac{1}{4}\right) = -\frac{1}{4}$을 만족시키지 않는다.

(iii) 방정식 $f(x) = 0$의 서로 다른 실근의 개수가 3인 경우

$f(x) = (x-a)(x-b)(x-c)$ ($a < b < c$)라 하자.

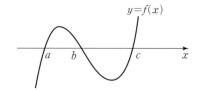

이때 ㉢과 마찬가지로 $b<n<c$인 정수 n은 존재하지 않는다.

따라서 a보다 작은 정수 중 최댓값을 m이라 하면

$f(m-1)<0,\ f(m)<0,\ f(m+1)\geq 0,\ f(m+2)\geq 0$

이다. 이때 ㉠을 만족시키려면

$f(m-1)f(m+1)\geq 0,\ f(m)f(m+2)\geq 0$이어야 하므로

$f(m+1)=f(m+2)=0$이어야 한다.

즉, $a=m+1,\ b=m+2$

또는 $a=m+1,\ c=m+2$

또는 $b=m+1,\ c=m+2$이다.

또, $f'\left(-\dfrac{1}{4}\right)=-\dfrac{1}{4}<0,\ f'\left(\dfrac{1}{4}\right)<0$이므로 $f'(0)<0$이다.

(ⅲ)-① $a=m+1,\ b=m+2$일 때

$a<n<b$ 또는 $b<n<c$인 정수 n은 존재하지 않고,

$f'(0)<0$이므로 $b=m+2=0$이다.

이때 $a=m+1=-1$이므로

$f(x)=x(x+1)(x-c)=(x^2+x)(x-c)$이다.

$f'(x)=(2x+1)(x-c)+(x^2+x)$이므로

$$f'\left(-\dfrac{1}{4}\right)=\dfrac{1}{2}\times\left(-\dfrac{1}{4}-c\right)+\left(\dfrac{1}{16}-\dfrac{1}{4}\right)$$

$$=-\dfrac{1}{2}c-\dfrac{5}{16}$$

$f'\left(-\dfrac{1}{4}\right)=-\dfrac{1}{4}$에서

$-\dfrac{1}{2}c-\dfrac{5}{16}=-\dfrac{1}{4},\ c=-\dfrac{1}{8}$

그러나 이는 $b<c$에 모순이다.

(ⅲ)-② $a=m+1,\ c=m+2$일 때

$m+1,\ m+2$는 연속하는 두 정수이므로 $f'(n)<0$을

만족시키는 정수 n은 존재하지 않는다.

그러나 이는 $f'(0)<0$에 모순이다.

(ⅲ)-③ $b=m+1,\ c=m+2$일 때

$a<n<b$ 또는 $b<n<c$인 정수 n은 존재하지 않

고, $f'(0)<0$이므로 $b=m+1=0$이다.

이때 $c=m+2=1$이므로

$f(x)=(x-a)x(x-1)=(x-a)(x^2-x)$이다.

$f'(x)=(x^2-x)+(x-a)(2x-1)$이므로

$$f'\left(-\dfrac{1}{4}\right)=\dfrac{5}{16}+\left(-\dfrac{1}{4}-a\right)\times\left(-\dfrac{3}{2}\right)$$

$$=\dfrac{11}{16}+\dfrac{3}{2}a$$

$f'\left(-\dfrac{1}{4}\right)=-\dfrac{1}{4}$에서 $\dfrac{11}{16}+\dfrac{3}{2}a=-\dfrac{1}{4},\ a=-\dfrac{5}{8}$

그리고 $a=-\dfrac{5}{8}$이면

$$f'\left(\dfrac{1}{4}\right)=-\dfrac{3}{16}+\left(\dfrac{1}{4}+\dfrac{5}{8}\right)\times\left(-\dfrac{1}{2}\right)=-\dfrac{5}{8}$$

이므로 $f'\left(\dfrac{1}{4}\right)<0$도 만족시킨다.

(ⅰ), (ⅱ), (ⅲ)에서 함수 $f(x)$는 $f(x)=\left(x+\dfrac{5}{8}\right)(x^2-x)$이므로

$f(8)=\dfrac{69}{8}\times 56=483$

📋 483

11

$a_{n+1}=\begin{cases}-2a_n & (a_n<0)\\ a_n-2 & (a_n\geq 0)\end{cases}$ ······ ㉠

이고 $1<a_1<2$에서 $a_1\geq 0$이므로

$a_2=a_1-2<0$

$a_3=-2a_2=-2(a_1-2)>0$

$a_4=a_3-2=-2(a_1-2)-2=-2(a_1-1)<0$

$a_5=-2a_4=4(a_1-1)>0$

$a_6=a_5-2=4(a_1-1)-2=4a_1-6$

이때 ㉠에서 $a_6<0$이면 $a_7=-2a_6>0$이므로

$a_7=-1<0$일 때 $a_6\geq 0$이다.

$a_7=a_6-2=(4a_1-6)-2=4a_1-8=-1$에서 $a_1=\dfrac{7}{4}$

따라서 $40\times a_1=40\times\dfrac{7}{4}=70$

📋 70

01
정답률 58.9%

함수 $f(x)=a-\sqrt{3}\tan 2x$의 그래프의 주기는 $\dfrac{\pi}{2}$이다.

함수 $f(x)$가 닫힌구간 $\left[-\dfrac{\pi}{6},\ b\right]$에서 최댓값과 최솟값을 가지므로

$-\dfrac{\pi}{6}<b<\dfrac{\pi}{4}$

이다. 한편, 함수 $y=f(x)$의 그래프는 구간 $\left[-\dfrac{\pi}{6},\ b\right]$에서 x의 값

이 증가할 때, y의 값은 감소한다.

함수 $f(x)$는 $x=-\dfrac{\pi}{6}$에서 최댓값 7을 가지므로

$f\left(-\dfrac{\pi}{6}\right)=a-\sqrt{3}\tan\left(-\dfrac{\pi}{3}\right)=7$에서

$a+\sqrt{3}\tan\dfrac{\pi}{3}=7,\ a+3=7$

$a=4$

함수 $f(x)$는 $x=b$에서 최솟값 3을 가지므로

$f(b)=4-\sqrt{3}\tan 2b=3$에서 $\tan 2b=\dfrac{\sqrt{3}}{3}$

이때 $-\dfrac{\pi}{3}<2b<\dfrac{\pi}{2}$이므로 $2b=\dfrac{\pi}{6},\ b=\dfrac{\pi}{12}$

따라서 $a\times b=4\times\dfrac{\pi}{12}=\dfrac{\pi}{3}$

📋 ③

02

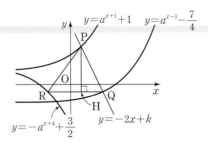

점 P에서 직선 QR에 내린 수선의 발을 H라 하자.

$\overline{HQ}=t\ (t>0)$이라 하면 직선 PQ의 기울기가 -2이므로 $\overline{PH}=2t$이고 $\overline{HR}=5-t$이다.

직각삼각형 PRH에서 피타고라스 정리에 의하여

$(5-t)^2+(2t)^2=5^2$, $t(t-2)=0$, $t=2$

따라서 $\overline{PH}=4$, $\overline{HR}=3$

점 R의 x좌표를 m이라 하면 점 P의 x좌표는 $m+3$, 점 Q의 x좌표는 $m+5$이므로

$P(m+3,\ a^{m+4}+1)$, $Q\left(m+5,\ a^{m+2}-\dfrac{7}{4}\right)$,

$R\left(m,\ -a^{m+4}+\dfrac{3}{2}\right)$

점 P의 y좌표는 점 R의 y좌표보다 4만큼 크므로

$a^{m+4}+1=\left(-a^{m+4}+\dfrac{3}{2}\right)+4$

$a^{m+4}=\dfrac{9}{4}$ ...... ㉠

점 Q의 y좌표와 점 R의 y좌표가 같으므로

$a^{m+2}-\dfrac{7}{4}=-a^{m+4}+\dfrac{3}{2}$

이 식에 ㉠을 대입하여 정리하면 $a^{m+2}=1$

$a>1$에서 $m+2=0$이므로 $m=-2$

㉠에서 $a^2=\dfrac{9}{4}$, $a>1$이므로 $a=\dfrac{3}{2}$

따라서 점 $P\left(1,\ \dfrac{13}{4}\right)$이 직선 $y=-2x+k$ 위의 점이므로

$\dfrac{13}{4}=-2+k$, $k=\dfrac{21}{4}$

따라서 $a+k=\dfrac{3}{2}+\dfrac{21}{4}=\dfrac{27}{4}$

답 ②

03

(ⅰ) $0<a<3$일 때

함수 $y=(x^2-9)(x+a)$의 그래프는 x축과 세 점 $(-3,\ 0)$, $(-a,\ 0)$, $(3,\ 0)$에서 만나므로 그래프의 개형은 그림과 같다.

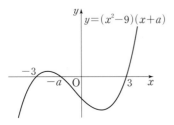

그러므로 함수 $f(x)=|(x^2-9)(x+a)|$의 그래프의 개형은 그림과 같다.

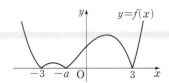

함수 $f(x)$는 $x=-3$, $x=-a$, $x=3$에서 미분가능하지 않으므로 주어진 조건을 만족시키지 않는다.

(ⅱ) $a=3$일 때

함수 $y=(x^2-9)(x+a)=(x+3)^2(x-3)$의 그래프는 x축과 점 $(-3,\ 0)$에서 접하고 점 $(3,\ 0)$에서 만나므로 그래프의 개형은 그림과 같다.

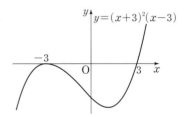

그러므로 $f(x)=|(x+3)^2(x-3)|$의 그래프의 개형은 그림과 같다.

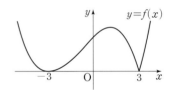

함수 $f(x)$는 $x=3$에서만 미분가능하지 않으므로 주어진 조건을 만족시킨다.

(ⅲ) $a>3$일 때

함수 $y=(x^2-9)(x+a)$의 그래프는 x축과 세 점 $(-a,\ 0)$, $(-3,\ 0)$, $(3,\ 0)$에서 만나므로 그래프의 개형은 그림과 같다.

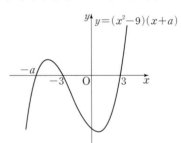

그러므로 함수 $f(x)=|(x^2-9)(x+a)|$의 그래프의 개형은 그림과 같다.

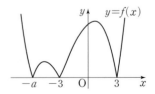

함수 $f(x)$는 $x=-a$, $x=-3$, $x=3$에서 미분가능하지 않으므로 주어진 조건을 만족시키지 않는다.

(ⅰ), (ⅱ), (ⅲ)에 의하여 $a=3$

함수 $y=(x^2-9)(x+3)$의 극솟값의 절댓값이 함수

$f(x)=|(x^2-9)(x+3)|$의 극댓값이다.

$y=(x^2-9)(x+3)$에서

$y'=2x(x+3)+(x^2-9)=3(x+3)(x-1)$이므로

$y'=0$에서 $x=-3$ 또는 $x=1$

$y=(x^2-9)(x+3)$의 증가와 감소를 표로 나타내면 다음과 같다.

x	$\cdots$	-3	$\cdots$	1	$\cdots$
y'	$+$	0	$-$	0	$+$
y	$\nearrow$	0	$\searrow$	-32	$\nearrow$

따라서 함수 $y=(x^2-9)(x+3)$은 $x=1$에서 극소이고 극솟값은
-32이므로 함수 $f(x)$는 $x=1$에서 극대이고 극댓값은
$f(1)=|-32|=32$

답 ①

04

정답률 30.3%

$f(x)=\begin{cases}-\dfrac{1}{3}x^3-ax^2-bx & (x<0)\\[2mm]\dfrac{1}{3}x^3+ax^2-bx & (x\geq0)\end{cases}$에서

$f'(x)=\begin{cases}-x^2-2ax-b & (x<0)\\x^2+2ax-b & (x>0)\end{cases}=\begin{cases}-(x-a)^2+a^2-b & (x<0)\\(x+a)^2-a^2-b & (x>0)\end{cases}$

함수 $f(x)$가 $x=-1$의 좌우에서 감소하다가 증가하고, $x=-1$에
서 미분가능하므로 함수 $y=f'(x)$의 그래프의 개형은 그림과 같다.

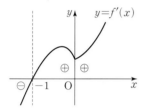

즉, $f'(-1)=0$이므로

$-1+2a-b=0$에서 $b=2a-1$

이때 $a+b=a+2a-1=3a-1$이므로 a의 값의 범위에 따라 경우
를 나누면 다음과 같다.

(i) $-a<0$, 즉 $a>0$인 경우

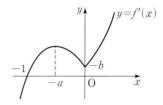

$-b\geq0$, 즉 $b\leq0$이므로 $2a-1\leq0$에서 $a\leq\dfrac{1}{2}$

따라서 $0<a\leq\dfrac{1}{2}$이므로 $-1<3a-1\leq\dfrac{1}{2}$ $\qquad$ ······ ㉠

(ii) $-a=0$, 즉 $a=0$인 경우

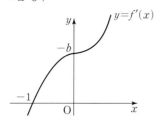

$-b\geq0$, 즉 $b\leq0$이므로 $2a-1\leq0$에서 $a\leq\dfrac{1}{2}$

따라서 $a=0$이므로 $3a-1=-1$ $\qquad$ ······ ㉡

(iii) $-a>0$, 즉 $a<0$인 경우

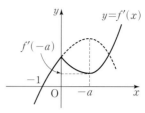

$f'(-a)\geq0$, 즉 $-a^2-(2a-1)\geq0$이므로
$a^2+2a-1\leq0$에서 $-1-\sqrt{2}\leq a\leq-1+\sqrt{2}$

따라서 $-4-3\sqrt{2}\leq3a-1<-1$ $\qquad$ ······ ㉢

㉠, ㉡, ㉢에서 $-4-3\sqrt{2}\leq3a-1\leq\dfrac{1}{2}$

따라서 $M-m=\dfrac{1}{2}-(-4-3\sqrt{2})=\dfrac{9}{2}+3\sqrt{2}$

답 ③

05

정답률 59.2%

함수 $f(x)=kx(x-2)(x-3)$에 대하여 $f(x)=0$에서
$x=0$ 또는 $x=2$ 또는 $x=3$이므로 두 점 P, Q의 좌표는 각각
$(2,0)$, $(3,0)$이다.

$(A의 넓이)=\displaystyle\int_0^2 f(x)\,dx$, $(B의 넓이)=\displaystyle\int_2^3 \{-f(x)\}\,dx$이므로

$(A의 넓이)-(B의 넓이)=\displaystyle\int_0^2 f(x)\,dx-\int_2^3 \{-f(x)\}\,dx$

$\qquad\qquad\qquad\qquad\quad=\displaystyle\int_0^2 f(x)\,dx+\int_2^3 f(x)\,dx$

$\qquad\qquad\qquad\qquad\quad=\displaystyle\int_0^3 f(x)\,dx=3$

$\displaystyle\int_0^3 f(x)\,dx=k\int_0^3 (x^3-5x^2+6x)\,dx$

$\qquad\qquad\quad=k\left[\dfrac{1}{4}x^4-\dfrac{5}{3}x^3+3x^2\right]_0^3=k\left(\dfrac{81}{4}-45+27\right)=\dfrac{9}{4}k$

이므로 $\dfrac{9}{4}k=3$, $k=\dfrac{4}{3}$

답 ②

06

정답률 20.1%

풀이 전략 귀납적으로 정의된 수열을 이용하여 수열의 첫째항을 구한다.

(i) $a_1\leq a_2$일 때, $a_3=2a_1+a_2=2$ $\qquad$ ······ ㉠
   이므로 $a_2>0$

   ① $a_1\geq0$일 때

   $\underline{a_2\leq a_3}$이므로 $a_4=2a_2+a_3=2a_2+2$ ← ㉠에서 $a_3-a_2=2a_1\geq0$ 이므로 $a_3\geq a_2$

   $\underline{a_3\leq a_4}$이므로 $a_5=2a_3+a_4=2a_2+6$ ← 위의 식에서 $a_4-a_3=2a_2\geq0$ 이므로 $a_4\geq a_3$

   $\underline{a_4\leq a_5}$이므로 $a_6=2a_4+a_5=6a_2+10$ ← 위의 식에서 $a_5-a_4=2a_2\geq0$ 이므로 $a_5\geq a_4$

   이때 $a_6=19$이므로 $6a_2+10=19$, $a_2=\dfrac{3}{2}$ ← 위의 식에서 $a_6-a_5=4a_2\geq0$ 이므로 $a_6\geq a_5$

$a_2=\dfrac{3}{2}$을 ㉠에 대입하면 $2a_1+\dfrac{3}{2}=2$, $a_1=\dfrac{1}{4}$

② $a_1<0$일 때

$\underline{a_2>a_3}$이므로 $a_4=a_2+a_3=a_2+2$

$\underline{a_3<a_4}$이므로 $a_5=2a_3+a_4=a_2+6$

$a_4\leq a_5$이므로 $a_6=2a_4+a_5=3a_2+10$

이때 $a_6=19$이므로 $3a_2+10=19$, $a_2=3$

> $a_1<0$이므로 ㉠에서
> $a_3-a_2=2a_1<0$이므로 $a_3<a_2$
> 위의 식에서 $a_4-a_3=a_2>0$
> 이므로 $a_4>a_3$
> 이런 식으로 다음의 두 항 사이의 대
> 소 관계도 파악한다.

$a_2=3$을 ㉠에 대입하면 $2a_1+3=2$, $a_1=-\dfrac{1}{2}$

(ii) $a_1>a_2$일 때, $a_3=a_1+a_2=2$ ...... ㉡

이므로 $a_1>0$

$a_2<a_3$이므로 $a_4=2a_2+a_3=2a_2+2$

① $a_2\geq 0$일 때

$a_3\leq a_4$이므로 $a_5=2a_3+a_4=2a_2+6$

$a_4\leq a_5$이므로 $a_6=2a_4+a_5=6a_2+10$

이때 $a_6=19$이므로 $6a_2+10=19$, $a_2=\dfrac{3}{2}$

$a_2=\dfrac{3}{2}$을 ㉡에 대입하면 $a_1+\dfrac{3}{2}=2$, $a_1=\dfrac{1}{2}$

이때 $a_1<a_2$이므로 주어진 조건을 만족시키는 a_1의 값은 존재하지 않는다.

② $a_2<0$일 때

$a_3>a_4$이므로 $a_5=a_3+a_4=2a_2+4$

$a_4\leq a_5$이므로 $a_6=2a_4+a_5=6a_2+8$

이때 $a_6=19$이므로 $6a_2+8=19$, $a_2=\dfrac{11}{6}$

이때 $a_2>0$이므로 주어진 조건을 만족시키는 a_2와 a_1의 값은 존재하지 않는다.

(i), (ii)에서 $a_1=\dfrac{1}{4}$ 또는 $a_1=-\dfrac{1}{2}$

따라서 모든 a_1의 값의 합은 $\dfrac{1}{4}+\left(-\dfrac{1}{2}\right)=-\dfrac{1}{4}$

답 ②

07

정답률 55.2%

$\displaystyle\int_0^a |v(t)|\,dt=s_1$, $\displaystyle\int_a^b |v(t)|\,dt=s_2$, $\displaystyle\int_b^c |v(t)|\,dt=s_3$이라 하자.

점 P는 출발한 후 시각 $t=a$에서 처음으로 운동 방향을 바꾸므로

$-8=\displaystyle\int_0^a v(t)\,dt=-s_1$에서 $s_1=8$

점 P의 시각 $t=c$에서의 위치가 -6이므로

$-6=\displaystyle\int_0^c v(t)\,dt=(-8)+s_2-s_3$

에서 $s_2-s_3=2$ ...... ㉠

$\displaystyle\int_0^b v(t)\,dt=\int_b^c v(t)\,dt$이므로

$-8+s_2=-s_3$, 즉 $s_2+s_3=8$ ...... ㉡

㉠, ㉡을 연립하여 풀면 $s_2=5$, $s_3=3$

따라서 구하는 거리는

$\displaystyle\int_a^b |v(t)|\,dt=s_2=5$

답 ③

08

정답률 40.2%

$$\sum_{k=1}^{m} a_k=\sum_{k=1}^{m} \log_2 \sqrt{\frac{2(k+1)}{k+2}}=\frac{1}{2}\sum_{k=1}^{m} \log_2 \frac{2(k+1)}{k+2}$$

$$=\frac{1}{2}\left\{\log_2 \frac{2\times 2}{3}+\log_2 \frac{2\times 3}{4}+\log_2 \frac{2\times 4}{5}+\cdots\right.$$

$$\left.+\log_2 \frac{2\times(m+1)}{m+2}\right\}$$

$$=\frac{1}{2}\log_2\left\{\frac{2\times 2}{3}\times\frac{2\times 3}{4}\times\frac{2\times 4}{5}\times\cdots\times\frac{2\times(m+1)}{m+2}\right\}$$

$$=\frac{1}{2}\log_2 \frac{2^{m+1}}{m+2}$$

$\displaystyle\sum_{k=1}^{m} a_k=N$ (N은 100 이하의 자연수)라 하면

$\dfrac{1}{2}\log_2 \dfrac{2^{m+1}}{m+2}=N$, $\dfrac{2^{m+1}}{m+2}=2^{2N}$, $2^{m+1-2N}=m+2$

따라서 $m+2$는 2의 거듭제곱이어야 한다.

(i) $m+2=2^2$, 즉 $m=2$일 때

$2^{3-2N}=2^2$, $3-2N=2$, $N=\dfrac{1}{2}$

N은 100 이하의 자연수이므로 $m\neq 2$

(ii) $m+2=2^3$, 즉 $m=6$일 때

$2^{7-2N}=2^3$, $7-2N=3$, $N=2$

(iii) $m+2=2^4$, 즉 $m=14$일 때

$2^{15-2N}=2^4$, $15-2N=4$, $N=\dfrac{11}{2}$

N은 100 이하의 자연수이므로 $m\neq 14$

(iv) $m+2=2^5$, 즉 $m=30$일 때

$2^{31-2N}=2^5$, $31-2N=5$, $N=13$

(v) $m+2=2^6$, 즉 $m=62$일 때

$2^{63-2N}=2^6$, $63-2N=6$, $N=\dfrac{57}{2}$

N은 100 이하의 자연수이므로 $m\neq 62$

(vi) $m+2=2^7$, 즉 $m=126$일 때

$2^{127-2N}=2^7$, $127-2N=7$, $N=60$

(vii) $m+2\geq 2^8$일 때 $N>100$

(i)~(vii)에서 $m=6$, 30, 126

따라서 모든 자연수 m의 값의 합은

$6+30+126=162$

답 ④

09

정답률 32.1%

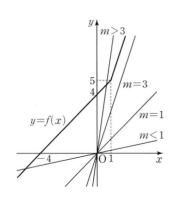

직선 $y=mx$는 실수 m의 값에 관계없이 항상 원점을 지나므로 직선

$y=mx$와 함수 $f(x)=\begin{cases} x+4 & (x<1) \\ 3x+2 & (x\geq 1) \end{cases}$의 그래프는 그림과 같다.

그러므로 함수 $g(m)$은 $g(m)=\begin{cases} 1 & (m<1 \text{ 또는 } m>3) \\ 0 & (1\leq m\leq 3) \end{cases}$

즉, 함수 $g(m)$은 $m=1$과 $m=3$에서 불연속이다.

그런데 함수 $g(x)h(x)$가 실수 전체의 집합에서 연속이므로 $x=1$, $x=3$에서도 연속이 되어야 한다.

(i) $x=1$일 때

$\lim_{x\to 1-} g(x)h(x)=1\times h(1)=h(1)$,

$\lim_{x\to 1+} g(x)h(x)=0\times h(1)=0$

즉, $\lim_{x\to 1-} g(x)h(x)=\lim_{x\to 1+} g(x)h(x)$에서 $h(1)=0$

(ii) $x=3$일 때

$\lim_{x\to 3-} g(x)h(x)=0\times h(3)=0$,

$\lim_{x\to 3+} g(x)h(x)=1\times h(3)=h(3)$

즉, $\lim_{x\to 3-} g(x)h(x)=\lim_{x\to 3+} g(x)h(x)$에서 $h(3)=0$

(i), (ii)에서 $h(1)=h(3)=0$이므로 최고차항의 계수가 1인 이차함수 $h(x)$는 $h(x)=(x-1)(x-3)$

따라서 $h(5)=4\times 2=8$

📖 8

10

정답률 **11.4%**

풀이 전략 사인법칙과 코사인법칙을 이용하여 변의 길이를 구한다.

$\overline{AC}=k$라 하면 $\overline{BD}=2k$이고

$\overline{AH}:\overline{HB}=1:3$이므로 $\overline{AH}=2\times\dfrac{1}{4}=\dfrac{1}{2}$

$\angle CAB=\theta$라 할 때, 두 삼각형 ABC, ABD에서 사인법칙을 이용하면 $\dfrac{\overline{BC}}{\sin\theta}=2r$

$\dfrac{\overline{AD}}{\sin(\pi-\theta)}=\dfrac{\overline{AD}}{\sin\theta}=2R$

▶ $\overline{AC}\parallel\overline{BD}$에서 $\angle ACB=\angle CBD$
따라서 $\theta=\pi-(\angle ACB+\angle ABC)=\pi-\angle ABD$
이므로 $\angle ABD=\pi-\theta$

즉, $\overline{BC}=2r\sin\theta$, $\overline{AD}=2R\sin\theta$ ······ ㉠

$4(R^2-r^2)\times\sin^2\theta=(2R\sin\theta)^2-(2r\sin\theta)^2$이므로 ㉠의 두 식을 $(2R\sin\theta)^2-(2r\sin\theta)^2=51$에 대입하면

$\overline{AD}^2-\overline{BC}^2=51$ ······ ㉡

삼각형 AHC에서 $\cos\theta=\dfrac{\overline{AH}}{\overline{CA}}=\dfrac{1}{2k}$이므로

두 삼각형 ABC, ABD에서 코사인법칙을 이용하면

$\overline{BC}^2=\overline{AB}^2+\overline{AC}^2-2\times\overline{AB}\times\overline{AC}\times\cos\theta$

$=4+k^2-2\times 2\times k\times\cos\theta=k^2+2$ ······ ㉢

$\overline{AD}^2=\overline{AB}^2+\overline{BD}^2-2\times\overline{AB}\times\overline{BD}\times\cos(\pi-\theta)$

$=4+4k^2+2\times 2\times 2k\times\cos\theta=4k^2+8$ ······ ㉣

㉢, ㉣을 ㉡에 대입하면

$\overline{AD}^2-\overline{BC}^2=4k^2+8-(k^2+2)=3k^2+6=51$, $k^2=15$

따라서 $\overline{AC}^2=15$

📖 15

11

정답률 **17%**

풀이 전략 미분을 활용하여 다항함수의 그래프에 대한 문제를 해결한다.

조건 (나)에서 방정식 $f(x)=k$의 서로 다른 실근의 개수가 3 이상인 실수 k의 값이 존재하므로 삼차방정식 $f'(x)=0$은 서로 다른 세 실근을 갖는다.

삼차방정식 $f'(x)=0$의 서로 다른 세 실근을 각각 a, β, γ $(a<\beta<\gamma)$라 하면 부등식 $f'(x)\leq 0$의 해가

$x\leq a$ 또는 $\beta\leq x\leq\gamma$

이므로 조건 (가)에 의하여 $\gamma=2$ ▶ (나)에서 $f'(a)\leq 0$인 실수 a의 최댓값이 2이므로 $r=2$

$f'(1)=0$, $f'(2)=0$에서 $b\neq 1$, $b<2$인 상수 b에 대하여

$f'(x)=4(x-1)(x-2)(x-b)$

$=4x^3-4(b+3)x^2+4(3b+2)x-8b$

로 놓으면

$f(x)=\displaystyle\int f'(x)dx$

$=x^4-\dfrac{4}{3}(b+3)x^3+2(3b+2)x^2-8bx+C$ (C는 상수)

$f(0)=0$에서 $C=0$이므로

$f(x)=x^4-\dfrac{4}{3}(b+3)x^3+2(3b+2)x^2-8bx$ ······ ㉠

이때 조건 (나)를 만족시키는 경우는 다음과 같다.

(i) $b<1$이고 $f(b)<f(2)$인 경우

조건 (나)에 의하여 $f(2)=\dfrac{8}{3}$이어야 하므로 ㉠에서

$f(2)=16-\dfrac{32}{3}(b+3)+8(3b+2)-16b$

$=-\dfrac{8}{3}b=\dfrac{8}{3}$

$b=-1$

$f(x)=x^4-\dfrac{8}{3}x^3-2x^2+8x$에서

$f(-1)=1+\dfrac{8}{3}-2-8=-\dfrac{19}{3}<\dfrac{8}{3}$이므로 조건을 만족시킨다.

따라서 $f(3)=81-72-18+24=15$

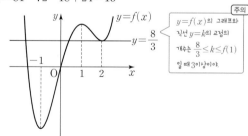

주의
$y=f(x)$의 그래프와 직선 $y=k$의 교점의 개수는 $\dfrac{8}{3}\leq k\leq f(1)$일 때 3이상이야.

(ii) $b<1$이고 $f(2)<f(b)$인 경우

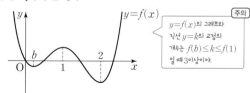

주의
$y=f(x)$의 그래프와 직선 $y=k$의 교점의 개수는 $f(b)\leq k\leq f(1)$일 때 3이상이야.

함수 $f(x)$는 $x=b$에서 극소이고 $f(0)=0$이므로 $f(b)\leq 0$이다.

따라서 방정식 $f(x)=k$의 서로 다른 실근의 개수가 3 이상이 되

도록 하는 실수 k의 최솟값은 0 또는 음수이므로 조건 (나)를 만족시키지 않는다.

(iii) $1 < b < 2$인 경우

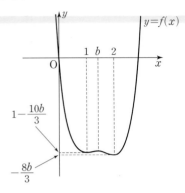

함수 $f(x)$는 $x=1$과 $x=2$에서 극소이고 $x=b$에서 극대이다.

$1 < b < 2$이므로 $f(1) = 1 - \dfrac{10b}{3} < 0$, $f(2) = -\dfrac{8b}{3} < 0$이다.

따라서 방정식 $f(x) = k$의 서로 다른 실근의 개수가 3 이상이 되도록 하는 실수 k의 최솟값은 음수이므로 조건 (나)를 만족시키지 않는다.

(i), (ii), (iii)에서 $f(3) = 15$이다.

답 15

15회

본문 **74~78**쪽

01 ④	02 ③	03 ①	04 ①	05 ②
06 ②	07 ④	08 ④	09 192	10 25
11 6				

01

정답률 **44.8%**

아래 그림은 k의 값에 따른 두 곡선 $y=f(x)$, $y=\sin x$와 직선 $y=\sin\left(\dfrac{k}{6}\pi\right)$를 나타낸 것이다. 각 그림에서 곡선 $y=f(x)$와 직선 $y=\sin\left(\dfrac{k}{6}\pi\right)$의 교점의 개수 a_k를 구하면 다음과 같다.

(i) $k=1$일 때, $a_1 = 2$

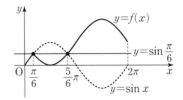

(ii) $k=2$일 때, $a_2 = 2$

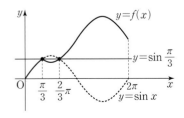

(iii) $k=3$일 때, $a_3 = 1$

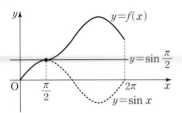

(iv) $k=4$일 때, $a_4 = 2$

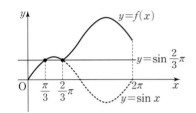

(v) $k=5$일 때, $a_5 = 2$

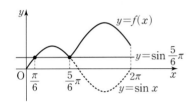

따라서 $a_1 + a_2 + a_3 + a_4 + a_5 = 2+2+1+2+2 = 9$

답 ④

02

정답률 **37.4%**

자연수 n의 값과 상관없이 $n(n-4)$의 세제곱근 중 실수인 것의 개수는 1이므로 $f(n) = 1$

$n(n-4)$의 네제곱근 중 실수인 것의 개수는

(i) $n(n-4) > 0$일 때, $g(n) = 2$

(ii) $n(n-4) = 0$일 때, $g(n) = 1$

(iii) $n(n-4) < 0$일 때, $g(n) = 0$

$f(n) > g(n)$에서 $g(n) = 0$이어야 하므로 $n(n-4) < 0$

즉, $0 < n < 4$이므로 자연수 n의 값은 1, 2, 3이다.

따라서 모든 n의 값의 합은 $1+2+3=6$

답 ③

03

정답률 **42.6%**

함수 $g(x)$는 $x=a$에서 미분가능하고 $g(a)=0$이므로

$$\lim_{x \to a-} \frac{g(x)}{x-a} = \lim_{x \to a+} \frac{g(x)}{x-a},$$

$$\lim_{x \to a-} \frac{|(x-a)f(x)|}{x-a} = \lim_{x \to a+} \frac{|(x-a)f(x)|}{x-a},$$

$$\lim_{x \to a-} \frac{-(x-a)|f(x)|}{x-a} = \lim_{x \to a+} \frac{(x-a)|f(x)|}{x-a}$$

즉, $-|f(a)| = |f(a)|$에서 $f(a) = 0$

$f(x) = (x-a)(x-k)$ (k는 상수)라 하면

함수 $g(x) = |(x-a)^2(x-k)|$가 $x=3$에서만 미분가능하지 않으므로 $k=3$이다.

그러므로 $g(x)=|(x-a)^2(x-3)|$

$h(x)=(x-a)^2(x-3)$이라 하면 $a<3$이고 함수 $g(x)$의 극댓값이 32이므로 함수 $h(x)$의 극솟값은 -32이다.

$h'(x)=2(x-a)(x-3)+(x-a)^2=(x-a)(3x-6-a)=0$

함수 $h(x)$는 $x=\dfrac{6+a}{3}$에서 극솟값 -32를 갖는다.

$h\left(\dfrac{6+a}{3}\right)=\left(\dfrac{6+a}{3}-a\right)^2\left(\dfrac{6+a}{3}-3\right)=-4\left(1-\dfrac{a}{3}\right)^3=-32$

$\left(1-\dfrac{a}{3}\right)^3=8$이므로 $1-\dfrac{a}{3}=2$에서 $a=-3$

따라서 $f(x)=(x+3)(x-3)$에서 $f(4)=7$

답 ①

04
정답률 43.2%

등비수열 $\{a_n\}$의 첫째항이 양수, 공비가 음수이므로

$a_{2n-1}>0$에서 $|a_{2n-1}|+a_{2n-1}=2a_{2n-1}$

$a_{2n}<0$에서 $|a_{2n}|+a_{2n}=0$

수열 $\{a_{2n-1}\}$은 첫째항이 a_1, 공비가 $(-2)^2=4$인 등비수열이므로

$\displaystyle\sum_{k=1}^{9}(|a_k|+a_k)=2(a_1+a_3+a_5+a_7+a_9)=2\times\dfrac{a_1(4^5-1)}{4-1}$

$=\dfrac{2\times1023\times a_1}{3}=682a_1$

따라서 $682a_1=66$이므로 $a_1=\dfrac{3}{31}$

답 ①

05
정답률 24.6%

ㄱ. $k=0$일 때, $f(x)+g(x)=x^3+2x^2+4$

$h_1(x)=x^3+2x^2+4$라 하면

$h_1'(x)=3x^2+4x=x(3x+4)=0$에서 함수 $h_1(x)$는 $x=-\dfrac{4}{3}$에서 극대, $x=0$에서 극소이다.

$h_1(0)=4>0$이므로 방정식 $h_1(x)=0$은 오직 하나의 실근을 갖는다. (참)

ㄴ. $f(x)-g(x)=0$에서

$x^3-kx+6-(2x^2-2)=0$, $x^3-2x^2+8=kx$

$h_2(x)=x^3-2x^2+8$이라 하면 곡선 $y=h_2(x)$에 직선 $y=kx$가 접할 때만 방정식 $h_2(x)=kx$의 서로 다른 실근의 개수가 2이다. 접점의 좌표를 (a, a^3-2a^2+8)이라 하면

$h_2'(x)=3x^2-4x$에서 접선의 방정식은

$y-(a^3-2a^2+8)=(3a^2-4a)(x-a)$

이 접선이 원점을 지나므로

$0-(a^3-2a^2+8)=(3a^2-4a)(0-a)$

$(a-2)(a^2+a+2)=0$, $a=2$

따라서 구하는 k의 값은 $h_2'(2)=4$뿐이다. (참)

ㄷ. $|x^3-kx+6|=2x^2-2$에서 $2x^2-2\geq0$이므로 x의 값의 범위는 $x\leq-1$ 또는 $x\geq1$이고, 주어진 방정식은

$x^3-kx+6=-(2x^2-2)$ 또는 $x^3-kx+6=2x^2-2$

즉, $x^3+2x^2+4=kx$ 또는 $x^3-2x^2+8=kx$

$h_1(x)=x^3+2x^2+4$, $h_2(x)=x^3-2x^2+8$이라 하면 주어진 방정식의 실근의 개수는 $x\leq-1$ 또는 $x\geq1$일 때 직선 $y=kx$와 두 곡선 $y=h_1(x)$, $y=h_2(x)$의 교점의 개수와 같다.

ㄴ에서 $k=4$일 때 직선 $y=kx$와 곡선 $y=h_2(x)$가 접하므로 $k\leq4$일 때 $x\leq-1$ 또는 $x\geq1$에서 직선 $y=kx$와 두 곡선 $y=h_1(x)$, $y=h_2(x)$의 교점의 개수의 최댓값은 3이다.

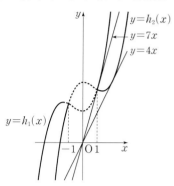

$k>4$일 때, $x\leq-1$에서 직선 $y=kx$와 두 곡선 $y=h_1(x)$, $y=h_2(x)$의 서로 다른 교점의 개수는 2이다. 원점에서 곡선 $y=h_1(x)$에 그은 접선의 방정식은 $y=7x$이고 접점의 좌표는 $(1, 7)$이므로 $k>4$일 때, $x\geq1$에서 직선 $y=kx$와 두 곡선 $y=h_1(x)$, $y=h_2(x)$의 서로 다른 교점의 개수는 2이다.

즉, $k>4$일 때, $x\leq-1$ 또는 $x\geq1$에서 직선 $y=kx$와 두 곡선 $y=h_1(x)$, $y=h_2(x)$의 서로 다른 교점의 개수는 4이다.

따라서 방정식 $|f(x)|=g(x)$의 서로 다른 실근의 개수의 최댓값은 4이다. (거짓)

따라서 옳은 것은 ㄱ, ㄴ이다.

답 ②

06
정답률 38.1%

$a_3\times a_4\times a_5\times a_6<0$이므로 a_3, a_4, a_5, a_6은 어느 것도 0이 될 수 없다.

$a_1=k>0$이므로

$a_2=a_1-2-k=-2<0$, $a_3=a_2+4-k=2-k$

(i) $a_3=2-k>0$인 경우

2$-k>0$에서 $k<2$, 즉 $k=1$이므로

$a_4=a_3-6-k=-6<0$, $a_5=a_4+8-k=1>0$

$a_6=a_5-10-k=-10<0$

따라서 $a_3\times a_4\times a_5\times a_6>0$이므로 주어진 조건을 만족시키지 못한다.

(ii) $a_3=2-k<0$인 경우

즉, $k>2$이므로

$a_4=a_3+6-k=8-2k$

① $a_4=8-2k>0$인 경우

즉, $k<4$이므로 $2<k<4$에서 $k=3$일 때

$a_4=8-6=2$, $a_5=a_4-8-k=-9<0$

$a_6=a_5+10-k=-2<0$

따라서 $a_3\times a_4\times a_5\times a_6<0$이므로 주어진 조건을 만족시킨다.

② $a_4=8-2k<0$인 경우

즉, $k>4$이므로
$a_5=a_4+8-k=16-3k$

㉠ $a_5=16-3k>0$인 경우

즉, $k<\dfrac{16}{3}$에서 $4<k<\dfrac{16}{3}$이므로 $k=5$

$a_5=16-15=1$

$a_6=a_5-10-k=-14<0$

따라서 $a_3\times a_4\times a_5\times a_6<0$이므로 조건을 만족시킨다.

㉡ $a_5=16-3k<0$인 경우

즉, $k>\dfrac{16}{3}$이므로 $k\ge6$인 경우이다.

$a_6=a_5+10-k=26-4k$

이고 $a_3\times a_4\times a_5\times a_6<0$이기 위해서는 $a_6>0$이어야 하므로

$a_6=26-4k>0$에서 $k<\dfrac{13}{2}$

즉, $6\le k<\dfrac{13}{2}$에서 $k=6$

(i), (ii)에 의하여 주어진 조건을 만족시키는 모든 k의 값의 합은
$3+5+6=14$

답 ②

07
정답률 63.9%

$A=B$이므로 $\displaystyle\int_0^2 \{(x^3+x^2)-(-x^2+k)\}dx=0$이어야 한다.

$\displaystyle\int_0^2 \{(x^3+x^2)-(-x^2+k)\}dx=\int_0^2 (x^3+2x^2-k)dx$

$\qquad\qquad=\left[\dfrac{1}{4}x^4+\dfrac{2}{3}x^3-kx\right]_0^2$

$\qquad\qquad=4+\dfrac{16}{3}-2k$

$\qquad\qquad=\dfrac{28}{3}-2k=0$

따라서 $2k=\dfrac{28}{3}$이므로 $k=\dfrac{14}{3}$

답 ④

08
정답률 32.9%

$f(x)=x^4+ax^2+b$에서 모든 실수 x에 대하여 $f(-x)=f(x)$이므로 사차함수 $y=f(x)$의 그래프는 y축에 대하여 대칭이다.

이때 $f(t)\ge0$인 구간에서는 $f(t)-|f(t)|=0$,
$f(t)<0$인 구간에서는 $f(t)-|f(t)|=2f(t)<0$
이고, 조건 (가)에 의하여 $-1\le t\le2$일 때 $f(t)\ge0$이어야 한다.
또, 조건 (나)에 의하여 $f(t)<0$인 구간이 있어야 한다.
따라서 $f(0)>0$이고 함수 $y=f(x)$의 그래프의 개형은 다음과 같다.

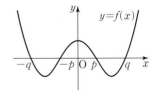

위 그림과 같이 함수 $y=f(x)$의 그래프가 x축과 만나는 네 점의

x좌표를 각각 $-q,\ -p,\ p,\ q\ (0<p<q)$라 하자.

(i) $0<x<\dfrac{p}{2}$일 때, 구간 $[-x,\ 2x]$에서 $f(x)\ge0$이므로

$\displaystyle g(x)=\int_{-x}^{2x}\{f(t)-f(t)\}dt=\int_{-x}^{2x}0\,dt=0$

조건 (가)에 의하여 $0<x<1$일 때 $g(x)=c_1$ (c_1은 상수)이므로

$\dfrac{p}{2}\ge1$, 즉 $p\ge2$

(ii) $\dfrac{p}{2}<x<q$일 때, 구간 $[-x,\ 2x]$에서 $f(x)<0$인 구간이 점점 커지므로 $g(x)$는 감소한다.

조건 (나)에 의하여 $1<x<5$일 때 $g(x)$는 감소하므로

$\dfrac{p}{2}\le1$, $q\ge5$, 즉 $p\le2$, $q\ge5$

(iii) $x>q$일 때, 구간 $[-x,\ -q]$와 구간 $[q,\ 2x]$에서 $f(x)\ge0$이므로 $g(x)=g(q)$

조건 (다)에 의하여 $x>5$일 때 $g(x)=c_2$ (c_2는 상수)이므로
$q\le5$

(i), (ii), (iii)에 의하여 $p=2$, $q=5$

따라서
$f(x)=(x+2)(x-2)(x+5)(x-5)=(x^2-4)(x^2-25)$

이므로 $f(\sqrt2)=(-2)\times(-23)=46$

답 ④

변별력 있는 문제
09
정답률 11.7%

풀이 전략 지수함수와 로그함수의 그래프의 성질을 이용하여 삼각형의 넓이를 구한다.

곡선 $y=a^{x-1}$은 곡선 $y=a^x$을 x축의 방향으로 1만큼 평행이동한 것이고, 곡선 $y=\log_a(x-1)$은 곡선 $y=\log_a x$를 x축의 방향으로 1만큼 평행이동한 것이므로 두 곡선 $y=a^{x-1}$, $y=\log_a(x-1)$은 직선 $y=x-1$에 대하여 대칭이다. ← 평행이동한 그래프는 모양이 바뀌지 않으므로 직선 $y=x$를 x축의 방향으로 1만큼 평행이동한 직선 $y=x-1$에 대하여 대칭이 된다.

두 직선 $y=-x+4$, $y=x-1$의 교점을 M이라 하면 점 M의 좌표는
$-x+4=x-1$에서 $x=\dfrac{5}{2}$

$x=\dfrac{5}{2}$를 $y=x-1$에 대입하면 $y=\dfrac{3}{2}$

따라서 $M\left(\dfrac{5}{2},\ \dfrac{3}{2}\right)$이고, 점 M은 선분 AB의 중점이므로

$\overline{AM}=\dfrac{1}{2}\overline{AB}=\dfrac{1}{2}\times2\sqrt2=\sqrt2$

점 A의 좌표를 $(k,\ -k+4)$라 하면

$\overline{AM}^2=\left(k-\dfrac{5}{2}\right)^2+\left(-k+\dfrac{5}{2}\right)^2=2$에서 $k=\dfrac{3}{2}$

즉, $A\left(\dfrac{3}{2},\ \dfrac{5}{2}\right)$이고 곡선 $y=a^{x-1}$ 위의 점이므로

$$\frac{5}{2}=a^{\frac{3}{2}-1}, \ a^{\frac{1}{2}}=\frac{5}{2}, \ a=\frac{25}{4}$$

이때 점 C의 좌표는 $\left(0, \dfrac{1}{a}\right)$, 즉 $\left(0, \dfrac{4}{25}\right)$

점 C에서 직선 $y=-x+4$에 내린 수선의 발을 H라 하면 선분 CH의 길이는 점 C와 직선 $y=-x+4$ 사이의 거리와 같으므로

$$\overline{\text{CH}}=\frac{\left|0+\dfrac{4}{25}-4\right|}{\sqrt{2}}=\frac{48\sqrt{2}}{25}$$

점 (x_1, y_1)과 직선 $ax+by+c=0$ 사이의 거리 d는
$$d=\frac{|ax_1+by_1+c|}{\sqrt{a^2+b^2}}$$

따라서 삼각형 ABC의 넓이는

$$S=\frac{1}{2}\times\overline{\text{AB}}\times\overline{\text{CH}}=\frac{1}{2}\times2\sqrt{2}\times\frac{48\sqrt{2}}{25}=\frac{96}{25}$$

이므로 $50\times S=50\times\dfrac{96}{25}=192$

目 192

10

정답률 **14.3%**

풀이 전략 접선의 방정식을 구하고, 이를 활용하여 두 선분의 길이의 곱을 구한다.

$f(x)=-x^3+ax^2+2x$에서 $f'(x)=-3x^2+2ax+2$

$f'(0)=2$

즉, 곡선 $y=f(x)$ 위의 점 O$(0, 0)$에서의 접선의 방정식은 $y=2x$이다.

곡선 $y=f(x)$와 직선 $y=2x$가 만나는 점의 x좌표를 구해보자.

$f(x)=2x$에서

$-x^3+ax^2+2x=2x, \ x^2(x-a)=0$

$x=0$ 또는 $x=a$

점 A의 x좌표는 0이 아니므로 점 A의 x좌표는 a이다.

즉, 점 A의 좌표는 $(a, 2a)$이다.

점 A가 선분 OB를 지름으로 하는 원 위의 점이므로

$\angle\text{OAB}=\dfrac{\pi}{2}$이다. 즉, 두 직선 OA와 AB는 서로 수직이다.

이때 $f'(a)=-3a^2+2a^2+2=-a^2+2$이므로 직선 AB의 기울기는 $-a^2+2$이다.

$2\times(-a^2+2)=-1$에서 $a^2=\dfrac{5}{2}$

즉, $a>\sqrt{2}$이므로 $a=\dfrac{\sqrt{10}}{2}$

점 A의 좌표는 $\left(\dfrac{\sqrt{10}}{2}, \sqrt{10}\right)$이다.

곡선 $y=f(x)$ 위의 점 A에서의 접선의 방정식은

$y=-\dfrac{1}{2}\left(x-\dfrac{\sqrt{10}}{2}\right)+\sqrt{10}$ ······ ㉠

㉠에 $y=0$을 대입하여

$0=-\dfrac{1}{2}\left(x-\dfrac{\sqrt{10}}{2}\right)+\sqrt{10}, \ x=\dfrac{5\sqrt{10}}{2}$

점 B의 좌표는 $\left(\dfrac{5\sqrt{10}}{2}, 0\right)$이다.

따라서 $\overline{\text{OA}}=\sqrt{\left(\dfrac{\sqrt{10}}{2}\right)^2+(\sqrt{10})^2}=\dfrac{5\sqrt{2}}{2}$,

$\overline{\text{AB}}=\sqrt{\left(\dfrac{5\sqrt{10}}{2}-\dfrac{\sqrt{10}}{2}\right)^2+(0-\sqrt{10})^2}=5\sqrt{2}$

이므로 $\overline{\text{OA}}\times\overline{\text{AB}}=\dfrac{5\sqrt{2}}{2}\times5\sqrt{2}=25$

目 25

11

정답률 **11.6%**

풀이 전략 사인법칙과 코사인법칙을 이용하여 삼각형에 관한 문제를 해결한다.

$\angle\text{CAE}=\theta$라 하면 $\sin\theta=\dfrac{1}{4}$이고 $\overline{\text{BC}}=4$이므로

삼각형 ACE에서 사인법칙에 의하여

$\dfrac{\overline{\text{CE}}}{\sin\theta}=\overline{\text{BC}}, \ \overline{\text{CE}}=1$

$\overline{\text{BF}}=\overline{\text{CE}}=1$이므로 $\overline{\text{FC}}=3$

$\overline{\text{BC}}=\overline{\text{DE}}$에서 선분 DE도 주어진 원의 지름이므로

$\angle\text{BAC}=\angle\text{DAE}=90°$이다.

$\angle\text{BAD}=90°-\angle\text{DAC}=\theta$

삼각형 ABF에서 사인법칙에 의하여

$\dfrac{k}{\sin(\angle\text{ABF})}=\dfrac{1}{\sin\theta}=4$이므로 $\sin(\angle\text{ABF})=\dfrac{k}{4}$

직각삼각형 ABC에서 $\sin(\angle\text{ABC})=\dfrac{\overline{\text{AC}}}{4}$이므로

$\overline{\text{AC}}=4\sin(\angle\text{ABC})=4\times\dfrac{k}{4}=k$

직각삼각형 ABC에서 $\cos(\angle\text{BCA})=\dfrac{k}{4}$이므로

삼각형 AFC에서 코사인법칙에 의하여

$\overline{\text{AF}}^2=\overline{\text{AC}}^2+\overline{\text{FC}}^2-2\times\overline{\text{AC}}\times\overline{\text{FC}}\times\cos(\angle\text{FCA})$

$k^2=k^2+3^2-2\times k\times3\times\dfrac{k}{4}, \ \dfrac{3}{2}k^2=9$

따라서 $k^2=6$

目 6

16회

본문 79~83쪽

01 ①	02 ①	03 ①	04 ①	05 ③
06 ③	07 ⑤	08 ⑤	09 21	10 24
11 10				

01

정답률 **41.7%**

조건 (가)에서 $\lim\limits_{x\to1}\{f(x)g(x)+4\}=0$

$f(1)g(1)+4=0$, 즉 $f(1)g(1)=-4$

함수 $f(x)g(x)$가 $x=1$에서 연속이므로

$f(1)g(1)=-2g(1)=-4$에서

$g(1)=2$ ······ ㉠

$g(x)$는 일차함수이므로 $g(x)=ax+b$ $(a\neq0, \ a, \ b$는 상수$)$라 하면

$g'(x)=a$ ······ ㉡

조건 (나)에서 $g(0)=g'(0)$이므로 $b=a$

그런데 ㉠에서 $a+b=2$이므로 $a=1, \ b=1$

ⓛ에서 $g'(1)=1$

$\displaystyle\lim_{x\to1}\dfrac{f(x)g(x)+4}{x-1}$ 는 함수 $f(x)g(x)$의 $x=1$에서의 미분계수이

므로

$$\lim_{x\to1}\dfrac{f(x)g(x)+4}{x-1}=f'(1)g(1)+f(1)g'(1)$$

즉, $f'(1)g(1)+f(1)g'(1)=2f'(1)-2=8$

따라서 $f'(1)=5$

답 ①

02

정답률 44.5%

삼각형 ABC에서 $\angle A=90°$이므로

$$S(x)=\dfrac{1}{2}\times\overline{\text{AB}}\times\overline{\text{AC}}=\dfrac{1}{2}\times2\log_2 x\times\log_4\dfrac{16}{x}$$

$$=\log_2 x\times\left(2-\dfrac{1}{2}\log_2 x\right)=-\dfrac{1}{2}(\log_2 x)^2+2\log_2 x$$

$$=-\dfrac{1}{2}(\log_2 x-2)^2+2$$

$S(x)$는 $\log_2 x=2$, 즉 $x=4$일 때 최댓값 2를 갖는다.

따라서 $a=4$, $M=2$이므로

$a+M=4+2=6$

답 ①

03

정답률 14.7%

[풀이 전략] 함수의 연속성을 이용한다.

조건 (가)에서 모든 실수 x에 대하여

$$f(x)g(x)=x(x+3)$$

이고 조건 (나)에서 $g(0)=1$이므로 위의 식에 $x=0$을 대입하면

$$\underline{f(0)g(0)=0} \quad\to f(0)\times1=0$$

즉, $f(0)=0$

이때 $f(x)$는 최고차항의 계수가 1인 삼차함수이므로

$$f(x)=x(x^2+ax+b)\ (a,\ b는\ 상수)$$

$\qquad\to f(0)=0$이므로 x를 인수로 갖는다.

이때 조건 (가)에서

$$g(x)=\dfrac{x(x+3)}{f(x)}=\dfrac{x(x+3)}{x(x^2+ax+b)}=\dfrac{x+3}{x^2+ax+b}$$

한편, 함수 $g(x)$가 실수 전체의 집합에서 연속이므로 $\to f(x)g(x)=x(x+3)$

$\displaystyle\lim_{x\to0}g(x)=g(0)$에서

$$\lim_{x\to0}g(x)=\lim_{x\to0}\dfrac{x+3}{x^2+ax+b}=\dfrac{3}{b}$$

또, $g(0)=1$이므로 $b=3$

이때 $g(x)=\dfrac{x+3}{x^2+ax+3}$

함수 $g(x)$가 실수 전체의 집합에서 연속이어야 하므로

방정식 $x^2+ax+3=0$은 허근을 가져야 한다.

그러므로

$\to$ 함수 $g(x)$의 분모가 0이면 $x^2+ax+3=0$인 x의 값에서 불연속이므로 $x^2+ax+3\neq0$이어야 한다.

$D=a^2-12<0$

$(a+2\sqrt3)(a-2\sqrt3)<0$

$-2\sqrt3<a<2\sqrt3 \qquad\cdots\cdots$ⓐ

한편, $f(1)$이 자연수이므로

$f(1)=1\times(1^2+a+3)=a+4$

에서 $a+4$가 자연수이어야 하므로 $a>-4$이고 a는 정수이다.

$\qquad\qquad\qquad\to a+4>0$

ⓐ에서 정수 a의 값은

$$-3,\ -2,\ -1,\ 0,\ 1,\ 2,\ 3$$

이고

$$g(2)=\dfrac{5}{2a+7} \quad\to g(x)=\dfrac{x+3}{x^2+ax+3}$$에 $x=2$를 대입한다.

이므로 $a=3$일 때 이 값은 최솟값 $\dfrac{5}{13}$를 갖는다.

답 ①

04

정답률 55.2%

삼각형 ABC에 내접하는 원이 세 선분 CA, AB, BC와 만나는 점

을 각각 P, Q, R이라 하자.

$\overline{\text{OQ}}=\overline{\text{OR}}=3$이므로 $\overline{\text{DR}}=\overline{\text{DB}}-\overline{\text{RB}}=1$

$\overline{\text{DO}}=\sqrt{3^2+1^2}=\sqrt{10}$이므로

$$\sin(\angle\text{DOR})=\dfrac{1}{\sqrt{10}}=\dfrac{\sqrt{10}}{10}$$

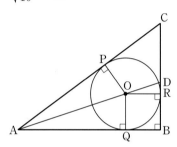

삼각형 DOR과 삼각형 OAQ는 닮음비가 $1:3$이므로

$$\overline{\text{AQ}}=3\times\overline{\text{OR}}=9$$

이때 점 O가 삼각형 ABC의 내심이므로

$\overline{\text{PA}}=\overline{\text{AQ}}=9$, $\angle\text{CAD}=\angle\text{DAB}$, $\overline{\text{AB}}:\overline{\text{AC}}=\overline{\text{BD}}:\overline{\text{DC}}$

$12:(9+\overline{\text{CP}})=4:(\overline{\text{CR}}-1)$, $9+\overline{\text{CP}}=3(\overline{\text{CR}}-1)$

이때 $\overline{\text{CP}}=\overline{\text{CR}}$이므로 $\overline{\text{CR}}=6$, 즉 $\overline{\text{CD}}=5$

직선 OR와 직선 AB가 평행하므로

$\angle\text{DAB}=\angle\text{DOR}$, 즉 $\angle\text{CAD}=\angle\text{DOR}$

삼각형 ADC의 외접원의 반지름의 길이를 R이라 하면 사인법칙에

의하여

$$2R=\dfrac{\overline{\text{CD}}}{\sin(\angle\text{CAD})}=5\sqrt{10},\ R=\dfrac{5\sqrt{10}}{2}$$

이므로 삼각형 ADC의 외접원의 넓이는 $\dfrac{125}{2}\pi$이다.

답 ①

05

정답률 56.0%

점 P의 좌표를 $(s,\ s^2)$이라 하면 점 P에서 곡선 $y=x^2$에 접하는 직

선의 기울기가 $2t$가 되어야 한다.

$f(x)=x^2$이라 하면 $f'(x)=2x$이므로 $2s=2t$에서 $s=t$

즉, $\text{P}(t,\ t^2)$

이때 직선 OP의 방정식은 $y=tx$이므로

$tx=2tx-1$에서 $x=\dfrac{1}{t}$

즉, 점 Q의 좌표는 $\left(\dfrac{1}{t}, 1\right)$이다.

$$\lim_{t\to 1-}\frac{\overline{PQ}}{1-t}=\lim_{t\to 1-}\frac{\sqrt{\left(\dfrac{1}{t}-t\right)^2+(1-t^2)^2}}{1-t}$$

$$=\lim_{t\to 1-}\frac{(1-t^2)\sqrt{\dfrac{1}{t^2}+1}}{1-t}$$

$$=\lim_{t\to 1-}(1+t)\sqrt{\dfrac{1}{t^2}+1}$$

$$=2\sqrt{2}$$

답 ③

06
정답률 36.4%

a_{k-3}, a_{k-2}, a_{k-1}은 이 순서대로 등차수열을 이루므로
a_{k-2}는 a_{k-3}과 a_{k-1}의 등차중항이다. 즉,

$$a_{k-2}=\frac{a_{k-3}+a_{k-1}}{2}=\frac{-24}{2}=-12$$

$$S_k=\frac{k(a_1+a_k)}{2}=\frac{k(a_3+a_{k-2})}{2}=\frac{k\{42+(-12)\}}{2}=15k$$

따라서 $k^2=15k$이고 $k\neq 0$이므로 $k=15$

답 ③

07
정답률 33.9%

최고차항의 계수가 4이고 $f(0)=0$이므로
$f(x)=4x^3+ax^2+bx$ (a, b는 상수)라 하면
$f'(x)=12x^2+2ax+b$에서 $f'(0)=0$이므로 $b=0$
즉, $f(x)=4x^3+ax^2$에서 $\displaystyle\int_0^x f(t)\,dt=x^4+\dfrac{a}{3}x^3$이므로

$$g(x)=\begin{cases} x^4+\dfrac{a}{3}x^3+5 & (x<c) \\[2mm] \left|x^4+\dfrac{a}{3}x^3-\dfrac{13}{3}\right| & (x\geq c) \end{cases}$$

곡선 $y=x^4+\dfrac{a}{3}x^3-\dfrac{13}{3}$은 곡선 $y=x^4+\dfrac{a}{3}x^3+5$를 y축의 방향으로
$-\dfrac{28}{3}$만큼 평행이동한 것이다.

다음은 a의 값에 따른 곡선 $y=x^4+\dfrac{a}{3}x^3+5$와 곡선

$y=\left|x^4+\dfrac{a}{3}x^3-\dfrac{13}{3}\right|$의 개형 중 c의 개수가 0, 1, 2인 경우이다.

[c의 개수가 0]　　　　[c의 개수가 1]　　　　[c의 개수가 2]

함수 $g(x)$가 연속이 되도록 하는 실수 c의 개수가 1이기 위해서는 함수
$y=x^4+\dfrac{a}{3}x^3+5$　　　　……㉠

의 극솟값과 함수
$y=-\left(x^4+\dfrac{a}{3}x^3-\dfrac{13}{3}\right)$　　　　……㉡

의 극댓값이 서로 같아야 한다.

㉠, ㉡의 함수의 도함수는 각각 $f(x)$, $-f(x)$이고
$f(x)=x^2(4x+a)=0$에서 $x=0$ 또는 $x=-\dfrac{a}{4}$ $(a\neq 0)$

㉠, ㉡의 함수는 각각 $x=-\dfrac{a}{4}$에서 극값을 갖고 $c=-\dfrac{a}{4}$이다.

$$\left(-\frac{a}{4}\right)^4+\frac{a}{3}\times\left(-\frac{a}{4}\right)^3+5=-\left\{\left(-\frac{a}{4}\right)^4+\frac{a}{3}\times\left(-\frac{a}{4}\right)^3-\frac{13}{3}\right\}$$

이를 정리하여 풀면 $\begin{cases} a=4 \\ c=-1 \end{cases}$ 또는 $\begin{cases} a=-4 \\ c=1 \end{cases}$

그러므로 $a=4$일 때 $g(1)=\left|1+\dfrac{4}{3}-\dfrac{13}{3}\right|=2$,

$a=-4$일 때 $g(1)=\left|1-\dfrac{4}{3}-\dfrac{13}{3}\right|=\dfrac{14}{3}$

따라서 $g(1)$의 최댓값은 $\dfrac{14}{3}$이다.

답 ⑤

08
정답률 30.0%

점 P는 점 A(1)에서 출발하고, 수직선 위를 움직이는 속도가
$v_1(t)=3t^2+4t-7$이므로 시각 t에서의 위치를 $s_1(t)$라 하면

$$s_1(t)=1+\int_0^t (3t^2+4t-7)\,dt=1+\Big[t^3+2t^2-7t\Big]_0^t$$

$$=t^3+2t^2-7t+1\quad\cdots\cdots㉠$$

또, 점 Q는 점 B(8)에서 출발하고, 수직선 위를 움직이는 속도가
$v_2(t)=2t+4$이므로 시각 t에서의 위치를 $s_2(t)$라 하면

$$s_2(t)=8+\int_0^t (2t+4)\,dt=8+\Big[t^2+4t\Big]_0^t$$

$$=t^2+4t+8\quad\cdots\cdots㉡$$

이때 두 점 P, Q 사이의 거리가 4가 되는 시각은
$|s_1(t)-s_2(t)|=4$
를 만족시켜야 한다.

㉠, ㉡에서
$|(t^3+2t^2-7t+1)-(t^2+4t+8)|=4$

$|t^3+t^2-11t-7|=4$

$t^3+t^2-11t-7=4$ 또는 $t^3+t^2-11t-7=-4$

즉, $t^3+t^2-11t-11=0$ 또는 $t^3+t^2-11t-3=0$

(i) $t^3+t^2-11t-11=0$일 때

　$t^2(t+1)-11(t+1)=0$

　$(t+1)(t^2-11)=0$

　$t=-1$ 또는 $t^2=11$

　이때 $t\geq 0$이므로 $t=\sqrt{11}$

(ii) $t^3+t^2-11t-3=0$일 때

　$(t-3)(t^2+4t+1)=0$

　이때 $t\geq 0$이므로 $t=3$

(i), (ii)에 의하여 두 점 P, Q 사이의 거리가 처음으로 4가 되는 시각은 $t=3$이다.

한편 $v_1(t)=3t^2+4t-7=(3t+7)(t-1)$이므로

$0 \le t < 1$일 때, $v_1(t) < 0$

$t \ge 1$일 때, $v_1(t) \ge 0$

따라서 두 점 P, Q 사이의 거리가 처음으로 4가 될 때까지 점 P가 움직인 거리, 즉 점 P가 시각 $t=0$에서 시각 $t=3$까지 움직인 거리는

$$\int_0^3 |v_1(t)|\,dt$$

$$=-\int_0^1 v_1(t)+\int_1^3 v_1(t)\,dt$$

$$=-\int_0^1 (3t^2+4t-7)\,dt+\int_1^3 (3t^2+4t-7)\,dt$$

$$=-\Big[t^3+2t^2-7t\Big]_0^1+\Big[t^3+2t^2-7t\Big]_1^3$$

$$=-(-4)+\{24-(-4)\}$$

$$=32$$

답 ⑤

09

정답률 38.5%

$x^3-3x^2+2x-3=2x+k$에서

$x^3-3x^2-3=k$ ······ ㉠

따라서 $y=x^3-3x^2-3$이라 하면

$y'=3x^2-6x$이므로 $y'=0$에서

$3x^2-6x=3x(x-2)=0$

$x=0$ 또는 $x=2$

$y=x^3-3x^2-3$의 증가와 감소를 표로 나타내면 다음과 같다.

x	$\cdots$	0	$\cdots$	2	$\cdots$
y'	$+$	0	$-$	0	$+$
y	↗	-3	↘	-7	↗

따라서 곡선 $y=x^3-3x^2-3$은 다음 그림과 같으므로 ㉠이 서로 다른 두 실근만을 갖기 위해서는 곡선 $y=x^3-3x^2-3$과 직선 $y=k$가 서로 다른 두 점에서만 만나야 한다.

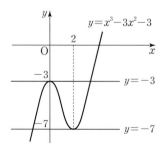

즉, $k=-3$ 또는 $k=-7$

따라서 모든 실수 k의 값의 곱은

$(-3)\times(-7)=21$

답 21

10

정답률 20%

풀이 전략 삼각함수의 그래프를 이용하여 주어진 조건을 만족시키는 두 자연수의 합의 최댓값과 최솟값의 곱을 구한다.

(i) $b=1$인 경우

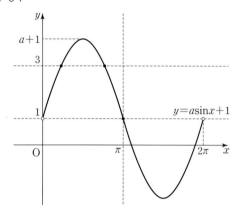

$n(A\cup B\cup C)=3$을 만족시키려면

$a+1>3$, 즉 $a>2$

이어야 하므로 5 이하의 자연수 a, b의 순서쌍 (a,b)는 $(3,1)$, $(4,1)$, $(5,1)$이다.

(ii) $b=2$인 경우

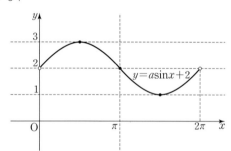

$n(A\cup B\cup C)=3$을 만족시키려면

$a=1$

이어야 하므로 5 이하의 자연수 a, b의 순서쌍 (a,b)는 $(1,2)$이다.

(iii) $b=3$인 경우

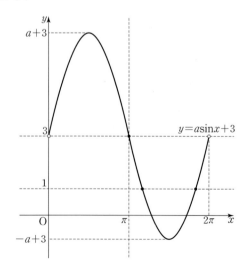

$n(A\cup B\cup C)=3$을 만족시키려면

$-a+3<1$, 즉 $a>2$

이어야 하므로 5 이하의 자연수 a, b의 순서쌍 (a, b)는 $(3, 3)$, $(4, 3)$, $(5, 3)$이다.

(iv) $b=4$인 경우

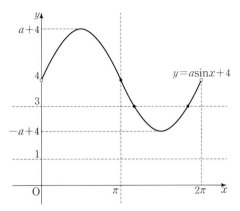

$n(A\cup B\cup C)=3$을 만족시키려면

$1<-a+4<3$, 즉 $1<a<3$

이어야 하므로 5 이하의 자연수 a, b의 순서쌍 (a, b)는 $(2, 4)$이다.

(v) $b=5$인 경우

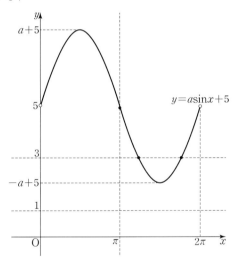

$n(A\cup B\cup C)=3$을 만족시키려면

$1<-a+5<3$, 즉 $2<a<4$

이어야 하므로 5 이하의 자연수 a, b의 순서쌍 (a, b)는 $(3, 5)$이다.

(i)~(v)에서 $a+b$의 최댓값과 최솟값은 각각 $M=8$, $m=3$이므로

$M\times m=24$

답 24

11

정답률 20.6%

[풀이] [전략] 로그함수의 그래프를 이해하고 함수 $g(t)$가 최솟값을 갖도록 하는 a의 값의 범위를 구한다.

$t=0$일 때, 구간 $[-1, 1]$에서 함수 $f(x)$는 $x=1$에서 최댓값 5를 가지므로

$g(0)=5$

함수 $y=-x^2+6x$는 직선 $x=3$에 대하여 대칭이고 $f(5)=5$이므로

$1\leq t\leq 5$일 때, $g(t)\geq 5$

한편, $f(5)=5$이고 $f(6)=0$

또 구간 $[0, \infty)$에서 함수 $g(t)$가 최솟값을 5로 갖기 위해서는

$t=6$일 때, 즉 구간 $[5, 7]$에서 함수 $f(x)$의 최댓값이 5 이상이어야 한다.

$f(7)\geq 5$

$a\log_4 (7-5)\geq 5$

$a\times\log_{2^2} 2\geq 5$, $\dfrac{a}{2}\geq 5$, $a\geq 10$

따라서 양수 a의 최솟값은 10이다.

답 10

(17회) 본문 84~88쪽

01 ②	02 ①	03 ③	04 ③	05 ④
06 ⑤	07 ②	08 ①	09 9	10 66
11 40				

01

정답률 42.8%

두 점 $(a, \log_2 a)$, $(b, \log_2 b)$를 지나는 직선의 방정식은

$y=\dfrac{\log_2 b-\log_2 a}{b-a}(x-a)+\log_2 a$

그러므로 이 직선의 y절편은

$-\dfrac{a(\log_2 b-\log_2 a)}{b-a}+\log_2 a$ ...... ㉠

두 점 $(a, \log_4 a)$, $(b, \log_4 b)$를 지나는 직선의 방정식은

$y=\dfrac{\log_4 b-\log_4 a}{b-a}(x-a)+\log_4 a$

그러므로 이 직선의 y절편은

$-\dfrac{a(\log_4 b-\log_4 a)}{b-a}+\log_4 a$

$=-\dfrac{1}{2}\times\dfrac{a(\log_2 b-\log_2 a)}{b-a}+\dfrac{1}{2}\log_2 a$ ...... ㉡

㉠과 ㉡이 같으므로

$-\dfrac{a(\log_2 b-\log_2 a)}{b-a}+\log_2 a=-\dfrac{1}{2}\times\dfrac{a(\log_2 b-\log_2 a)}{b-a}+\dfrac{1}{2}\log_2 a$

이 식을 정리하면

$\dfrac{1}{2}\times\log_2 a=\dfrac{1}{2}\times\dfrac{a(\log_2 b-\log_2 a)}{b-a}$

$\log_2 a=\dfrac{a(\log_2 b-\log_2 a)}{b-a}$

$(b-a)\log_2 a=a\log_2 \dfrac{b}{a}$, $\log_2 a^{b-a}=\log_2 \left(\dfrac{b}{a}\right)^a$

$a^{b-a}=\dfrac{b^a}{a^a}$, $a^b=b^a$ …… ㉢

한편, $f(x)=a^{bx}+b^{ax}$이고 $f(1)=40$이므로

$a^b+b^a=40$

이 식에 ㉢을 대입하면

$a^b+a^b=40$, $a^b=20$

따라서 $b^a=20$이므로

$f(2)=a^{2b}+b^{2a}=(a^b)^2+(b^a)^2=20^2+20^2=800$

답 ②

02

조건 (가)의 양변을 x에 대하여 미분하면

$xf(x)+xg(x)=12x^3+24x^2-6x$

$f(x)+g(x)=12x^2+24x-6$ …… ㉠

이때 조건 (나)에서 $f(x)=xg'(x)$이므로 ㉠에 대입하면

$xg'(x)+g(x)=12x^2+24x-6$

$\{xg(x)\}'=12x^2+24x-6$

$xg(x)=\displaystyle\int(12x^2+24x-6)dx$

$\qquad\quad =4x^3+12x^2-6x+C$ (단, C는 적분상수)

이때 $g(x)$는 다항함수이므로 $C=0$

즉 $xg(x)=4x^3+12x^2-6x$이므로 $g(x)=4x^2+12x-6$

따라서

$\displaystyle\int_0^3 g(x)dx=\int_0^3(4x^2+12x-6)dx$

$\qquad\qquad\quad =\left[\dfrac{4}{3}x^3+6x^2-6x\right]_0^3=36+54-18$

$\qquad\qquad\quad =72$

답 ①

03

정답률 47.3%

$\angle\mathrm{BAC}=\theta$, $\overline{\mathrm{AC}}=a$라 하면 삼각형 ABC에서 코사인법칙에 의하여

$\overline{\mathrm{BC}}^2=\overline{\mathrm{AB}}^2+\overline{\mathrm{AC}}^2-2\times\overline{\mathrm{AB}}\times\overline{\mathrm{AC}}\times\cos\theta$

즉, $2^2=3^2+a^2-2\times 3\times a\times\dfrac{7}{8}$, $a^2-\dfrac{21}{4}a+5=0$

$4a^2-21a+20=0$, $(4a-5)(a-4)=0$

조건에서 $a>3$이므로 $a=4$

$\overline{\mathrm{AM}}=\overline{\mathrm{CM}}=\dfrac{a}{2}=2$

같은 방법으로 삼각형 ABM에서 코사인법칙에 의하여

$\overline{\mathrm{MB}}^2=\overline{\mathrm{AB}}^2+\overline{\mathrm{AM}}^2-2\times\overline{\mathrm{AB}}\times\overline{\mathrm{AM}}\times\cos\theta$

$\qquad\quad =3^2+2^2-2\times 3\times 2\times\dfrac{7}{8}=\dfrac{5}{2}$

이므로 $\overline{\mathrm{MB}}=\sqrt{\dfrac{5}{2}}=\dfrac{\sqrt{10}}{2}$

이때 두 삼각형 ABM, DCM은 서로 닮은 도형이므로

$\overline{\mathrm{MA}}\times\overline{\mathrm{MC}}=\overline{\mathrm{MB}}\times\overline{\mathrm{MD}}$에서

$2\times 2=\dfrac{\sqrt{10}}{2}\times\overline{\mathrm{MD}}$

따라서 $\overline{\mathrm{MD}}=\dfrac{8}{\sqrt{10}}=\dfrac{4\sqrt{10}}{5}$

답 ③

04

정답률 47.1%

속도 $v(t)=-t(t-1)(t-a)(t-2a)$에서 $a\neq 0$, $a\neq\dfrac{1}{2}$, $a\neq 1$이면 점 P는 출발 후 운동 방향을 세 번 바꾼다.

따라서 운동 방향을 한 번만 바꾸도록 하는 경우를 나누어 생각하자.

(i) $a=0$일 때, $v(t)=-t^3(t-1)$

점 P는 출발 후 운동 방향을 $t=1$에서 한 번만 바꾸므로 조건을 만족시킨다. 시각 $t=0$에서 $t=2$까지 점 P의 위치의 변화량은

$\displaystyle\int_0^2 -t^3(t-1)dt=\int_0^2(-t^4+t^3)dt=\left[-\dfrac{1}{5}t^5+\dfrac{1}{4}t^4\right]_0^2=-\dfrac{12}{5}$

(ii) $a=\dfrac{1}{2}$일 때, $v(t)=-t\left(t-\dfrac{1}{2}\right)(t-1)^2$

점 P는 출발 후 운동 방향을 $t=\dfrac{1}{2}$에서 한 번만 바꾸므로 조건을 만족시킨다. 시각 $t=0$에서 $t=2$까지 점 P의 위치의 변화량은

$\displaystyle\int_0^2 -t\left(t-\dfrac{1}{2}\right)(t-1)^2 dt=\int_0^2 -\left(t^2-\dfrac{1}{2}t\right)(t^2-2t+1)dt$

$\qquad\qquad\qquad\qquad =\displaystyle\int_0^2\left(-t^4+\dfrac{5}{2}t^3-2t^2+\dfrac{1}{2}t\right)dt$

$\qquad\qquad\qquad\qquad =\left[-\dfrac{1}{5}t^5+\dfrac{5}{8}t^4-\dfrac{2}{3}t^3+\dfrac{1}{4}t^2\right]_0^2$

$\qquad\qquad\qquad\qquad =-\dfrac{32}{5}+10-\dfrac{16}{3}+1$

$\qquad\qquad\qquad\qquad =-\dfrac{11}{15}$

(iii) $a=1$일 때, $v(t)=-t(t-1)^2(t-2)$

점 P는 출발 후 운동 방향을 $t=2$에서 한 번만 바꾸므로 조건을 만족시킨다. 시각 $t=0$에서 $t=2$까지 점 P의 위치의 변화량은

$\displaystyle\int_0^2 -t(t-1)^2(t-2)dt=\int_0^2 -t(t^2-2t+1)(t-2)dt$

$\qquad\qquad\qquad\qquad =\displaystyle\int_0^2(-t^4+4t^3-5t^2+2t)dt$

$\qquad\qquad\qquad\qquad =\left[-\dfrac{1}{5}t^5+t^4-\dfrac{5}{3}t^3+t^2\right]_0^2$

$\qquad\qquad\qquad\qquad =-\dfrac{32}{5}+16-\dfrac{40}{3}+4$

$\qquad\qquad\qquad\qquad =\dfrac{4}{15}$

(i), (ii), (iii)에서 구하는 점 P의 위치의 변화량의 최댓값은 $\dfrac{4}{15}$이다.

답 ③

05

정답률 33.6%

$\displaystyle\lim_{x\to 3}g(x)=g(3)-1$ …… ㉠

이므로 함수 $g(x)$는 $x=3$에서 불연속임을 알 수 있고, $x=3$일 때 $f(3)$의 값에 따라 다음과 같이 각 경우로 나눌 수 있다.

64   EBS 수능 기출의 미래 미니모의고사 공통(수학Ⅰ·수학Ⅱ) 4점

(i) $f(3) \neq 0$일 때

$x=3$에 가까운 x의 값에 대하여 $f(x) \neq 0$이므로

$$g(x) = \frac{f(x+3)\{f(x)+1\}}{f(x)}$$

이때 함수 $f(x)$는 다항함수이므로 $f(x)$, $f(x+3)$, $f(x)+1$은 모두 연속이다.

즉, $\lim_{x \to 3} g(x) = g(3)$

이 식을 ㉠에 대입하면 만족하지 않는다.

(ii) $f(3) = 0$일 때

함수 $f(x)$가 삼차함수이므로 방정식 $f(x)=0$은 많아야 서로 다른 세 실근을 갖는다.

또, $x=3$에 가까우며 $x \neq 3$인 x의 값에 대하여 $f(x) \neq 0$

$$\lim_{x \to 3} g(x) = \lim_{x \to 3} \frac{f(x+3)\{f(x)+1\}}{f(x)} \quad \cdots\cdots \text{㉡}$$

에서 $x \to 3$일 때 (분모) $\to 0$이므로 (분자) $\to 0$이어야 한다.

즉, $\lim_{x \to 3} f(x+3)\{f(x)+1\} = 0$

$f(6)\{f(3)+1\}=0$에서 $f(6)=0$

그러므로 $f(x) = (x-3)(x-6)(x-k)$ (k는 상수)

이 식을 ㉡에 대입하면

$\lim_{x \to 3} g(x)$

$$= \lim_{x \to 3} \frac{x(x-3)(x+3-k)\{(x-3)(x-6)(x-k)+1\}}{(x-3)(x-6)(x-k)}$$

$$= \lim_{x \to 3} \frac{x(x+3-k)\{(x-3)(x-6)(x-k)+1\}}{(x-6)(x-k)}$$

$$= \frac{3(6-k)}{-3(3-k)} = \frac{6-k}{k-3}$$

이 값을 ㉠에 대입하면 $g(3)=3$이므로

$\dfrac{6-k}{k-3} = 3-1$, $6-k=2k-6$, $k=4$

따라서 $f(x) = (x-3)(x-4)(x-6)$이고, $f(5) \neq 0$이므로

$$g(5) = \frac{f(8)\{f(5)+1\}}{f(5)}$$

$$= \frac{5 \times 4 \times 2 \times \{2 \times 1 \times (-1)+1\}}{2 \times 1 \times (-1)}$$

$$= 20$$

답 ④

06
정답률 51%

$g(x) = \int_{-4}^{x} f(t)dt$의 양변을 x에 대하여 미분하면

$g'(x) = f(x)$이므로 $g'(x) = \begin{cases} 3x^2+3x+a & (x<0) \\ 3x+a & (x \geq 0) \end{cases}$

함수 $g(x)$는 $x=2$에서 극솟값을 가지므로

$g'(2) = 6+a = 0$에서 $a=-6$이다.

$g'(x) = \begin{cases} 3(x+2)(x-1) & (x<0) \\ 3(x-2) & (x \geq 0) \end{cases}$

함수 $g(x)$의 증가와 감소를 표로 나타내면 다음과 같다.

x	$\cdots$	-2	$\cdots$	2	$\cdots$
$g'(x)$	$+$	0	$-$	0	$+$
$g(x)$	↗	극대	↘	극소	↗

따라서 함수 $g(x)$의 극댓값은

$$g(-2) = \int_{-4}^{-2} (3t^2+3t-6)dt = \left[t^3 + \frac{3}{2}t^2 - 6t \right]_{-4}^{-2} = 26$$

답 ⑤

07
정답률 37.5%

$g(x) = \int_{0}^{x} f(t)dt + f(x)$에서 $g'(x) = f(x) + f'(x)$

$g(0) = \int_{0}^{0} f(t)dt + f(0) = 0 + f(0)$, $g'(0) = f(0) + f'(0)$

조건 (가)에 의하여 $g(0) = f(0) = 0$

$g'(0) = f(0) + f'(0) = 0 + f'(0) = 0$이므로 $f'(0)=0$

그러므로 x^2은 삼차함수 $f(x)$의 인수이다.

$f(x) = x^2(x-k)$ (k는 상수)라 하면

$f'(x) = 3x^2 - 2kx$이므로

$g'(x) = x^3 - kx^2 + 3x^2 - 2kx = x^3 + (3-k)x^2 - 2kx$

조건 (나)에 의하여 모든 실수 x에 대하여

$g'(-x) = -g'(x)$가 성립한다.

즉, $-x^3 + (3-k)x^2 + 2kx = -x^3 - (3-k)x^2 + 2kx$

$2(3-k)x^2 = 0$에서 $k=3$

따라서 $f(x) = x^2(x-3)$이므로

$f(2) = -4$

답 ②

08
정답률 14.7%

풀이 전략 새롭게 정의된 함수가 조건을 만족시키도록 하는 두 자연수의 순서쌍을 구한다.

$x \leq 2$일 때, $f(x) = 2x^3 - 6x + 1$에서

$f'(x) = 6x^2 - 6 = 6(x+1)(x-1)$

$f'(x) = 0$에서 $x=-1$ 또는 $x=1$

$x \leq 2$에서 함수 $f(x)$의 증가와 감소를 표로 나타내면 다음과 같다.

x	$\cdots$	-1	$\cdots$	1	$\cdots$	2
$f'(x)$	$+$	0	$-$	0	$+$	$+$
$f(x)$	↗	5	↘	-3	↗	5

또한, a, b가 자연수이므로 $x>2$일 때, 곡선

$y = a(x-2)(x-b)+9$는 두 점 $(2, 9)$, $(b, 9)$를 지나고 아래로 볼록한 포물선이다.

(ⅰ) $b=1$ 또는 $b=2$인 경우

함수 $f(x)$는 $x>2$에서 증가하고, 함수 $y=f(x)$의 그래프는 아래 그림과 같다.

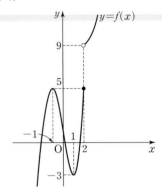

이때 $-3<k<5$인 모든 실수 k에 대하여

$$g(k)=\lim_{t\to k-}g(k)=\lim_{t\to k+}g(k)=3 \quad\cdots\cdots\ \text{㉠}$$

이므로

$$g(k)+\lim_{t\to k-}g(k)+\lim_{t\to k+}g(k)=9 \quad\cdots\cdots\ \text{㉡}$$

을 만족시키는 실수 k의 개수가 1이 아니다.

(ⅱ) $b\geq 3$인 경우

곡선 $y=a(x-2)(x-b)+9$는 직선 $x=\dfrac{2+b}{2}=1+\dfrac{b}{2}$에 대하여 대칭이므로 함수 $f(x)$는 $x=1+\dfrac{b}{2}$에서 극솟값을 갖는다.

이때 이 극솟값을 m이라 하자.

((ⅱ)−①) $m>-3$인 경우

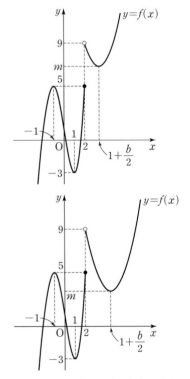

m과 5 중에 크지 않은 값을 m_1이라 하면 $-3<k<m_1$인 모든 실수 k에 대하여 ㉠이 성립하므로 ㉡을 만족시키는 실수 k의 개수가 1이 아니다.

((ⅱ)−②) $m<-3$인 경우

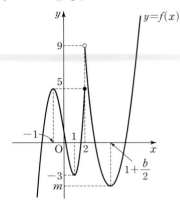

$m<k<-3$인 모든 실수 k에 대하여 ㉠이 성립하므로 ㉡을 만족시키는 실수 k의 개수가 1이 아니다.

((ⅱ)−③) $m=-3$인 경우

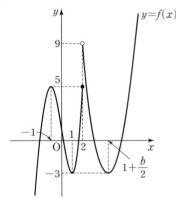

k의 값에 따라 $g(k)$, $\lim_{t\to k-}g(k)$, $\lim_{t\to k+}g(k)$의 값을 구하면 다음과 같다.

	$g(k)$	$\lim\limits_{t\to k-}g(k)$	$\lim\limits_{t\to k+}g(k)$
$k<-3$	1	1	1
$k=-3$	3	1	5
$-3<k<5$	5	5	5
$k=5$	4	5	2
$5<k<9$	2	2	2
$k=9$	1	2	1
$k>9$	1	1	1

즉, ㉡을 만족시키는 실수 k의 값은 -3뿐이므로 문제의 조건을 만족시킨다.

(ⅰ), (ⅱ)에서 $b\geq 3$, $m=-3$이다.

$f\left(1+\dfrac{b}{2}\right)=-3$에서

$$a\left(\dfrac{b}{2}-1\right)\left(1-\dfrac{b}{2}\right)+9=-3$$

$$a(b-2)^2=48$$

$48=2^4\times 3$이므로 두 자연수 a, b의 순서쌍 $(a,\ b)$는 $(48,\ 3)$, $(12,\ 4)$, $(3,\ 6)$이다.

따라서 $a+b$의 최댓값은 $48+3=51$이다.

답 ①

09

모든 자연수 n에 대하여 $S_{n+3}-S_n=13\times3^{n-1}$이 성립하고

$S_{n+3}-S_n=a_{n+1}+a_{n+2}+a_{n+3}$이므로 모든 자연수 n에 대하여

$a_{n+1}+a_{n+2}+a_{n+3}=13\times3^{n-1}$ ····· ㉠

이 성립한다.

㉠에 $n=1$을 대입하면

$a_2+a_3+a_4=13$

이므로 등비수열 $\{a_n\}$의 공비를 r이라 하면

$a_1r+a_1r^2+a_1r^3=13$, $a_1r(1+r+r^2)=13$ ····· ㉡

또, ㉠에 $n=2$를 대입하면

$a_3+a_4+a_5=13\times3=39$이므로

$a_1r^2+a_1r^3+a_1r^4=39$, $a_1r^2(1+r+r^2)=39$ ····· ㉢

㉢÷㉡을 하면

$\dfrac{a_1r^2(1+r+r^2)}{a_1r(1+r+r^2)}=\dfrac{39}{13}$에서 $r=3$

$r=3$을 ㉡에 대입하면

$a_1\times3\times(1+3+9)=13$에서 $a_1=\dfrac{1}{3}$

따라서 $a_4=a_1r^3=\dfrac{1}{3}\times3^3=9$

답 9

10

풀이 전략 미분계수의 정의와 정적분을 활용하여 함숫값을 구한다.

조건 (나)에서 $x=0$일 때, $g(0)=f(-p)-f(-p)=0$이므로

$\displaystyle\lim_{x\to0-}\dfrac{g(x)-g(0)}{x-0}=\lim_{x\to0-}\dfrac{f(x-p)-f(-p)}{x}$

$=f'(-p)$

$\displaystyle\lim_{x\to0+}\dfrac{g(x)-g(0)}{x-0}=\lim_{x\to0+}\dfrac{f(x+p)-f(p)}{x}$

$=f'(p)$

→ 미분계수의 정의 $\displaystyle\lim_{x\to\triangle}\dfrac{f(x)-f(\triangle)}{x-\triangle}=f'(\triangle)$

조건 (가)에서 $g'(0)=0$이므로 $f'(-p)=f'(p)=0$이다.

함수 $f(x)$는 최고차항의 계수가 1이고 $f(0)=1$인 삼차함수이므로 $f'(x)$는 이차항의 계수가 3인 이차식이다.

즉, $f'(-p)=f'(p)=0$이므로

$f'(x)=3(x+p)(x-p)=3x^2-3p^2$

→ 이차방정식 $f'(x)=0$의 두 근이 $-p$, p이다.

$f(x)=\displaystyle\int f'(x)dx=\int(3x^2-3p^2)dx$

$=x^3-3p^2x+C$ (단, C는 적분상수)

$f(0)=1$이므로 $C=1$, 즉 $f(x)=x^3-3p^2x+1$

$x\geq0$에서 $g(x)=f(x+p)-f(p)$이므로

$\displaystyle\int_0^p g(x)dx=\int_0^p\{f(x+p)-f(p)\}dx$

$=\displaystyle\int_0^p(x^3+3px^2)dx=\left[\dfrac{x^4}{4}+px^3\right]_0^p=\dfrac{5}{4}p^4=20$

이때 $p>0$이므로 $p=2$

따라서 $f(x)=x^3-12x+1$이므로

$f(5)=5^3-12\times5+1=66$

답 66

11

풀이 전략 삼각함수의 그래프의 성질을 이용하여 미지수를 구한다.

닫힌구간 $\left[-\dfrac{\pi}{a},\dfrac{2}{a}\pi\right]$에서 $0<a<\dfrac{4}{7}$이므로

$-\dfrac{\pi}{a}<-\dfrac{7}{4}\pi$, $\dfrac{7}{2}\pi<\dfrac{2}{a}\pi$이다.

함수 $f(x)=2\sin(ax)+b$의 그래프가 두 점

$A\left(-\dfrac{\pi}{2},0\right)$, $B\left(\dfrac{7}{2}\pi,0\right)$을 지나므로

$f\left(-\dfrac{\pi}{2}\right)=2\sin\left(-\dfrac{a}{2}\pi\right)+b=-2\sin\left(\dfrac{a}{2}\pi\right)+b=0$

$f\left(\dfrac{7}{2}\pi\right)=2\sin\left(\dfrac{7a}{2}\pi\right)+b=0$

→ $\sin(-\theta)=-\sin\theta$

따라서 $\sin\left(\dfrac{7a}{2}\pi\right)=-\sin\left(\dfrac{a}{2}\pi\right)$

$0<a<\dfrac{4}{7}$에서 $0<\dfrac{a}{2}\pi<\dfrac{2}{7}\pi$, $0<\dfrac{7a}{2}\pi<2\pi$이므로

$\dfrac{7a}{2}\pi=2\pi-\dfrac{a}{2}\pi$ 또는 $\dfrac{7a}{2}\pi=\pi+\dfrac{a}{2}\pi$

→ 사인함수의 대칭성을 이용한다.

따라서 $a=\dfrac{1}{2}$ 또는 $a=\dfrac{1}{3}$

→ $\dfrac{8a}{2}\pi=2\pi$에서 $a=\dfrac{1}{2}$
→ $\dfrac{6a}{2}\pi=\pi$에서 $a=\dfrac{1}{3}$

(ⅰ) $a=\dfrac{1}{2}$일 때 $f(x)=2\sin\left(\dfrac{1}{2}x\right)+b$에서

$f\left(-\dfrac{\pi}{2}\right)=2\sin\left(-\dfrac{\pi}{4}\right)+b=2\times\left(-\dfrac{\sqrt{2}}{2}\right)+b=-\sqrt{2}+b=0$

이므로 $b=\sqrt{2}$

이는 b가 유리수라는 조건을 만족시키지 않는다.

(ⅱ) $a=\dfrac{1}{3}$일 때 $f(x)=2\sin\left(\dfrac{1}{3}x\right)+b$에서

$f\left(-\dfrac{\pi}{2}\right)=2\sin\left(-\dfrac{\pi}{6}\right)+b=2\times\left(-\dfrac{1}{2}\right)+b=-1+b=0$

이므로 $b=1$

이때 $f\left(\dfrac{7}{2}\pi\right)=0$이다.

(ⅰ), (ⅱ)에서 $a=\dfrac{1}{3}$, $b=1$이므로

$30(a+b)=30\times\left(\dfrac{1}{3}+1\right)=40$

답 40

[18회]

본문 89~93쪽

01 ③	02 ②	03 ⑤	04 ①	05 ⑤
06 ①	07 ④	08 ③	09 24	10 8
11 16				

01

$\displaystyle\lim_{x\to\infty}\dfrac{f(x)}{x^3}=1$이므로 다항함수 $f(x)$는 최고차항의 계수가 1인 삼차함수이다.

····· ㉠

$\lim\limits_{x \to -1} \dfrac{f(x)}{x+1} = 2$에서 $x \to -1$일 때 (분모)$\to 0$이므로 (분자)$\to 0$이어야 한다.

즉, $\lim\limits_{x \to -1} f(x) = f(-1) = 0$이어야 한다. $\quad$ …… ⓛ

㉠, ㉡에서 $f(x) = (x+1)(x^2+ax+b)$ (a, b는 상수)
로 놓을 수 있다.

이때 $\lim\limits_{x \to -1} \dfrac{f(x)}{x+1} = 2$에서

$\lim\limits_{x \to -1} \dfrac{f(x)}{x+1} = \lim\limits_{x \to -1} \dfrac{(x+1)(x^2+ax+b)}{x+1} = \lim\limits_{x \to -1} (x^2+ax+b)$

$\qquad\qquad = 1 - a + b = 2$

이므로 $b = a + 1 \quad$ …… ㉢

$f(1) = 2(1+a+b) = 2(2a+2) = 4(a+1) \le 12$

에서 $a + 1 \le 3$이므로 $a \le 2$

따라서

$f(2) = 3(4+2a+b) = 3(3a+5) \le 3 \times (3 \times 2 + 5)$

$\qquad = 33$ (단, 등호는 $a = 2$일 때 성립한다.)

이므로 $f(2)$의 최댓값은 33이다.

답 ③

02

정답률 51.3%

(i) $m > 0$인 경우

n의 값에 관계없이 m의 n제곱근 중에서 실수인 것이 존재한다. 그러므로 $m > 0$인 순서쌍 (m, n)의 개수는 $\boxed{_{10}C_2 = 45}$이다.

(ii) $m < 0$인 경우

n이 홀수이면 m의 n제곱근 중에서 실수인 것이 항상 존재한다. 한편, n이 짝수이면 m의 n제곱근 중에서 실수인 것은 존재하지 않는다. 그러므로 $m < 0$인 순서쌍 (m, n)의 개수는 $\boxed{2+4+6+8=20}$이다.

(i), (ii)에 의하여 m의 n제곱근 중에서 실수인 것이 존재하도록 하는 순서쌍 (m, n)의 개수는 $\boxed{45} + \boxed{20}$이다.

따라서 (가), (나)에 알맞은 수는 각각 45, 20이고

$p + q = 45 + 20 = 65$

답 ②

03

정답률 48.1%

점 $(0, 0)$이 삼차함수 $y = f(x)$의 그래프 위의 점이므로

$f(0) = 0 \quad$ …… ㉠

이때 점 $(0, 0)$에서의 접선의 방정식은 $y = f'(0)(x-0) + 0$

$y = f'(0)x \quad$ …… ㉡

또, 점 $(1, 2)$가 곡선 $y = xf(x)$ 위의 점이므로 $1 \times f(1) = 2$

$f(1) = 2 \quad$ …… ㉢

$y = xf(x)$에서 $y' = f(x) + xf'(x)$이므로 점 $(1, 2)$에서의 접선의 방정식은

$y = \{f(1) + f'(1)\}(x-1) + 2 = \{f'(1)+2\}(x-1) + 2$

$\quad = \{f'(1)+2\}x - f'(1) \quad$ …… ㉣

이때 $f(x) = ax^3 + bx^2 + cx + d$ ($a \ne 0$, a, b, c, d는 상수)라 하면
㉠에서 $d = 0$

㉢에서 $a + b + c = 2 \quad$ …… ㉤

㉡과 ㉣에서 두 접선이 일치해야 하므로

$f'(0) = f'(1) + 2$, $f'(1) = 0$

따라서 $f'(0) = 2$, $f'(1) = 0$

이때 $f'(x) = 3ax^2 + 2bx + c$이므로 $f'(0) = 2$에서 $c = 2$

$f'(1) = 0$에서 $3a + 2b + 2 = 0 \quad$ …… ㉥

㉤에 $c = 2$를 대입하면 $a + b = 0$이므로

$b = -a$를 ㉥에 대입하여 a, b의 값을 구하면 $a = -2$, $b = 2$

$f(x) = -2x^3 + 2x^2 + 2x$에서 $f'(x) = -6x^2 + 4x + 2$이므로

$f'(2) = -14$

답 ⑤

04

정답률 32.4%

주어진 원이 삼각형 BCD의 외접원이고 반지름의 길이가 r이므로 사인법칙에 의하여

$\overline{CD} = 2r\sin\theta = \dfrac{2\sqrt{3}}{3}r$, $\overline{BC} = 2r\sin\dfrac{\pi}{3} = \sqrt{3}r$

삼각형 BCD에서 코사인법칙에 의하여

$(\sqrt{3}r)^2 = (\sqrt{2})^2 + \left(\dfrac{2\sqrt{3}}{3}r\right)^2 - 2 \times \sqrt{2} \times \left(\dfrac{2\sqrt{3}}{3}r\right) \times \cos\dfrac{\pi}{3}$

$5r^2 + 2\sqrt{6}r - 6 = 0$, $r = \dfrac{-\sqrt{6} \pm 6}{5}$

따라서 $r > 0$이므로 $r = \dfrac{6 - \sqrt{6}}{5}$

답 ①

05

정답률 43.9%

$f(x) = x^3 + ax^2 + bx + c$ (a, b, c는 상수)라 하면

$f'(x) = 3x^2 + 2ax + b$

이때 함수 $g(x) = \begin{cases} \dfrac{1}{2} & (x < 0) \\ f(x) & (x \ge 0) \end{cases}$ 이 실수 전체의 집합에서 미분가능

하므로 $f(0) = \dfrac{1}{2}$, $f'(0) = 0$이어야 한다.

즉, $c = \dfrac{1}{2}$, $b = 0$이므로 $f(x) = x^3 + ax^2 + \dfrac{1}{2}$

ㄱ. $g(0) + g'(0) = f(0) + f'(0) = \dfrac{1}{2} + 0 = \dfrac{1}{2}$ (참)

ㄴ. $f'(x) = 3x^2 + 2ax = x(3x+2a) = 0$이므로 $x = 0$, $x = -\dfrac{2a}{3}$에서 극값을 갖는다.

만일 $-\dfrac{2a}{3} < 0$이면 함수 $g(x)$의 최솟값이 $\dfrac{1}{2}$이므로 조건을 만족시키지 않는다. 즉, $-\dfrac{2a}{3} > 0$이므로 $a < 0$이다.

이때 $g(1)=f(1)=1+a+\frac{1}{2}=\frac{3}{2}+a$이므로

$g(1)<\frac{3}{2}$ (참)

ㄷ. ㄴ에서 함수 $g(x)$는 $x=-\frac{2a}{3}$에서 최솟값을 갖고, 최솟값은

$g\left(-\frac{2a}{3}\right)=f\left(-\frac{2a}{3}\right)=-\frac{8}{27}a^3+\frac{4}{9}a^3+\frac{1}{2}=\frac{4}{27}a^3+\frac{1}{2}$

이므로 $\frac{4}{27}a^3+\frac{1}{2}=0$에서 $a^3=-\frac{27}{8}$

즉, $a=-\frac{3}{2}$

따라서 $f(x)=x^3-\frac{3}{2}x^2+\frac{1}{2}$이므로

$g(2)=f(2)=8-6+\frac{1}{2}=\frac{5}{2}$ (참)

따라서 옳은 것은 ㄱ, ㄴ, ㄷ이다.

답 ⑤

06
정답률 **63%**

$x_1=t^2+t-6,\ x_2=-t^3+7t^2$이므로

$x_1=x_2$에서

$t^2+t-6=-t^3+7t^2,\ t^3-6t^2+t-6=0$

$t^2(t-6)+t-6=0,\ (t-6)(t^2+1)=0$

$t\geq0$이므로 $t=6$

즉, 두 점 P, Q의 위치가 같아지는 순간의 시각은 $t=6$이다.

한편, 두 점 P, Q의 시각 t에서의 속도를 각각 $v_1,\ v_2$라 하면

$v_1=\frac{dx_1}{dt}=2t+1,\ v_2=\frac{dx_2}{dt}=-3t^2+14t$

두 점 P, Q의 시각 t에서의 가속도를 각각 $a_1,\ a_2$라 하면

$a_1=\frac{dv_1}{dt}=2,\ a_2=\frac{dv_2}{dt}=-6t+14$

시각 $t=6$에서의 두 점 P, Q의 가속도가 각각 $p,\ q$이므로

$p=2,\ q=-6\times6+14=-22$

따라서 $p-q=2-(-22)=24$

답 ①

07
정답률 **44.5%**

$\log_2\sqrt{-n^2+10n+75}$에서

진수 조건에 의하여 $\sqrt{-n^2+10n+75}>0$,

즉 $-n^2+10n+75>0$에서

$n^2-10n-75<0,\ (n+5)(n-15)<0$

$-5<n<15$

이때, n이 자연수이므로 $1\leq n<15$ ...... ㉠

또 $\log_4(75-kn)$에서

진수 조건에 의하여 $75-kn>0$, 즉 $n<\frac{75}{k}$ ...... ㉡

한편, $\log_2\sqrt{-n^2+10n+75}-\log_4(75-kn)$의 값이 양수이므로

$\log_2\sqrt{-n^2+10n+75}-\log_4(75-kn)>0$에서

$\log_4(-n^2+10n+75)-\log_4(75-kn)>0$

$\log_4(-n^2+10n+75)>\log_4(75-kn)$

이때 밑 4가 1보다 크므로

$-n^2+10n+75>75-kn,\ n(n-10-k)<0$

k가 자연수이므로

$0<n<10+k$ ...... ㉢

주어진 조건을 만족시키는 자연수 n의 개수가 12이므로

㉠, ㉢에서 $10+k>12$이어야 한다.

즉, $k>2$이어야 한다.

(i) $k=3$일 때,

　　㉠, ㉡, ㉢에서 $1\leq n<13$

　　따라서 자연수 n의 개수가 12이므로 주어진 조건을 만족시킨다.

(ii) $k=4$일 때,

　　㉠, ㉡, ㉢에서 $1\leq n<14$

　　따라서 자연수 n의 개수가 13이므로 주어진 조건을 만족시키지 못한다.

(iii) $k=5$일 때,

　　㉠, ㉡, ㉢에서 $1\leq n<15$

　　따라서 자연수 n의 개수가 14이므로 주어진 조건을 만족시키지 못한다.

(iv) $k=6$일 때,

　　㉠, ㉡, ㉢에서 $1\leq n<\frac{25}{2}$

　　따라서 자연수 n의 개수가 12이므로 주어진 조건을 만족시킨다.

(v) $k\geq7$일 때

　　$\frac{75}{k}<11$이므로 주어진 조건을 만족시키지 못한다.

(i)~(v)에서 $k=3$ 또는 $k=6$

따라서 모든 자연수 k의 값의 합은

$3+6=9$

답 ④

08
정답률 **37.1%**

두 조건 (가), (나)에서 모든 자연수 n에 대하여

$a_{2n+1}=a_{2n}-3$ ...... ㉠

이 성립하므로

$a_3=a_2-3$ ...... ㉡

$a_5=a_4-3$

$a_7=a_6-3$ ...... ㉢

$a_7=2$이므로 ㉢에서 $a_6=5$

이때 조건 (가)에서 $a_6=a_2\times a_3+1=5$

즉, $a_2\times a_3=4$이므로 ㉡에서 $a_2(a_2-3)=4$

$(a_2)^2-3a_2-4=(a_2+1)(a_2-4)=0$

따라서 $a_2=-1$ 또는 $a_2=4$

(i) $a_2=-1$일 때 조건 (가)에서 $a_2=a_2\times a_1+1$이므로

$-1=-a_1+1$

따라서 $a_1=2$이므로 $0<a_1<1$이라는 조건에 모순이다.

(ii) $a_2=4$일 때 조건 (가)에서 $a_2=a_2\times a_1+1$이므로

$4=4a_1+1$

따라서 $a_1=\dfrac{3}{4}$이므로 $0<a_1<1$이라는 조건을 만족시킨다.

(i), (ii)에서 $a_1=\dfrac{3}{4}$, $a_2=4$

이때 ㉠에서 $a_{25}=a_{24}-3$이고 조건 (가)에서

$a_{24}=a_2\times a_{12}+1=4a_{12}+1$

이때 $a_{12}=a_2\times a_6+1=4a_6+1=4\times5+1=21$이므로

$a_{24}=4\times21+1=85$

따라서 $a_{25}=a_{24}-3=85-3=82$

답 ③

09

정답률 36.7%

조건 (가)에서 함수 $\dfrac{x}{f(x)}$가 $x=1$, $x=2$에서 불연속이므로

$f(x)=a(x-1)(x-2)$ $(a\neq0)$

으로 놓을 수 있다. 조건 (나)에서

$\displaystyle\lim_{x\to2}\dfrac{a(x-1)(x-2)}{x-2}=\lim_{x\to2}a(x-1)=a$이므로

$a=4$

따라서 $f(x)=4(x-1)(x-2)$이므로

$f(4)=4\times3\times2=24$

답 24

10

정답률 14.9%

풀이 전략 $\sum$의 성질과 자연수의 거듭제곱의 합을 이용한다.

점 A_0에서 점 A_n까지 점 P가 경로를 따라 이동한 거리는

$\displaystyle\sum_{k=1}^{n}\dfrac{2k-1}{25}=\dfrac{1}{25}\sum_{k=1}^{n}(2k-1)=\dfrac{1}{25}\left(2\sum_{k=1}^{n}k-\sum_{k=1}^{n}1\right)$ $\displaystyle\sum_{k=1}^{n}k=\dfrac{n(n+1)}{2}$

$=\dfrac{1}{25}\left\{2\times\dfrac{n(n+1)}{2}-n\right\}$

$=\dfrac{n^2}{25}=\left(\dfrac{n}{5}\right)^2$

점 P가 이동한 거리가 2, 4, 6, $\cdots$ 일 때 ◀ 점 P가 직선 $y=x$ 위에 있다.

점 A_n이 직선 $y=x$ 위에 있기 위해서는 점 A_0에서 점 A_n까지 점 P가 경로를 따라 이동한 거리가 짝수이어야 한다.

$\left(\dfrac{n}{5}\right)^2$이 짝수이면 $\dfrac{n}{5}$도 짝수이므로 $\dfrac{n}{5}=2m$ (m은 자연수)에서

$n=10m$

따라서 점 A_n 중 직선 $y=x$ 위에 있는 두 번째 점은 $m=2$, 즉 $n=20$일 때이므로 점 A_{20}이다.

경로를 따라 이동한 거리가 $2k$ (k는 자연수)일 때 점 P의 x좌표는 k이다.

점 A_0에서 점 A_{20}까지 점 P가 경로를 따라 이동한 거리가

$\left(\dfrac{20}{5}\right)^2=4^2=16$이므로 점 A_{20}의 x좌표는 8이다.

따라서 $a=8$

답 8

11

정답률 10.6%

풀이 전략 정적분으로 나타내어진 함수의 도함수를 구하고 함수가 극값을 갖지 않는 조건을 파악한다.

$f(x)$는 일차함수이므로 $\displaystyle\lim_{x\to\infty}|f(x)|=\lim_{x\to-\infty}|f(x)|=\infty$

$g'(x)=(x^2-4)\{|f(x)|-a\}$에서 $x=-2$, $x=2$가 방정식 $g'(x)=0$의 근이지만 조건 (가)에서 함수 $g(x)$가 극값을 갖지 않아야 하므로 $x=-2$와 $x=2$의 좌우에서 $g'(x)$의 부호가 변하지 않아야 하고, $\displaystyle\lim_{x\to\infty}\{|f(x)|-a\}=\lim_{x\to-\infty}\{|f(x)|-a\}=\infty$이므로

$g'(x)$, x^2-4, $|f(x)|-a$의 부호를 표로 나타내면 다음과 같다.

x	$\cdots$	-2	$\cdots$	2	$\cdots$
$g'(x)$	$+$	0	$+$	0	$+$
x^2-4	$+$	0	$-$	0	$+$
$|f(x)|-a$	$+$	0	$-$	0	$+$

함수 $|f(x)|-a$는 연속함수이므로 사잇값의 정리에 의해

$|f(-2)|-a=0$, $|f(2)|-a=0$

두 실수 m, n에 대하여 일차함수 $f(x)=mx+n$이라 하면 $m\neq0$이고, $|2m+n|=|-2m+n|=a$가 성립한다.

(i) $2m+n=-2m+n$인 경우 $\longrightarrow$ $|f(-2)|-a=0$, $|f(2)|-a=0$에서

$m=0$이 되어 모순이다. $|f(-2)|=a$, $|f(2)|=a$이므로 $|f(-2)|=|f(2)|=a$

(ii) $2m+n=-(-2m+n)$인 경우

$n=0$이고 $|m|=\dfrac{a}{2}$이다.

(i), (ii)에서 $|f(x)|=|mx|=\dfrac{a}{2}|x|$

$g(2)=\displaystyle\int_0^2(t^2-4)\{|f(t)|-a\}dt=\int_0^2(t^2-4)\left(\dfrac{a}{2}|t|-a\right)dt$

닫힌구간 $[0,2]$에서 $|t|=t$이므로 $\longrightarrow$ $g(2)$는 닫힌구간 $[0,2]$에서의 적분이고 구간 $[0,2]$에서 $|t|=t$임을 이용한다.

$g(2)=\dfrac{a}{2}\displaystyle\int_0^2(t^2-4)(t-2)dt$

$=\dfrac{a}{2}\displaystyle\int_0^2(t^3-2t^2-4t+8)dt$

$=\dfrac{a}{2}\left[\dfrac{1}{4}t^4-\dfrac{2}{3}t^3-2t^2+8t\right]_0^2$

$=\dfrac{a}{2}\times\left(4-\dfrac{16}{3}-8+16\right)=\dfrac{10}{3}a$

조건 (나)에서 $g(2)=5$이므로 $\dfrac{10}{3}a=5$, $a=\dfrac{3}{2}$

$g(0)=\displaystyle\int_0^0(t^2-4)\left(\dfrac{3}{4}|t|-\dfrac{3}{2}\right)dt=0$이고

$\longrightarrow$ $\displaystyle\int_a^a h(x)dx=0$

닫힌구간 $[-4, 0]$에서 $|t|=-t$이므로

$$g(-4)=\int_0^{-4}(t^2-4)\left(\frac{3}{4}|t|-\frac{3}{2}\right)dt$$

> $g(-4)$는 닫힌구간 $[-4, 0]$에서의 적분이므로 구간 $[-4, 0]$에서 $|t|=-t$임을 이용한다.

$$=\frac{3}{4}\int_0^{-4}(t^2-4)(-t-2)\,dt$$

$$=\frac{3}{4}\int_0^{-4}(-t^3-2t^2+4t+8)\,dt$$

$$=\frac{3}{4}\int_{-4}^0(t^3+2t^2-4t-8)\,dt=-16$$

따라서 $g(0)-g(-4)=0-(-16)=16$

> $\frac{3}{4}\left[\frac{1}{4}t^4+\frac{2}{3}t^3-2t^2-8t\right]_{-4}^0=-16$

目 16

[19회] 본문 94~98쪽

01 ②	02 ③	03 ③	04 ③	05 ②
06 ②	07 ④	08 ②	09 75	10 13
11 84				

01

정답률 **47.1%**

두 점 $A(k, \log_2 k)$, $B(k, -\log_2(8-k))$에 대하여 $\overline{AB}=2$이므로

$|\log_2 k+\log_2(8-k)|=2$, $|\log_2 k(8-k)|=2$

$\log_2 k(8-k)=-2$ 또는 $\log_2 k(8-k)=2$

(i) $\log_2 k(8-k)=-2$일 때

　$k(8-k)=\dfrac{1}{4}$, $4k^2-32k+1=0$

　이때 $0<k<8$이므로

　$k=\dfrac{8-3\sqrt{7}}{2}$ 또는 $k=\dfrac{8+3\sqrt{7}}{2}$

(ii) $\log_2 k(8-k)=2$일 때

　$k(8-k)=4$, $k^2-8k+4=0$

　이때 $0<k<8$이므로

　$k=4-2\sqrt{3}$ 또는 $k=4+2\sqrt{3}$

(i), (ii)에 의하여 모든 실수 k의 값의 곱은

$$\frac{8-3\sqrt{7}}{2}\times\frac{8+3\sqrt{7}}{2}\times(4-2\sqrt{3})\times(4+2\sqrt{3})=\frac{1}{4}\times4=1$$

目 ②

02

정답률 **43.6%**

함수 $f(x)$는 $f(1)=0$, $f(a)=0$이고,

$\lim\limits_{x\to2-}f(x)=-1$, $\lim\limits_{x\to2+}f(x)=-4+2a$에서

$\lim\limits_{x\to2-}f(x)\neq\lim\limits_{x\to2+}f(x)$이므로 $x=2$에서 불연속이다.

함수 $h(x)$가 실수 전체의 집합에서 연속이므로 함수 $h(x)$는 $x=1$, $x=a$, $x=2$에서 연속이어야 한다.

$\lim\limits_{x\to1}\dfrac{g(x)}{f(x)}=h(1)$, $\lim\limits_{x\to a}\dfrac{g(x)}{f(x)}=h(a)$에서

$\lim\limits_{x\to1}f(x)=f(1)=0$, $\lim\limits_{x\to a}f(a)=0$이므로

$\lim\limits_{x\to1}g(x)=0$, $\lim\limits_{x\to a}g(x)=0$, 즉 $g(1)=0$, $g(a)=0$

또, $\lim\limits_{x\to2-}\dfrac{g(x)}{f(x)}=\lim\limits_{x\to2+}\dfrac{g(x)}{f(x)}$, $\dfrac{g(2)}{-1}=\dfrac{g(2)}{-4+2a}$이므로

$g(2)=0$이고 $g(x)=(x-1)(x-2)(x-a)$이다.

$$\lim_{x\to1}h(x)=\lim_{x\to1}\frac{(x-1)(x-2)(x-a)}{(x-1)(x-3)}$$

$$=\lim_{x\to1}\frac{(x-2)(x-a)}{x-3}=\frac{1-a}{2}$$

$$\lim_{x\to a}h(x)=\lim_{x\to a}\frac{(x-1)(x-2)(x-a)}{-x(x-a)}$$

$$=\lim_{x\to a}\frac{(x-1)(x-2)}{-x}=-\frac{(a-1)(a-2)}{a}$$

$h(1)=h(a)$이므로

$$\frac{1-a}{2}=-\frac{(a-1)(a-2)}{a}$$

$a>2$이므로 $a=4$

따라서 $h(x)=\dfrac{g(x)}{f(x)}=\begin{cases}\dfrac{(x-2)(x-4)}{x-3} & (x\leq2)\\[2mm]-\dfrac{(x-1)(x-2)}{x} & (x>2)\end{cases}$ 이므로

$$h(1)+h(3)=-\frac{3}{2}+\left(-\frac{2}{3}\right)=-\frac{13}{6}$$

目 ③

03

정답률 **55.8%**

$$f(x)=\cos^2\left(x-\frac{3}{4}\pi\right)-\cos\left(x-\frac{\pi}{4}\right)+k$$

$$=\cos^2\left(x-\frac{\pi}{4}-\frac{\pi}{2}\right)-\cos\left(x-\frac{\pi}{4}\right)+k$$

$$=\cos^2\left\{\frac{\pi}{2}-\left(x-\frac{\pi}{4}\right)\right\}-\cos\left(x-\frac{\pi}{4}\right)+k$$

$$=\sin^2\left(x-\frac{\pi}{4}\right)-\cos\left(x-\frac{\pi}{4}\right)+k$$

$$=1-\cos^2\left(x-\frac{\pi}{4}\right)-\cos\left(x-\frac{\pi}{4}\right)+k$$

$\cos\left(x-\dfrac{\pi}{4}\right)=t$로 놓으면 $-1\leq t\leq1$이고

$y=-t^2-t+k+1=-\left(t+\dfrac{1}{2}\right)^2+k+\dfrac{5}{4}$에서

$t=-\dfrac{1}{2}$일 때 최댓값 $k+\dfrac{5}{4}$, $t=1$일 때 최솟값 $k-1$을 갖는다.

따라서 $k+\dfrac{5}{4}=3$에서 $k=\dfrac{7}{4}$이고, $m=\dfrac{7}{4}-1=\dfrac{3}{4}$이므로

$$k+m=\frac{7}{4}+\frac{3}{4}=\frac{5}{2}$$

目 ③

04

정답률 **48.1%**

$f(x)=x(x-a)(x-6)$이라 하면 $f(0)=0$이므로 원점은 곡선
$y=f(x)$ 위의 점이고 원점에서 접하는 접선의 기울기는 $f'(0)$이다.
원점이 아닌 점 $(t, f(t))$에서의 접선의 방정식은
$y-f(t)=f'(t)(x-t)$
이고 이 직선이 원점을 지나므로
$0-f(t)=f'(t)(0-t)$
$tf'(t)-f(t)=0$ ...... ㉠
$f(x)=x^3-(a+6)x^2+6ax$에서
$f'(x)=3x^2-2(a+6)x+6a$이므로 ㉠에서
$t\{3t^2-2(a+6)t+6a\}-\{t^3-(a+6)t^2+6at\}=0$
$2t^3-(a+6)t^2=0$
$t^2\{2t-(a+6)\}=0$
$t\neq0$이므로 $t=\dfrac{a+6}{2}$이고 $f'(0)=6a$에서

$f'\left(\dfrac{a+6}{2}\right)=3\left(\dfrac{a+6}{2}\right)^2-2(a+6)\times\dfrac{a+6}{2}+6a$

$\qquad\qquad=-\dfrac{1}{4}(a^2-12a+36)$

이므로 $0<a<6$인 실수 a에 대하여 두 접선의 기울기의 곱을 $g(a)$
라 하면

$g(a)=6a\times\left\{-\dfrac{1}{4}(a^2-12a+36)\right\}=-\dfrac{3}{2}(a^3-12a^2+36a)$

$g'(a)=-\dfrac{3}{2}(3a^2-24a+36)=-\dfrac{9}{2}(a-2)(a-6)$

$0<a<6$이므로 $g'(a)=0$에서 $a=2$
$0<a<6$에서 함수 $g(a)$의 증가와 감소를 표로 나타내면 다음과
같다.

a	(0)	$\cdots$	2	$\cdots$	(6)
$g'(a)$		$-$	0	$+$	
$g(a)$		$\searrow$	-48	$\nearrow$	

함수 $g(a)$는 $a=2$일 때 극소이면서 최소가 된다.
따라서 $0<a<6$에서 함수 $g(a)$의 최솟값은
$g(2)=-48$

답 ③

05

정답률 **53%**

$b_1=\sum\limits_{k=1}^{1}(-1)^{k+1}a_k=a_1$

$b_2=\sum\limits_{k=1}^{2}(-1)^{k+1}a_k=a_1-a_2$

이때 등차수열 $\{a_n\}$의 공차를 d라 하면 $b_2=-2$이므로
$a_1-a_2=-d=-2$
따라서 $d=2$

$b_3=\sum\limits_{k=1}^{3}(-1)^{k+1}a_k=a_1-a_2+a_3$

$\qquad\qquad=-d+a_3$

$\qquad\qquad=a_3-2$

$b_7=\sum\limits_{k=1}^{7}(-1)^{k+1}a_k=a_1-a_2+a_3-a_4+a_5-a_6+a_7$

$\qquad\qquad=-3d+a_7$

$\qquad\qquad=a_7-6$

이므로 $b_3+b_7=0$ 에서
$(a_3-2)+(a_7-6)=a_3+a_7-8$
$\qquad\qquad=(a_1+2\times2)+(a_1+6\times2)-8$
$\qquad\qquad=(a_1+4)+(a_1+12)-8$
$\qquad\qquad=2a_1+8=0$
따라서 $a_1=-4$
즉 $a_n=-4+(n-1)\times2=2n-6$이므로
$b_1=a_1=-4$
$b_2=a_1-a_2=-2$
$b_3=a_1-a_2+a_3=-2$
$b_4=a_1-a_2+a_3-a_4=-4$
$b_5=a_1-a_2+a_3-a_4+a_5=0$
$b_6=a_1-a_2+a_3-a_4+a_5-a_6=-6$
$b_7=a_1-a_2+a_3-a_4+a_5-a_6+a_7=2$
$b_8=a_1-a_2+a_3-a_4+\cdots+a_7-a_8=-8$
$b_9=a_1-a_2+a_3-a_4+\cdots+a_7-a_8+a_9=4$
따라서
$b_1+b_2+b_3+\cdots+b_9$
$=-4+(-2)+(-2)+(-4)+0+(-6)+2+(-8)+4$
$=-20$

답 ②

[다른 풀이]
$b_{2n}=(a_1-a_2)+(a_3-a_4)+\cdots+(a_{2n-1}-a_{2n})$
$\quad=-dn=-2n$
$b_{2n-1}=a_1+(a_3-a_2)+(a_5-a_4)+\cdots+(a_{2n-1}-a_{2n-2})$
$\quad=a_1+(n-1)d=-4+2(n-1)=2n-6$
따라서

$\sum\limits_{n=1}^{9}b_n=\sum\limits_{n=1}^{5}b_{2n-1}+\sum\limits_{n=1}^{4}b_{2n}=\sum\limits_{n=1}^{5}(2n-6)+\sum\limits_{n=1}^{4}(-2n)$

$\quad=2\times\dfrac{5\times6}{2}-6\times5-2\times\dfrac{4\times5}{2}=30-30-20=-20$

06

정답률 **53.0%**

$f(x)=x^3-3ax^2+3(a^2-1)x$에서 $f'(x)=3x^2-6ax+3(a^2-1)$
$f'(x)=0$에서 $3x^2-6ax+3(a^2-1)=0$
$3(x-a+1)(x-a-1)=0$, $x=a-1$ 또는 $x=a+1$
함수 $f(x)$의 증가와 감소를 표로 나타내면 다음과 같다.

x	$\cdots$	$a-1$	$\cdots$	$a+1$	$\cdots$
$f'(x)$	$+$	0	$-$	0	$+$
$f(x)$	$\nearrow$	극대	$\searrow$	극소	$\nearrow$

함수 $f(x)$는 $x=a-1$에서 극댓값을 가진다.

이때 함수 $f(x)$의 극댓값이 4이므로 $f(a-1)=4$이다. 즉,

$(a-1)^3-3a(a-1)^2+3(a^2-1)(a-1)=4$

$a^3-3a-2=0$, $(a-2)(a+1)^2=0$

$a=-1$ 또는 $a=2$

(i) $a=-1$일 때, $f(x)=x^3+3x^2$

　이때 $f(-2)=4>0$이므로 주어진 조건을 만족시킨다.

(ii) $a=2$일 때, $f(x)=x^3-6x^2+9x$

　이때 $f(-2)=-50<0$이므로 주어진 조건을 만족시키지 않는다.

(i), (ii)에서 조건을 만족시키는 함수 $f(x)$는 $f(x)=x^3+3x^2$이므로

$f(-1)=(-1)^3+3\times(-1)^2=2$

답 ②

07

정답률 43.5%

함수 $y=f(x)$의 그래프가 직선 $y=2$와 만나는 점의 x좌표는

$0\le x<\dfrac{4\pi}{a}$일 때 방정식

$\left|4\sin\left(ax-\dfrac{\pi}{3}\right)+2\right|=2$ ...... ㉠

의 실근과 같다.

$ax-\dfrac{\pi}{3}=t$라 하면 $-\dfrac{\pi}{3}\le t<\dfrac{11}{3}\pi$이고

$|4\sin t+2|=2$ ...... ㉡

에서 $\sin t=0$ 또는 $\sin t=-1$

$-\dfrac{\pi}{3}\le t<\dfrac{11}{3}\pi$일 때, 방정식 ㉡의 실근은

0, π, $\dfrac{3}{2}\pi$, 2π, 3π, $\dfrac{7}{2}\pi$

의 6개이고, 이 6개의 실근의 합은 11π이다.

따라서 $n=6$이고 방정식 ㉠의 6개의 실근의 합이 39이므로

$39a-\dfrac{\pi}{3}\times6=11\pi$, $a=\dfrac{\pi}{3}$

따라서 $n\times a=6\times\dfrac{\pi}{3}=2\pi$

답 ④

08

정답률 41%

삼차함수 $f(x)$에 대하여

$g(x)=\begin{cases}2x-k & (x\le k)\\f(x) & (x>k)\end{cases}$ 이므로 $g'(x)=\begin{cases}2 & (x<k)\\f'(x) & (x>k)\end{cases}$

최고차항의 계수가 1인 삼차함수 $f(x)$를

$f(x)=x^3+ax^2+bx+c$ (단, a, b, c는 상수)

라 하면 $f'(x)=3x^2+2ax+b$

또한, $h_1(t)=|t(t-1)|+t(t-1)$, $h_2(t)=|(t-1)(t+2)|-(t-1)(t+2)$라 할 때,

$h_1(t)=\begin{cases}2t(t-1) & (t\le0\text{ 또는 }t\ge1)\\0 & (0<t<1)\end{cases}$

$h_2(t)=\begin{cases}0 & (t\le-2\text{ 또는 }t\ge1)\\-2(t-1)(t+2) & (-2<t<1)\end{cases}$

이므로 두 함수 $y=h_1(t)$, $y=h_2(t)$의 그래프는 각각 다음과 같다.

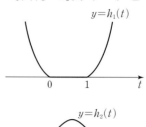

한편, p가 상수일 때, 모든 실수 x에 대하여 $\displaystyle\int_p^x h(t)dt\ge0$이기 위해서는

구간 $[p, x]$에서는 $h(t)\ge0$이고

구간 $[x, p]$에서는 $h(t)\le0$이어야 한다.

(i) 조건 (나)에서 모든 실수 x에 대하여 $\displaystyle\int_0^x g(t)h_1(t)dt\ge0$이므로

　그림과 같이 $0\le\dfrac{k}{2}\le1$, 즉 $0\le k\le2$ 이어야 한다.

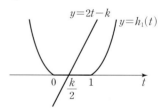

(ii) 조건 (나)에서 모든 실수 x에 대하여 $\displaystyle\int_3^x g(t)h_2(t)dt\ge0$이므로

　그림과 같이 $\dfrac{k}{2}\ge1$, 즉 $k\ge2$이어야 한다.

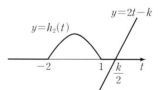

(i), (ii)에 의하여 $k=2$

조건 (가)에서 함수 $g(x)$는 실수 전체의 집합에서 미분가능하므로 $x=k=2$에서도 미분가능하고 연속이다.

$g'(2)=f'(2)=2$에서

$12+4a+b=2$, $b=-4a-10$

$g(2)=f(2)=2$에서 $8+4a+2b+c=2$

$c=-4a-2b-6=-4a-2(-4a-10)-6=4a+14$

따라서

$f(x)=x^3+ax^2-(4a+10)x+4a+14$ ...... ㉠

한편, 함수 $g(x)$는 실수 전체의 집합에서 미분가능하고 증가하므로 $g'(x)\ge0$이다.

따라서 $x\ge2$일 때 $f'(x)\ge0$이어야 한다.

$f'(x)=3\left(x+\dfrac{a}{3}\right)^2+b-\dfrac{a^2}{3}$에서

① $-\dfrac{a}{3}<2$, 즉 $a>-6$일 때

$f'(2)=12+4a+b=12+4a-4a-10=2>0$

이 되어 조건을 만족시킨다.

$a>-6$ ...... ㉡

② $-\dfrac{a}{3}\ge2$, 즉 $a\le-6$일 때

$b-\dfrac{a^2}{3}\ge0$, 즉 $a^2-3b\le0$이어야 하므로

$a^2-3b=a^2-3(-4a-10)\le0$

$a^2+12a+30\le0$, $(a+6)^2\le6$

$-6-\sqrt{6}\le a\le-6+\sqrt{6}$이므로

$-6-\sqrt{6}\le a\le-6$ ...... ㉢

㉡, ㉢에서

$a\ge-6-\sqrt{6}$ ...... ㉣

㉠에 $x=3$을 대입하면 ㉣에서

$g(k+1)=g(3)=f(3)$

$\qquad=27+9a-12a-30+4a+14$

$\qquad=a+11\ge5-\sqrt{6}$

따라서 $g(3)$의 최솟값은 $5-\sqrt{6}$이다.

답 ②

09

정답률 **11.6%**

풀이 전략 로그의 정의와 성질을 이용하여 식의 값을 구한다.

조건 (가)에서 $3^a=5^b=k^c=d\ (d>1)$로 놓으면

$3^a=d$에서 $a=\log_3 d$ ...... ㉠

$5^b=d$에서 $b=\log_5 d$ ...... ㉡

$k^c=d$에서 $c=\log_k d$ ...... ㉢

조건 (나)에서

$\log c=\log(2ab)-\log(2a+b)=\log\dfrac{2ab}{2a+b}$

$c=\dfrac{2ab}{2a+b}$

$c(2a+b)=2ab$ ...... ㉣

㉠, ㉡, ㉢을 ㉣에 대입하면

$\log_k d\,(2\log_3 d+\log_5 d)=2\log_3 d\times\log_5 d$

$\dfrac{1}{\log_d k}\times\dfrac{2}{\log_d 3}+\dfrac{1}{\log_d k}\times\dfrac{1}{\log_d 5}=\dfrac{2}{\log_d 3}\times\dfrac{1}{\log_d 5}$

로그의 진수가 d로 같으므로 로그의 밑의 변환 공식을 이용하여 로그의 밑을 d로 통일한다.

$2\log_d 5+\log_d 3=2\log_d k$

$\log_d 75=\log_d k^2$

따라서 $k^2=75$

답 75

10

정답률 **5.5%**

풀이 전략 평균값의 정리와 접선의 방정식을 이용하여 함수 $f(x)$를 구한다.

최고차항의 계수가 1인 삼차함수 $f(x)$가 조건 (다)에서 $f(0)=-3$이므로

$f(x)=x^3+ax^2+bx-3$ (a, b는 상수)라 하면

$f'(x)=3x^2+2ax+b$

조건 (가)에 의하여

$f(x)=f(1)+(x-1)f'(g(x))$

이므로 $x\ne1$일 때

$f'(g(x))=\dfrac{f(x)-f(1)}{x-1}$ ...... ㉠

이때 두 점 $(1,\ f(1))$, $(x,\ f(x))$를 지나는 직선의 기울기가 $f'(g(x))$이고 조건 (나)에서 $g(x)\ge\dfrac{5}{2}$이므로 두 점 $(1,\ f(1))$, $\left(\dfrac{5}{2},\ f\left(\dfrac{5}{2}\right)\right)$를 지나는 직선은 점 $\left(\dfrac{5}{2},\ f\left(\dfrac{5}{2}\right)\right)$에서 접하는 직선이다.

그러므로 직선

$y-f\left(\dfrac{5}{2}\right)=f'\left(\dfrac{5}{2}\right)\left(x-\dfrac{5}{2}\right)$

점 $(a,\ f(a))$에서 접하는 직선의 방정식은 $y-f(a)=f'(a)(x-a)$

는 점 $(1,\ f(1))$을 지난다. 즉,

$1+a+b-3-\left\{\left(\dfrac{5}{2}\right)^3+a\left(\dfrac{5}{2}\right)^2+b\left(\dfrac{5}{2}\right)-3\right\}$

$=\left\{3\times\left(\dfrac{5}{2}\right)^2+5a+b\right\}\left(1-\dfrac{5}{2}\right)$

$y-f\left(\dfrac{5}{2}\right)=f'\left(\dfrac{5}{2}\right)\left(x-\dfrac{5}{2}\right)$에 $x=1$, $y=f(1)$을 대입한다.

이 식을 정리하면

$-\dfrac{117}{8}-\dfrac{21}{4}a-\dfrac{3}{2}b=\left(\dfrac{75}{4}+5a+b\right)\left(-\dfrac{3}{2}\right)$

$\dfrac{9}{4}a=-\dfrac{108}{8}$, $a=-6$

$f(x)=x^3-6x^2+bx-3$이므로

$f'(x)=3x^2-12x+b$

한편, ㉠에서

$\displaystyle\lim_{x\to1}f'(g(x))=\lim_{x\to1}\dfrac{f(x)-f(1)}{x-1}$

이때 $g(x)$는 연속함수이므로 $g(1)=k$라 하면 좌변은

$\displaystyle\lim_{x\to1}f'(g(x))=\lim_{x\to1}[3\{g(x)\}^2-12g(x)+b]$

$\qquad=3k^2-12k+b$ ...... ㉡

$\displaystyle\lim_{x\to1}[3\{g(x)\}^2-12g(x)+b]=3\{g(1)\}^2-12g(1)+b$

또, 우변은

$\displaystyle\lim_{x\to1}\dfrac{f(x)-f(1)}{x-1}=f'(1)=3-12+b=b-9$ ...... ㉢

$f'(x)=3x^2-12x+b$에 $x=1$을 대입

㉡, ㉢에서

$3k^2-12k+b=b-9$, $3k^2-12k+9=0$

$k^2-4k+3=0$, $(k-1)(k-3)=0$

$k=1$ 또는 $k=3$

즉, $g(1)=1$ 또는 $g(1)=3$

이때 $g(1)=1$은 함수 $g(x)$가 최솟값 $\dfrac{5}{2}$를 갖는다는 것에 모순이다.

그러므로 $g(1)=3$

한편, 조건 (다)에서 $f(g(1))=6$이므로 $f(3)=6$

$27-54+3b-3=6$에서 $3b=36$, $b=12$

따라서 $f(x)=x^3-6x^2+12x-3$이므로

$f(4)=4^3-6\times4^2+12\times4-3=13$

답 13

변별력 있는 문제

11

풀이 전략 코사인법칙을 이용하여 선분의 길이를 구한다.

호 BD와 호 DC에 대한 원주각의 크기가 같으므로

$\angle CBD = \angle CAD = \angle DAB = \angle DCB$

즉, $\overline{BD} = \overline{DC}$

$\overline{BD} = \overline{DC} = a$, $\overline{AD} = b$, $\angle CAD = \theta$라 하면

$\angle DAB = \theta$이고 $\overline{BD}^2 = \overline{DC}^2$이므로 삼각형 DAB와 삼각형 CAD

에 각각 코사인법칙을 적용하면

$6^2 + b^2 - 2 \times 6 \times b \times \cos \theta = b^2 + 8^2 - 2 \times b \times 8 \times \cos \theta$

$4b \cos \theta = 28$, $b \cos \theta = 7$

따라서 직각삼각형 ADE에서

$k = b \cos \theta = 7$

따라서 $12k = 84$

→ $\angle CAD = \theta$이므로 직각삼각형 ADE에서

$\cos \theta = \dfrac{\overline{AE}}{\overline{AD}} = \dfrac{k}{b}$, 즉 $k = b \cos \theta$

답 84

[20회]

본문 99~103쪽

01 ④	02 ③	03 ②	04 ①	05 ③
06 ⑤	07 ①	08 ③	09 29	10 12
11 3				

01

정답률 60.7%

$t = 2$에서 점 P의 위치는

$\displaystyle \int_0^2 v(t)\,dt = \int_0^2 (3t^2 + at)\,dt = \left[t^3 + \dfrac{a}{2}t^2 \right]_0^2 = 8 + 2a$

점 $P(8+2a)$와 점 $A(6)$ 사이의 거리가 10이려면

$|(8+2a) - 6| = 10$, 즉 $2a + 2 = \pm 10$이어야 하므로 양수 a의 값은

$2a + 2 = 10$에서

$a = 4$

답 ④

02

정답률 48.1%

$g(x) = 2^x$, $h(x) = \left(\dfrac{1}{4} \right)^{x+a} - \left(\dfrac{1}{4} \right)^{3+a} + 8$이라 하면

곡선 $y = g(x)$의 점근선의 방정식은 $y = 0$이고,

곡선 $y = h(x)$의 점근선의 방정식은 $y = -\left(\dfrac{1}{4} \right)^{3+a} + 8$이다.

이때 주어진 조건을 만족시키기 위하여 함수 $y = f(x)$의 그래프를 좌표평면에 나타내면 다음과 같다.

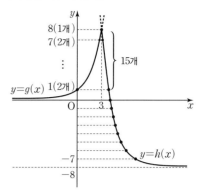

곡선 $y = f(x)$ 위의 점 중에서 y좌표가 정수인 점의 개수가 23이므로 $y \leq 0$에서 y좌표가 정수인 점의 개수는 8이다.

곡선 $y = h(x)$의 점근선이 직선 $y = -\left(\dfrac{1}{4} \right)^{3+a} + 8$이므로

$-\left(\dfrac{1}{4} \right)^{3+a} + 8$은 -8 이상 -7 미만이어야 한다.

즉, $-8 \leq -\left(\dfrac{1}{4} \right)^{3+a} + 8 < -7$

$15 < \left(\dfrac{1}{4} \right)^{3+a} \leq 16$, $4 < 15 < 4^{-3-a} \leq 4^2$

$1 < -3-a \leq 2$, $-5 \leq a < -4$

따라서 구하는 정수 a의 값은 -5이다.

답 ③

03

정답률 30.7%

$f(x) = a(x-1)^2 + b$ (b는 상수)로 놓으면

$f'(x) = 2a(x-1)$이므로

$|f'(x)| \leq 4x^2 + 5$에서 $|2a(x-1)| \leq 4x^2 + 5$ ...... ㉠

즉, ㉠이 모든 실수 x에 대하여 성립해야 하므로 두 함수

$y = |2a(x-1)| = |2a||x-1|$, $y = 4x^2 + 5$

의 그래프가 그림과 같아야 한다.

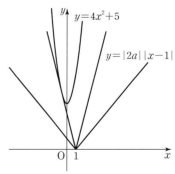

즉, 실수 a의 최댓값은 점 $(1, 0)$에서 곡선 $y = 4x^2 + 5$에 그은 접선

이 $y = -|2a|(x-1)$일 때이므로 접점을 $(k, 4k^2 + 5)$ ($k < 0$)이라

하면 $y' = 8x$에서 $y - (4k^2 + 5) = 8k(x - k)$

이 접선이 점 $(1, 0)$을 지나므로

$0 - (4k^2 + 5) = 8k(1 - k)$, $4k^2 - 8k - 5 = 0$

$(2k-5)(2k+1)=0$, $k=-\dfrac{1}{2}$

즉, 접선의 기울기는 $8 \times \left(-\dfrac{1}{2}\right)=-4$이므로

$-|2a|=-4$, $|a|=2$

$a=-2$ 또는 $a=2$

따라서 실수 a의 최댓값은 2이다.

답 ②

04   정답률 23.2%

풀이 전략 사인법칙, 코사인법칙과 삼각형의 넓이를 이용하여 조건을 만족시키는 사각형의 변의 길이를 구한다.

$\angle BCD=\alpha$, $\angle DAB=\beta\left(\dfrac{\pi}{2}<\beta<\pi\right)$, $\overline{AB}=a$, $\overline{AD}=b$라 하자.

삼각형 BCD에서

$\overline{BC}=3$, $\overline{CD}=2$, $\cos(\angle BCD)=-\dfrac{1}{3}$

이므로 코사인법칙에 의하여

$\overline{BD}^2=9+4-2\times3\times2\times\left(-\dfrac{1}{3}\right)=17$ $\blacktriangleright$ $\overline{BD}^2=\overline{BC}^2+\overline{CD}^2$ $-2\overline{BC}\times\overline{CD}\times\cos(\angle BCD)$

그러므로 삼각형 ABD에서 코사인법칙에 의하여

$a^2+b^2-2ab\cos\beta=17$ …… ㉠ $\blacktriangleright$ $\overline{BD}^2=\overline{AB}^2+\overline{AD}^2$ $-2\overline{AB}\times\overline{AD}\times\cos(\angle DAB)$

한편, 점 E가 선분 AC를 $1:2$로 내분하는 점이므로 두 삼각형 AP_1P_2, CQ_1Q_2의 외접원의 반지름의 길이를 각각 r, $2r$로 놓을 수 있다. 이때 사인법칙에 의하여

$\dfrac{\overline{P_1P_2}}{\sin\beta}=2r$, $\dfrac{\overline{Q_1Q_2}}{\sin\alpha}=4r$이므로 $\blacktriangleright$ $\sin\alpha=\dfrac{\overline{Q_1Q_2}}{4r}$ $\sin\beta=\dfrac{\overline{P_1P_2}}{2r}$

$\sin\alpha:\sin\beta=\dfrac{\overline{Q_1Q_2}}{4r}:\dfrac{\overline{P_1P_2}}{2r}=\dfrac{5\sqrt2}{2}:3$

즉, $\sin\beta=\dfrac{6\sin\alpha}{5\sqrt2}$

$\sin\alpha=\sqrt{1-\cos^2\alpha}=\sqrt{1-\dfrac{1}{9}}=\dfrac{2\sqrt2}{3}$이므로

$\sin\beta=\dfrac{6}{5\sqrt2}\times\dfrac{2\sqrt2}{3}=\dfrac{4}{5}$ $\blacktriangleright$ 조건에서 $\angle DAB>\dfrac{\pi}{2}$이고 $\angle DAB=\beta$이므로

$\cos\beta<0$이므로 $\cos\beta<0$

$\cos\beta=-\sqrt{1-\sin^2\beta}=-\sqrt{1-\dfrac{16}{25}}=-\sqrt{\dfrac{9}{25}}=-\dfrac{3}{5}$

삼각형 ABD의 넓이가 2이므로

$\dfrac{1}{2}ab\sin\beta=2$에서 $\dfrac{1}{2}ab\times\dfrac{4}{5}=2$, $ab=5$

㉠에서

$a^2+b^2-2\times5\times\left(-\dfrac{3}{5}\right)=17$이므로

$a^2+b^2=11$

따라서 $(a+b)^2=a^2+b^2+2ab=11+2\times5=21$이므로

$a+b=\sqrt{21}$

답 ①

05   정답률 54.4%

$x\geq t$일 때, 함수 $g(x)=-(x-t)+f(t)$는 점 $(t, f(t))$를 지나고 기울기가 -1인 직선이므로 이 직선은 x축과 점 $(t+f(t), 0)$에서 만난다.

즉, 함수 $y=g(x)$의 그래프와 x축으로 둘러싸인 부분의 넓이를 $S(t)$라 하면

$S(t)=\displaystyle\int_0^t f(x)dx+\dfrac{1}{2}\times\{f(t)\}^2$

위 식의 양변을 t에 대하여 미분하면

$S'(t)=f(t)+f(t)\times f'(t)=f(t)\{1+f'(t)\}$

한편, $f(x)=\dfrac{1}{9}x(x-6)(x-9)$이므로

$0<t<6$에서 $f(t)>0$

$1+f'(t)=1+\dfrac{1}{9}\{(t-6)(t-9)+t(t-9)+t(t-6)\}$

$\qquad=1+\dfrac{1}{9}\{(t^2-15t+54)+(t^2-9t)+(t^2-6t)\}$

$\qquad=\dfrac{1}{3}(t^2-10t+21)=\dfrac{1}{3}(t-3)(t-7)$

$0<t<6$에서 함수 $S(t)$의 증가와 감소를 표로 나타내면 다음과 같다.

t	(0)	$\cdots$	3	$\cdots$	(6)
$S'(t)$		$+$	0	$-$	
$S(t)$		↗	극대	↘	

함수 $S(t)$는 $t=3$에서 극대이면서 최대이므로 구하는 최댓값은

$S(3)=\displaystyle\int_0^3 f(x)dx+\dfrac{1}{2}\{f(3)\}^2$

$\quad=\dfrac{1}{9}\displaystyle\int_0^3 x(x-6)(x-9)dx$

$\qquad\qquad +\dfrac{1}{2}\times\left\{\dfrac{1}{9}\times3\times(-3)\times(-6)\right\}^2$

$\quad=\dfrac{1}{9}\displaystyle\int_0^3 (x^3-15x^2+54x)dx+18$

$\quad=\dfrac{1}{9}\left[\dfrac{1}{4}x^4-5x^3+27x^2\right]_0^3+18$

$\quad=\dfrac{1}{9}\times\left(\dfrac{1}{4}\times81-5\times27+27\times9\right)+18$

$\quad=\dfrac{129}{4}$

답 ③

06   정답률 40.5%

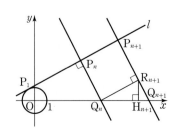

점 R_{n+1}에서 x축에 내린 수선의 발을 H_{n+1}이라 하면 직선 l의 기울기가 $\frac{1}{2}$이므로 직선 Q_nR_{n+1}의 기울기는 $\frac{1}{2}$이다.

즉, $\overline{Q_nH_{n+1}}:\overline{H_{n+1}R_{n+1}}=2:1$

직각삼각형 $Q_nR_{n+1}Q_{n+1}$과 직각삼각형 $Q_nH_{n+1}R_{n+1}$은 서로 닮음이므로

$\overline{Q_nR_{n+1}}:\overline{R_{n+1}Q_{n+1}}=2:1$에서

$\overline{R_{n+1}Q_{n+1}}=\frac{1}{2}\times\overline{Q_nR_{n+1}}$

$\overline{Q_nR_{n+1}}=\overline{P_nP_{n+1}}$이므로 $\boxed{(가)}=\frac{1}{2}$

$\overline{P_{n+1}Q_{n+1}}=(1+\boxed{(가)})\times\overline{P_nQ_n}=\frac{3}{2}\times\overline{P_nQ_n}$이고

$\overline{P_1Q_1}=1$이므로 선분 P_nQ_n의 길이는 첫째항이 1, 공비가 $\frac{3}{2}$인 등비수열이다.

즉, $\overline{P_nQ_n}=\left(\frac{3}{2}\right)^{n-1}$

그러므로 $\boxed{(나)}=\left(\frac{3}{2}\right)^{n-1}$

$\overline{P_nP_{n+1}}=\overline{P_nQ_n}$이므로

$\overline{P_1P_n}=\sum\limits_{k=1}^{n-1}\overline{P_kP_{k+1}}=\dfrac{1\times\left\{\left(\frac{3}{2}\right)^{n-1}-1\right\}}{\frac{3}{2}-1}=2\left\{\left(\frac{3}{2}\right)^{n-1}-1\right\}$

그러므로 $\boxed{(다)}=2\left\{\left(\frac{3}{2}\right)^{n-1}-1\right\}$

따라서 $p=\frac{1}{2}$, $f(n)=\left(\frac{3}{2}\right)^{n-1}$, $g(n)=2\left\{\left(\frac{3}{2}\right)^{n-1}-1\right\}$이므로

$f(6p)+g(8p)=f(3)+g(4)$
$\qquad\qquad\qquad=\frac{9}{4}+\frac{19}{4}=7$

답 ⑤

07
정답률 46.5%

$|a_6|=a_8$에서

$a_6=a_8$ 또는 $-a_6=a_8$ ...... ㉠

등차수열 $\{a_n\}$의 공차가 0이 아니므로

$a_6\neq a_8$ ...... ㉡

㉠, ㉡에서 $-a_6=a_8$, 즉 $a_6+a_8=0$ ...... ㉢

한편, $|a_6|=a_8$에서

$a_8\geq 0$이고, $a_6+a_8=0$이므로 $a_6<0<a_8$이다.

즉, 등차수열 $\{a_n\}$의 공차는 양수이다.

등차수열 $\{a_n\}$의 공차를 $d\ (d>0)$라 하면 ㉢에서

$(a_1+5d)+(a_1+7d)=0$

$a_1=-6d$ ...... ㉣

한편, $\sum\limits_{k=1}^{5}\dfrac{1}{a_ka_{k+1}}=\dfrac{5}{96}$에서

$\sum\limits_{k=1}^{5}\dfrac{1}{a_ka_{k+1}}=\sum\limits_{k=1}^{5}\dfrac{1}{a_{k+1}-a_k}\left(\dfrac{1}{a_k}-\dfrac{1}{a_{k+1}}\right)$

$\qquad=\sum\limits_{k=1}^{5}\dfrac{1}{d}\left(\dfrac{1}{a_k}-\dfrac{1}{a_{k+1}}\right)$

$\qquad=\dfrac{1}{d}\left\{\left(\dfrac{1}{a_1}-\dfrac{1}{a_2}\right)+\left(\dfrac{1}{a_2}-\dfrac{1}{a_3}\right)+\left(\dfrac{1}{a_3}-\dfrac{1}{a_4}\right)\right.$

$\qquad\qquad\left.+\left(\dfrac{1}{a_4}-\dfrac{1}{a_5}\right)+\left(\dfrac{1}{a_5}-\dfrac{1}{a_6}\right)\right\}$

$\qquad=\dfrac{1}{d}\left(\dfrac{1}{a_1}-\dfrac{1}{a_6}\right)=\dfrac{1}{d}\left(\dfrac{1}{a_1}-\dfrac{1}{a_1+5d}\right)$

$\qquad=\dfrac{1}{d}\times\dfrac{5d}{a_1(a_1+5d)}=\dfrac{5}{a_1(a_1+5d)}$

이므로

$\dfrac{5}{a_1(a_1+5d)}=\dfrac{5}{96}$, $a_1(a_1+5d)=96$ ...... ㉤

㉣을 ㉤에 대입하면

$-6d\times(-d)=96$, $d^2=16$

$d>0$이므로 $d=4$

$d=4$를 ㉣에 대입하면 $a_1=-6\times4=-24$

따라서

$\sum\limits_{k=1}^{15}a_k=\dfrac{15\{2\times(-24)+14\times4\}}{2}=60$

답 ①

08
정답률 41.6%

집합 A_k의 원소의 개수는 k 이하의 자연수 중에서 2개를 선택하는 조합의 수와 같으므로

$\boxed{(가)}={}_kC_2=\dfrac{k(k-1)}{2}$

집합 $\{(1, k+1), (2, k+1), \cdots, (k, k+1)\}$에서

$k+1$이 k개이므로 그 합은 $k(k+1)$

즉, $\boxed{(나)}=k(k+1)$

그러므로 $f(k)=\dfrac{k(k-1)}{2}$, $g(k)=k(k+1)$

따라서 $f(10)+g(9)=45+90=135$

답 ③

09
정답률 5.2%

풀이 전략 접선을 통하여 함수를 추론한다.

$0<x\leq4$에서 $g(x)=x(x-4)^2$이고 함수 $g(x)$가 $x=4$에서 연속이므로

$\lim\limits_{x\to4+}g(x)=\lim\limits_{x\to4-}g(x)$, $\lim\limits_{x\to4+}f(x)=\lim\limits_{x\to4-}x(x-4)^2$

$f(4)=0$

또, 함수 $g(x)$가 $x=4$에서 미분가능하므로

$$\lim_{x \to 4+} \frac{g(x)-g(4)}{x-4} = \lim_{x \to 4-} \frac{g(x)-g(4)}{x-4}$$

$$\lim_{x \to 4+} \frac{f(x)-f(4)}{x-4} = \lim_{x \to 4-} \frac{x(x-4)^2}{x-4}$$

즉, $f'(4)=0$

$f(4)=f'(4)=0$이고 $g\left(\dfrac{21}{2}\right)=f\left(\dfrac{21}{2}\right)=0$이므로

$f(x)=a(x-4)^2(2x-21)$ $(a \neq 0)$이라 하자.

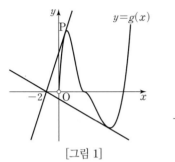 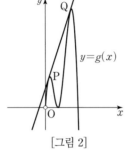

[그림 1]   [그림 2]

$a>0$이면 함수 $y=g(x)$의 그래프의 개형이 [그림 1]과 같으므로 조건 (나)를 만족시키지 못한다. $a<0$이면 [그림 2]와 같이 조건 (나)를 만족시키는 함수 $y=g(x)$의 그래프의 개형이 존재한다.

조건 (나)에 의하여 점 $(-2, 0)$에서 곡선 $y=g(x)$에 그은 기울기가 0이 아닌 접선은 곡선 $y=g(x)$ 위의 두 점 P, Q에서 곡선 $y=g(x)$에 접한다.

두 점 P, Q의 x좌표를 각각 t, s라 하면 $0<t<4$, $s>4$이다.

$0<t<4$에서 $g'(t)=3t^2-16t+16$이므로 점 P에서의 접선의 방정식은

$y=(3t^2-16t+16)(x-t)+t^3-8t^2+16t$

이고, 이 접선이 점 $(-2, 0)$을 지나므로

$(3t^2-16t+16)(-2-t)+t^3-8t^2+16t=0$

$2t^3-2t^2-32t+32=0$, $(t+4)(t-4)(t-1)=0$

$0<t<4$에서 $t=1$이므로 접선의 방정식은 $y=3x+6$이다.

이 접선이 점 Q에서 곡선 $y=f(x)$ $(x>4)$에 접한다.

$f(x)=a(x-4)^2(2x-21)$에서

$f'(x)=2a(3x^2-37x+100)=2a(x-4)(3x-25)$

이므로 점 Q에서의 접선의 방정식은

$y=2a(s-4)(3s-25)(x-s)+a(s-4)^2(2s-21)$

이 접선이 점 $(-2, 0)$을 지나므로

$2a(s-4)(3s-25)(-2-s)+a(s-4)^2(2s-21)=0$

$a \neq 0$, $s>4$이므로

$(s-4)(2s-21)=2(s+2)(3s-25)$

$4s^2-9s-184=0$, $(4s+23)(s-8)=0$, $s=8$

$f'(8)=3$이므로 $a=-\dfrac{3}{8}$

$f(x)=-\dfrac{3}{8}(x-4)^2(2x-21)$이므로

$g(10)=f(10)=\dfrac{27}{2}$

따라서 $p=2$, $q=27$이므로

$p+q=29$

답 29

변별력 있는 문제

10

정답률 **19.0%**

풀이 전략 지수함수와 로그함수의 그래프에서 도형의 넓이를 이용하여 문제를 해결한다.

두 점 A와 B의 y좌표는 모두 k이므로 → 직선 $y=k$와 만나는 점의 y좌표이다.

$A(1, k)$, $B(\log_a k+k, k)$

두 점 C와 D의 x좌표는 모두 k이므로 → 직선 $x=k$와 만나는 점의 x좌표이다.

$C(k, 2\log_a k+k)$, $D(k, 1)$이다.

두 선분 AB와 CD가 만나는 점을 E라 하면 $E(k, k)$이므로

$\overline{AE}=k-1$, $\overline{BE}=\log_a k$, $\overline{CE}=2\log_a k$, $\overline{DE}=k-1$

사각형 ADBC의 넓이는 $\dfrac{1}{2} \times \overline{AB} \times \overline{CD} = \dfrac{85}{2}$이고,

삼각형 CAD의 넓이는 35이므로

삼각형 CBD의 넓이는 → (삼각형 CBD의 넓이) = (사각형 ADBC의 넓이) − (삼각형 CAD의 넓이)

$\dfrac{85}{2}-35=\dfrac{15}{2}$

$\overline{AE}=p$, $\overline{BE}=q$라 하면 두 삼각형 CAD, CBD의 넓이의 비는

$p:q=35:\dfrac{15}{2}=14:3$, 즉 $q=\dfrac{3}{14}p$

이때 $\overline{CE}=2q$, $\overline{DE}=p$이므로 삼각형 CAD의 넓이는

$\dfrac{1}{2} \times \overline{AE} \times \overline{CD} = \dfrac{1}{2} \times \overline{AE} \times (\overline{CE}+\overline{DE})$

$= \dfrac{1}{2} \times p \times (2q+p)$ → $2q=2 \times \dfrac{3}{14}p = \dfrac{3}{7}p$

$= \dfrac{p}{2} \times \left(\dfrac{3}{7}p+p\right)$

$= \dfrac{5}{7}p^2=35$

즉, $p^2=49$이고 $p>0$이므로 $p=7$, $q=\dfrac{3}{2}$

이때 $k-1=p$, $\log_a k=q$이므로 $k=p+1=8$

$q=\log_a k=\log_a 8=\dfrac{3}{2}$, 즉 $a^{\frac{3}{2}}=8$에서 $a=4$

따라서 $a+k=12$

답 12

11

정답률 **31.8%**

$h(x)=f(x)-3g(x)$라 하면

$h(x)=x^3-3x^2-9x+30-k$

닫힌구간 $[-1, 4]$에서 $f(x) \geq 3g(x)$이므로 $h(x) \geq 0$

$h'(x)=3x^2-6x-9=3(x+1)(x-3)$

이므로 닫힌구간 $[-1, 4]$에서 함수 $h(x)$의 증가, 감소를 조사하면 함수 $h(x)$는 $x=3$에서 극소이면서 최소임을 알 수 있다.

즉, 닫힌구간 $[-1, 4]$에서 함수 $h(x)$의 최솟값은

$h(3)=3-k$

이므로 닫힌구간 $[-1, 4]$에서 $h(x) \geq 0$이려면

$3-k \geq 0$, 즉 $k \leq 3$이어야 한다.

따라서 구하는 k의 최댓값은 3이다.

답 3

한눈에 보는 정답 🔍

[01회] 본문 4~8쪽

01 ③	02 ③	03 ①	04 ①	05 ③
06 ⑤	07 ②	08 ①	09 10	10 8
11 729				

[06회] 본문 29~33쪽

01 ③	02 ⑤	03 ③	04 ⑤	05 ③
06 ⑤	07 ④	08 ②	09 38	10 8
11 8				

[02회] 본문 9~13쪽

01 ②	02 ②	03 ⑤	04 ④	05 ⑤
06 ②	07 ⑤	08 ②	09 6	10 231
11 380				

[07회] 본문 34~38쪽

01 ②	02 ①	03 ②	04 ③	05 ①
06 ①	07 ④	08 ③	09 10	10 105
11 31				

[03회] 본문 14~18쪽

01 ④	02 ⑤	03 ①	04 ③	05 ⑤
06 ①	07 ③	08 ③	09 24	10 108
11 19				

[08회] 본문 39~43쪽

01 ③	02 ①	03 ②	04 ②	05 ③
06 ⑤	07 ③	08 ③	09 17	10 13
11 19				

[04회] 본문 19~23쪽

01 ②	02 ②	03 ⑤	04 ④	05 ⑤
06 ③	07 ③	08 ⑤	09 226	10 678
11 41				

[09회] 본문 44~48쪽

01 ⑤	02 ⑤	03 ④	04 ③	05 ②
06 ⑤	07 ①	08 ②	09 110	10 51
11 63				

[05회] 본문 24~28쪽

01 ②	02 ②	03 ⑤	04 ①	05 ③
06 ④	07 ①	08 ④	09 80	10 61
11 164				

[10회] 본문 49~53쪽

01 ④	02 ③	03 ②	04 ②	05 ⑤
06 ⑤	07 ④	08 ②	09 34	10 15
11 9				

(11회)

본문 **54~58**쪽

01 ①	02 ②	03 ③	04 ①	05 ③
06 ①	07 ①	08 ③	09 36	10 108
11 13				

(12회)

본문 **59~63**쪽

01 ③	02 ⑤	03 ②	04 ①	05 ②
06 ⑤	07 ③	08 ③	09 2	10 98
11 2				

(13회)

본문 **64~68**쪽

01 ⑤	02 ④	03 ③	04 ③	05 ②
06 ⑤	07 ⑤	08 ⑤	09 39	10 483
11 70				

(14회)

본문 **69~73**쪽

01 ③	02 ②	03 ①	04 ③	05 ②
06 ②	07 ③	08 ④	09 8	10 15
11 15				

(15회)

본문 **74~78**쪽

01 ④	02 ③	03 ①	04 ①	05 ②
06 ②	07 ④	08 ④	09 192	10 25
11 6				

(16회)

본문 **79~83**쪽

01 ①	02 ①	03 ①	04 ①	05 ③
06 ③	07 ⑤	08 ⑤	09 21	10 24
11 10				

(17회)

본문 **84~88**쪽

01 ②	02 ①	03 ③	04 ③	05 ④
06 ⑤	07 ②	08 ①	09 9	10 66
11 40				

(18회)

본문 **89~93**쪽

01 ③	02 ②	03 ⑤	04 ①	05 ⑤
06 ①	07 ④	08 ③	09 24	10 8
11 16				

(19회)

본문 **94~98**쪽

01 ②	02 ③	03 ③	04 ③	05 ②
06 ②	07 ④	08 ②	09 75	10 13
11 84				

(20회)

본문 **99~103**쪽

01 ④	02 ③	03 ②	04 ①	05 ③
06 ⑤	07 ①	08 ③	09 29	10 12
11 3				

2026학년도 수능 대비

수 능
기출의
미 래

미니모의고사

수학영역 | 공통(수학Ⅰ·수학Ⅱ) 4점

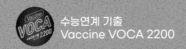 수능연계 기출
Vaccine VOCA 2200

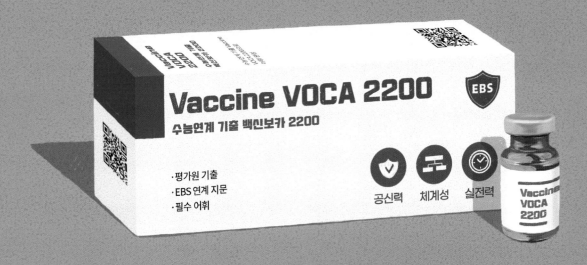

○ 수능 영단어장의 끝판왕!
10개년 수능 빈출 어휘 + 7개년 연계교재 핵심 어휘

○ 수능 적중 어휘 자동암기 3종 세트 제공
휴대용 포켓 단어장 / 표제어 & 예문 MP3 파일 / 수능형 어휘 문항 실전 테스트

휴대용 **포켓 단어장** 제공

고1~2, 내신 중점

구분	고교 입문 >	기초 >	기본 >	특화	+ 단기
국어		윤혜정의 개념의 나비효과 입문 편 + 워크북 어휘가 독해다! 수능 국어 어휘	기본서 올림포스	국어 특화 국어 독해의 원리　국어 문법의 원리	
영어	고등예비 과정	내 등급은?　정승익의 수능 개념 잡는 대박구문 주혜연의 해석공식 논리 구조편 기초 50일 수학 + 기출 워크북 매쓰 디렉터의 고1 수학 개념 끝장내기	올림포스 전국연합 학력평가 기출문제집 ——— 유형서 올림포스 유형편	영어 특화 Grammar POWER　Listening POWER Reading POWER　Voca POWER 영어 특화 고급영어독해 고급 올림포스 고난도 수학 특화 수학의 왕도	단기 특강
수학					
한국사 사회			기본서 개념완성	고등학생을 위한 多담은 한국사 연표	
과학		50일 과학	개념완성 문항편	인공지능 수학과 함께하는 고교 AI 입문 수학과 함께하는 AI 기초	

과목	시리즈명	특징	난이도	권장 학년
전 과목	고등예비과정	예비 고등학생을 위한 과목별 단기 완성		예비 고1
국/영/수	내 등급은?	고1 첫 학력평가 + 반 배치고사 대비 모의고사		예비 고1
	올림포스	내신과 수능 대비 EBS 대표 국어·수학·영어 기본서		고1~2
	올림포스 전국연합학력평가 기출문제집	전국연합학력평가 문제 + 개념 기본서		고1~2
	단기 특강	단기간에 끝내는 유형별 문항 연습		고1~2
한/사/과	개념완성&개념완성 문항편	개념 한 권 + 문항 한 권으로 끝내는 한국사·탐구 기본서		고1~2
국어	윤혜정의 개념의 나비효과 입문 편 + 워크북	윤혜정 선생님과 함께 시작하는 국어 공부의 첫걸음		예비 고1~고2
	어휘가 독해다! 수능 국어 어휘	학평·모평·수능 출제 필수 어휘 학습		예비 고1~고2
	국어 독해의 원리	내신과 수능 대비 문학·독서(비문학) 특화서		고1~2
	국어 문법의 원리	필수 개념과 필수 문항의 언어(문법) 특화서		고1~2
영어	정승익의 수능 개념 잡는 대박구문	정승익 선생님과 CODE로 이해하는 영어 구문		예비 고1~고2
	주혜연의 해석공식 논리 구조편	주혜연 선생님과 함께하는 유형별 지문 독해		예비 고1~고2
	Grammar POWER	구문 분석 트리로 이해하는 영어 문법 특화서		고1~2
	Reading POWER	수준과 학습 목적에 따라 선택하는 영어 독해 특화서		고1~2
	Listening POWER	유형 연습과 모의고사·수행평가 대비 올인원 듣기 특화서		고1~2
	Voca POWER	영어 교육과정 필수 어휘와 어원별 어휘 학습		고1~2
	고급영어독해	영어 독해력을 높이는 영미 문학/비문학 읽기		고2~3
수학	50일 수학 + 기출 워크북	50일 만에 완성하는 초·중·고 수학의 맥		예비 고1~고2
	매쓰 디렉터의 고1 수학 개념 끝장내기	스타강사 강의, 손글씨 풀이와 함께 고1 수학 개념 정복		예비 고1~고1
	올림포스 유형편	유형별 반복 학습을 통해 실력 잡는 수학 유형서		고1~2
	올림포스 고난도	1등급을 위한 고난도 유형 집중 연습		고1~2
	수학의 왕도	직관적 개념 설명과 세분화된 문항 수록 수학 특화서		고1~2
한국사	고등학생을 위한 多담은 한국사 연표	연표로 흐름을 잡는 한국사 학습		예비 고1~고2
과학	50일 과학	50일 만에 통합과학의 핵심 개념 완벽 이해		예비 고1~고1
기타	수학과 함께하는 고교 AI 입문/AI 기초	파이선 프로그래밍, AI 알고리즘에 필요한 수학 개념 학습		예비 고1~고2